# 麻辣性感

## 誘惑三百年

向東◎著

賽尚

# 麻辣開篇・味道天府

自來，川菜、小吃、火鍋就號稱天府美食三絕，外加大熊貓在那兒憨癡癡地瘋跳《熊貓 Style》，經這四副顏色一起發萌，萌翻了中華大世界，乃至整個地球村，理所當然地成了味道天府的靚麗名片。

天府味道，首先取決於「天之府」。四川盆地獨特的地理氣候、河流山川、豐饒物產、帶有移民特性的歷史文化、人文風情、飲食習俗，為川人的生活形態奠定了六大特徵：

一是，地理環境造就川西壩子這片獨特的天地。四面大山屏障，阻隔了寒流朔風，故而四季分明、溫和滋潤；更有萬年雪水化為岷江，歷經大禹、鱉靈、李冰父子等傾力治水，引善從流，滋養了成都平原，造就了千年繁榮富庶，形成水潤成都、生態川西的獨特景致。元代馬可・波羅到了成都，看到眾多河流環繞，城內亦是水流如織、塘堰密佈，河流航運甚盛，感歎「世界之人無有能想像其盛者」。如杜甫之「窗含西嶺千秋雪，門泊東吳萬里船」，這樣的昌盛景觀綿延千年，天府之國因此而名動天下。也因此養成了川人喜歡曬太陽，愛水親水，臨水而居、遇水而興、上善若水的生活習性。

二是，盆地山川平壩、水美土肥、氣候溫和、人傑地靈、出產豐盛；五穀雜糧、禽畜河鮮、蔬菜瓜果，四季不斷，時無荒年而衣食無憂。拿成都人的話來說，川西壩子之肥沃，插根筷子都要發芽芽。如此人們生活充裕、日子舒適閒散，崇尚休閒，身居天府而理得心安。這才有了天府蜀地一個極具代表性的詞語——安逸、巴適，即安定閑逸、巴心巴肝舒適之意。

三是，歷經若干千萬年的地質變遷和海浸海退，形成了四川豐富且高品質的岩鹽和井鹽，造就了川菜獨特的風味口感。正是如此，在正規川菜菜譜中都特別標明「川鹽」二字。尤其是生活在外地，哪怕泡一缸泡菜，如用的不是川鹽，那品質和口感也就差遠了。可以說「川鹽」當是「川味」之魂。

四是，盆地內悶熱潮濕的氣候特徵，使從秦王朝至清王朝的大移民，自然形成八方移居者為適應盆地氣候而祛濕散熱、活絡血脈、疏通身心；宣洩思鄉念祖、化解抑鬱悲情，求得一時通泰，於是乎「尚滋味，好辛香」的飲食習俗由此而養成。經過差不多三千年的苦苦等待，終於盼來了遙隔萬里的辣椒，川人將其巧與花椒聯姻，結成美味無雙的絕配，為川菜亮色、增香、提味，展現風味特色，使川菜更為美味多滋、食趣漣漪、吃情盛旺。

五是，由盆地形成的安居意識，既封閉狹隘、小富即安，知足常樂，又富於進取，勇於開拓。儘管如後來李白所感歎：「蜀道難，難於上青天。」但在今天看來，李白仍顯孤陋寡聞。其實早在夏商時代，蜀族先民就開闢了北通關中入中原的便道。而古蜀國定都成都後，為了擴大商貿交流，逢山鑿路遇水搭橋，踏出了茶馬古道，北通秦隴，聯繫中原；南達遼僰，溝通南中；東抵巴楚西極青衣。更開闢了通達阿富汗、印度的「南方絲綢之路」。就連司馬遷也在《史記》中讚歎從成都出發的古道「無所不通」。此後，亦有郫人楊雄四十歲出川，其才學深得漢成帝賞識，史上第一篇全面介紹蜀地物產與飲食的《蜀都賦》，讓華夏驚豔；李白二十歲出川，其文采光耀中華；而蘇氏三父子，不僅以文才詩詞雄霸大宋王朝，亦以美食饕客聞名華夏。近現代的川菜名人粉絲那更是遍及華夏。

六是，盆地中以成都為核心，方圓周遭出城不到１００里，睜開眼睛便是青山綠水、秀麗田園、

# 前言

多情水鄉，農家樂、漁家樂，那臘肉香腸豆花飯，時令蔬果加河鮮，飲食男女樂翻天。故而，成都人週末節假日都要傾巢出動，隨便找個地方就是有吃有喝又好耍，優哉遊哉玩一天。

七是，綜上緣由，養成了成都人好閑耍、好喝茶、擺龍門陣、整棋牌、曬太陽、賞桃花、遊菜花，尤為是喜好賞美女、品美食，色而不淫、食而有度，對美女美食的苛刻挑剔是成都人所擅長。但成都人在美女面前常假裝表現出一幅不削一顧的樣子，可在美食美味面前，尤其是在別無分店的蒼蠅館子美味佳肴和老闆的傲慢與冷漠面前卻敢於低三下四，忍氣吞聲，用他們自己的話來說，「做一個卑躬屈膝的吃貨」是一種非同一般的榮耀。有成都美食作家說：「成都有這　多難以讓人忍受的孤傲的蒼蠅館子老闆，才培養出了這　多低三下四的好吃嘴。」

如此天府樂國，就連大熊貓、金絲猴都捨不得離開這個地方。二〇〇八年五・一二特大地震，被疏散到外省的大熊貓都一直吵吵鬧鬧要回來，甚至生氣裝病，鬧絕食，弄得熊貓保姆們硬是沒得法。不為啥，就為了這天下獨一無二之天府「味道」。

吃喝之味道，自然是要靠嘴和舌來體現，在蜀地子民的生命歲月中，吃喝休閒是人生之大事。用他們的話說來便是：「吃喝嫖賭」前二為要，「酒色財氣」後二為重。有些人天天進酒樓、吃宴席，整得腦滿腸肥，那是酒囊飯袋，且醉翁之意也不在酒；有些人常常是這家蒼蠅館子進，那家蒼蠅館子出，甚而驅車出城幾十里為的是鄉鎮上那款道地美味，這是腦殘吃貨，即是又好吃又好耍；還有一些人，每天逛菜市進廚房，在油鹽柴米醬醋茶中揮發智慧、漾溢才華，烹愛調情，以美滋美味博得一家歡樂、親朋驚呼。有道是「智者樂飲，仁者樂吃」，這種人即是集「智者」、「仁者」為一身的「凡者」，堪為美食賢達、品味高手。

在成都人眼裡，所謂悠閒，就是飽食終日無所用心，兩耳雖聞窗外事，卻多是眼觀熱鬧看稀奇，國事家事處之泰然，人事物事順其自便；所謂浪漫，便是浪費時間慢慢生活，浪費時間慢慢狂街，浪費時間慢慢吃香喝辣，浪費時間慢慢喝茶擺龍門陣、打牌下棋，浪費時間慢慢品味美好心情、閒適情趣、安逸生活……；在成都人的概念中，街頭路邊小吃、蒼蠅館子便飯、串串香、麻辣燙、冷淡杯、夜啤酒、農家樂、玩棋牌、曬太陽、蓋碗茶、龍門陣……等日常生活中的點點滴滴，都蘊藏著一種快樂，管他錢多錢少，窮也好富也罷，享樂是平等的，都能有效提升「幸福」指數。特別是春冬兩季，只要太陽笑嘻嘻的升起來，人們就要想方設法找個藉口翹課、脫崗（翹班），出去曬太陽、喝茶、打牌、吃香香。週末就更不用說了，品麻辣小吃，喝蓋碗花茶、觀茶藝表演，賞川戲、觀變臉、吐火、滾燈，聽相聲散打，那是成都人悠閒和浪漫生活的精粹，花錢不多過得樂呵。這就是令華夏百姓羨豔不已之成都人的麻辣人生，幸福生活。

一、二千年前，漢唐時期，成都就是國際化的大都會，華夏大地商貿繁榮，好吃好耍之「揚一益二」，到今朝中華大地最休閒的城市，依然是「揚一益二」，惟有的不同是「揚州」變為了「杭州」，而作為「益」的成都，卻是始終不變。就此，蜀地天府之麻辣誘惑便開始改變天地人間的吃喝口味。終於在二十世紀，川菜蓄謀已久之「尚滋味，好辛香」的侵略性與腐蝕性，以勢不可擋之勢，橫衝直撞，實現了今日之川菜天下，味道五洲的繁榮勝景，快樂吃情。

# 目錄

# 第一篇　滋味辛香篇

眾所周知，川菜的特色，就在於「滋味」與「辛香」。而說到川菜的滋味和辛香，專家學者將其高度濃縮為「八字方針」，即「一菜一格，百菜百味」，後又覺得似乎過於惜字如金，有點高大空，於是補充了「以味見長，味多、味廣、味厚」這十個字；但終又發現，依然是太過含混和籠統，結果又補充十個字：「清鮮醇濃並重，善用麻辣」。

然而坊間亦有川菜超級吃貨、美食達人將川菜總結為：「麻辣多滋，七滋八味；食材豐富，味美親和」。出於民間的東西，果然少了些學究味，來得很是直接。川菜以麻辣為特色，但也並非只是麻和辣，亦是「七滋八味」。「七滋」：麻、辣、酸、甜、苦、香、鮮；「八味」：麻辣、酸辣、魚香、怪味、椒麻、紅油、家常、薑汁。

# 品味易 知味難

世上曾有人言：日本人用眼睛吃飯，關注色形器；法國人用鼻子吃飯，注重香濃美；美國人用肚皮吃飯，填飽就行；只有中國人是用舌頭吃飯，講究滋味。用舌頭吃飯，也就是懂得如何品味，懂得在吃中既飽腹，又享受食物的滋味。從中西方在烹調上的巨大差異看，所謂西餐，烹飪調味注重的是「物理變化」，中國菜注重的是「化學變化」。因此，西餐的烹飪方式也就是「煎炸烤煮，外加沙拉，調味亦僅是海鹽、胡椒、酸辣醬、番茄醬、葡萄酒、糖和乳酪等；而中國菜之烹飪多達幾十種，調味輔料更是數百種，講究在不同方式的烹飪中，通過火候掌控、調料運用，使其在不同溫度中，調料運用的先後順序中，獲得主料、輔料和調味料相互之間的化學變化，從而產生不同的食物滋味來，達到食材的「滋」與「味」的充分融合，口感和健康的最佳滿足。

中國人的講究「滋味」亦是古風承傳，「口之於味，有同嗜焉」，一代儒家宗師孟子，早就提出了這一有關吃喝的卯竅。數千年來，在烹與調、吃與喝中，煉就了華夏子民的舌頭，亦如同「尚滋味，好辛香」，煉就了巴蜀百姓的舌頭一樣。這種享受飲食的滋味，還由吃吃喝喝，延伸到了飲食之外。像平常話語中的「夠味兒」，則又是對人、事、情、物的品評；「韻味兒」，便又指物與事的內涵趣味。然而，正如古人所言明：「人莫不飲食，鮮能知味也」，「知人難，知味更難」。千百年來，中國人的吃和說吃的基本標準，就是食物的「色、香、味、形、器、滋、質、養」，其中之核心亦是「色香味」，於是對於美食達人和資深吃貨而言，品味、識味、辨味、知味、考味，就成了美食人生孜孜以求的不凡境界。

《淮南子．修務訓》裡講到：「楚人有烹猴者，招其鄰人，以為狗羹也。而甘之後，聞其為猴，據地而嘔吐之，此乃不知味也。」這裡所說不知味，其實就是不識味、不辨味，如能辨味，即便說成是龍肉他也不會嘗一口。再有蘇東坡被貶惠州，妾朝雲隨之，吃蛇羹以為海鮮，事後知所吃為蛇，竟嘔吐數月不止而一命嗚呼。你瞧這識味、知味、辨味是何等要緊，要是朝雲有此本事，又豈會因貪嘴誤食而紅顏薄命呢。

東晉會稽王司馬道子用江南佳肴款待符朗，司馬道子得意地問：「關中有甚麼可與江南相比？」符朗問非所答曰：「你這宴席的味道不錯，只是鹽味稍生。」後查問庖廚的確如此。還有人請符朗吃雞，符朗吃後說雞是籠養的，且有半邊身子露在籠外。符朗吃燒鵝，能指出鵝肉那塊長的是黑毛，那塊長的是白毛，且經驗證無毫釐之差。像符朗這樣能知味、辨味、考味的宰相，恐怕是前無古人後無來者了。當然，這樣的江湖饕客只是極少數美食大家的境界，對大眾百姓而言則是「適口者珍」，味從心生了。

對於華人而言，吃喝尤是一門學問，說吃論喝，那就更是一門學問。古書中《隨園食單》、《飲食正要》且不必說，那是專門談吃道喝的著作。而小說《紅樓夢》、《金瓶梅》裡說的吃，就完全可以照方開個相當有特色、有滋味的高檔餐館。近現代文人中，說吃的「滋味」，當數曹雪芹、陸文夫、梁實秋、周作人、豐子愷等最為藝術了。梁實秋能把窩窩頭都寫得香美四溢，豐子愷把吃蟹的「滋味」寫得讓人垂涎欲滴。而現今的沈宏非、陳曉卿、董克平、小寬、閆濤等食苑大家，卻以他們對美食戀愛般的細膩體驗、刻骨銘心的領悟，幽默睿智道地出了肴饌的味中之味、味外之味，味中之趣、味外之情，以及人生百味、百味人生之真諦。

今人口中雖也常用「有滋有味」、「七滋八味」等來讚美可口的飯菜，但卻是知其然而不知其所以然，往往並滋入味，以味代滋，忽略了「滋」的獨特含義。誠然，滋和味是口腔裡的一對雙胞胎，互為依託，相映成趣，故也難分彼此，越俎代庖的現象常常出現。按現今烹飪專業人士的解釋，「滋」，即指食物進入口腔，通過咀嚼所感受到的除「味」以外東西，即食物之生熟、冷熱、老嫩、軟硬、酥脆、香滑、肥瘦、柔韌、乾澀，以及食物的各種形狀等。於是，這才有了「中國菜是吃滋味的」，「滋與味是肴饌的生命」一說。

## 好吃不過茶泡飯

「好吃不過茶泡飯」、「好吃不過油油飯」。別看這僅是句在巴蜀大地流傳了千百年的民間兒話，其內涵很是深沉，常令人為之感懷動容。蜀地子民尚滋味，可以說就是從「茶泡飯」、「油油飯」開始的。記得我們小時候，母親對我們最好的獎賞就是吃「油油飯」，也就是白米乾飯中加點醬油和化豬油、撒點蔥花、芽菜拌合著吃。逢年過節，家裡燉了鄉下親戚送來的土雞，那雞湯泡飯就是很高檔的「油油飯」了，就著洗澡泡菜狂啖海吃，現在想來，那個香啊，真是透骨浸心。小時候放學回家，肚子餓了便趕緊舀碗冷飯，用隔壁王婆婆或李大爺的熱茶水把飯一泡，罈子頭夾兩塊泡菜，再淋上一勺辣椒紅油，那風味簡直就不擺了。

年近百歲而去的美食家車輻生前也曾說：雞湯泡飯下泡菜，勝過吃席。我深以為然，雞湯（必須是土雞哦）泡飯有醇良肥甘之大美，但稍嫌油膩，搭配一碟脆嫩清爽的泡菜，淋幾滴辣椒紅油，那麼葷與素兩樣極致美味神奇疊加，滋味效果難以言傳，那可是濃厚與簡約、豐腴與素淡之間最妙不可言的絕配。我想，車輻先生對雞湯飯加泡菜的禮贊，還包含另一層意思：這隨意散漫的吃法既躲避了宴席的繁文縟節、裝模作樣，又可獨享豐儉由己的自在。常言道：君子之交淡如水，朋友之間，如果能相待以雞湯泡飯加洗澡泡菜，那就是走得很近了。這種油油飯、茶泡飯、雞湯泡飯到現在都被視為美味珍肴。

茶和蜜，亦是早期川食的重要滋味之一，在西周時期就已是古蜀國的朝貢之品。《華陽國志》常璩說蜀人「尚滋味，好辛香」的時候，蜀地之香茗已是「芳茶冠六情」，超過了古代水、漿、醴、醫、䣼（音同涼）、酏等六種飲品的味道了。其時，古蜀先民就用香茶來沖泡加了鹽和蜜的麥粉、米粉，這就是早期的「五香油茶」，這一「五香油茶」和「茶泡飯」，說明巴蜀先民很早就講究「滋味、風味」的特異與香美。

蜂蜜，尤為是「蜂房鬱毓」的野蜂蜜味，是巴國和蜀國向中央王朝的進貢品。巴蜀人嫌豬雞鴨肉味淡且腥，「故蜀人做食，喜著飴蜜，以助味也。」喜歡在菜肴裡加些蜜糖豐富其風味。

蜀中先民還有用豆豉、黃牛肉混合的「甲乙膏」與帶辛辣味的「蒟醬」作蘸料或塗抹在肉食上，也用來調拌麵飯，這即是古早的「油油飯」。

這也點出古蜀人之「茶泡飯」和「油油飯」亦是珍肴佳饌，不是隨時想吃就能吃到的。現今成都的「寬庭」和「蓮影」茶宴餐廳，著名烹飪大師楊文便推出了精美極致的「茶泡飯」，茶多用色澤紅亮的普洱、鐵觀音、烏龍茶一類，下飯菜則有熗炒泡豇豆，或是加有太和豆豉的炒藤藤菜（空心菜）杆杆，但成都人最鍾愛的茶泡飯是用花茶，尤其是成都「三花」。另一家很火的私家菜館「悟園」，川菜大師張元富更特別推出了古典肴饌「油油飯」，配上十分精緻的家常小菜，硬是吃得那些個男女美食達人們哦哈連天，尾巴扇腦殼，只嫌太少過不到癮。

說起滋味，在成都還有一樣很不起眼的東西，說來吃來都是很煽情的，那就是「豌豆尖」，也就是豌豆苗頂端的那截嫩尖。成都人說起豌豆尖，要把「尖」念成「巔兒」，且是聲情並茂，神采飛揚。這個綠油油、脆生生、清香香的菜，的確有很多優良品質可以讓成都人自豪：軟漿葉？太滑，菠菜？澀口，萵筍尖雖說也不錯，但帶了點苦味。只有這個豌豆尖，既嫩且脆又帶清香，可清炒可做湯，下麵條的時候放幾根，立馬提升那碗麵的品質，豌豆尖燙火鍋，那更是成都女人巴心巴肝的最愛。鮮為人知的是那些年，四川省上或成都市的要人們進京，給中央領導帶的禮物就是豌豆尖，川籍首長們喜歡得合不攏嘴，還這家分點，那家送點，十分稀奇。

更重要的是，出了川西壩子，就再也見不到豌豆巔兒了。在外地的成都人，那豌豆巔兒簡直就成了鄉戀、鄉愁。說起家鄉的豌豆巔兒，那身姿都像豌豆巔兒一樣在風中搖晃。在外地，就根本找不到豌豆巔兒的替代品。哪些年北京人在成都人的感染下，經過刻苦鑽研，終於研發出了自己的豌豆巔兒，稱其為「豆苗」。成都人跑去一看，那才笑死個人哦！細得跟銀絲麵一樣，哪裡是啥子豌豆巔兒嘛，連匹葉葉兒都沒得，就兩芽小瓣瓣，還淘神費力拿個木頭盒子裝起土來培植，擺在館子門口招客，簡直就是一窩爛草草，說實話，相當浪費表情。

成都人不僅認為豌豆尖價廉味美，是綠色蔬菜中的極品，同時更表現了成都人的智慧，成都人對滋味的追求。不時有外地人說，你們四川人居然把那個豌豆苗都給掐來吃了，真奇怪，那有什麼好吃的？他的話音剛落，周圍四五個成都人個個鼓起小眼睛就跟他雄起：你是山豬吃不來細糠嗦！由此可見，蜀人「尚滋味」的飲食習俗與特點，通過一日三餐而得以延續和傳承。

## 食從口入 味由心生

「香氣撲鼻，饞涎欲滴」，是味覺對食物的具體感受與反應。清代美食家袁枚在《隨園食單》中說：「嘉肴到目到鼻，色香味便有所不同，或淨若秋雲、或豔如琥珀，其芬芳之氣，撲鼻而來，不必齒決之、舌嘗之，而後知其妙也」。人們對色香味的感受，通過感官調動了心靈情趣，是飲食味覺的靈氣表現，這就是專家學者們所說的飲食美感。

一道菜肴或食物無疑蘊含著一種文化，這種文化之內涵便是——感動，即是情感的回饋。人們吃「麻婆豆腐」，想到的不是百多年前陳麻婆臉上到底有沒有麻子，聯想到的或許是某個小店、或許是母親燒的家常豆腐。再說，當年曹操「對酒當歌，人生幾何」，所聯想到的是人生時光年華的流逝及辛酸苦辣，體現著自嗟自歎、自我慰藉的情懷。而蘇東坡之「把酒問青天」，聯想到的卻是「高處不勝寒」，及「人有悲歡離合，月有陰晴圓缺，此事古難全！」

像舊時的成都，窮苦百姓謀生不易，吃白米乾飯難，吃魚肉更是奢望。而公館、酒樓裡卻是富者奢宴，豪者酣醉，吃得是油嘴滑舌、腦滿腸肥，席宴後的殘羹剩菜可積滿幾大缸。餐館每日便叫雜工抬出去當街售賣。那時成都四門的大橋河邊都有攤點，尤以東門大橋與九眼橋賣得最有名氣。當然，每日排隊候賣的自然是窮苦百姓和打短工、幫工、車夫、轎夫、挑夫、乞丐之類。這種殘羹剩菜七滋八味、葷素皆有，像僅剩一條彎彎肉皮的「月亮肉」，光骨架的「篦子魚」，啃得溜光的僅留骨架的「棒棒雞」。然而對窮人而言這就算是享口福了，故而稱其為「神仙菜」。對於窮苦大眾而言，能吃上這樣豐富的「油大」和「美味」，也算是難得的「滋味」享受了。

此外，舊時成都四門外還有一種小飯鋪，把瘟豬肉、死豬肉、死貓狗，甚而活老鼠肉，總之大凡是動物的肉亂七八糟煮一大鍋，鍋內湯水翻滾，黑乎乎的浮沫堆起老高，但也還是香氣四溢，專門賣給窮人吃，就算是「打牙祭」了。每天中午都是顧客盈門，站著吃的比坐著的還多。也有個別穿長衫戴禮帽的窮酸文人或小職員端著大缸缽買回家，全家人「打一回牙祭」。人們戲謔為

「十二相」菜，意思是說從鼠到豬十二屬相的動物肉全都有。

還有一種賣大塊回鍋肉、血旺湯、牙牙飯的露天棚棚飯鋪。那種回鍋肉真也是滋味獨特。巴掌大的豬脖頸肉，成都人稱為豬項圈肉，片張又厚又大綿扯扯的，根本嚼不動，吃在嘴裡有如嚼車輪膠皮一般，咬一口要扯半天，有時筷子沒夾穩，扯長的肉片會反彈過來打在臉上，巴一臉的調料，於是人們戲稱為「對扯肉」；那血旺湯也是鹹得要命，牙牙飯硬得要用刀砍，俗稱「挨刀飯」。但這類飯食價錢便宜，還有油水，且耐餓，也是一種另類「滋味」享受。

記得一九七0年代初剛參加工作不久，一次發了工資和同事們逛春熙路，在東大街聞到一股撲鼻的香氣，抬眼望去，街邊一間不大的鋪面前，一口平底煎鍋前，十幾個黃酥酥的煎餅被油煎炸得吱吱歡響，那香味撲騰到空氣裡。街邊十幾個人排成一溜等著買，有人問排隊的：這個是啥子煎餅嘛，好吃不？排隊的人很不屑地說：咋個不好吃呢？外酥內嫩，麻辣鮮香，出了名的三義園啞巴牛肉煎餅都不曉得嗦！再一問價格，2角錢一個！雖說在當時還是有點貴，可買兩個回去給父母品嘗一下也是難得。我毅然掏出6角錢買了3個，夥伴們也紛紛排隊解囊。

很有些意思的是，第二天上班大家碰了面，個個感慨多多，沒想到幾個牛肉煎餅，竟帶給父母那麼大的快樂！同事小華一席話，更是讓我們幾個笑得肚子抽筋。小華說，我們婆才顫哦（形容張揚的樣子），拿起個煎餅就到隔壁張婆婆那裡去顯擺：「這是我孫女給我買的，東大街的牛肉煎餅哦！你看這個女娃子，逛了半天街，自己都沒捨得吃一口，忍嘴帶回來給我吃！味道硬是巴適」，邊說邊分了一小牙給張婆婆嘗。弄得張婆婆的孫兒一回家就莫名其妙挨了頓臭罵：「你看人家小華比你還小，好懂事。吃個蚊子都要撕個腿腿兒回來孝敬老人！你呢你呢？你給我帶過啥子吃的東西回來呢？枉費把你帶這麼大哦！」

你看，這是多　的有滋有味，有情有趣。由此亦見，滋味是一種飲食現象，更是一種「味由心生」的情感反映。但也正是這種滋味之樂，亦常常引發我們的疑惑。美味享樂不僅是誘人和有趣的，也能使飲食男女陷入放縱和無節制，甚而滋生出墮落與腐敗。有意思的是，我們身邊無處不在的墮落與腐敗，不正也是由「吃喝玩樂」這樣的順序開始，而後貪婪無垠，步步深入的嗎？先是腦滿腸肥、紙醉金迷，而後是飽暖思淫欲，便開始嫖賭，養起小三、小四來。儘管這樣，只有「智者、仁者」和「凡者、善者」方能知道吃喝的藝術與情趣，方會盡情享受美食的滋味與趣味。那些醉生夢死，吃喝腐敗者們既不知道如何吃，也不懂得怎樣喝的，於他們而言，滋味與味道，趣味和情味的感覺真也是在「吃喝」之外了。

## 巴蜀辛香朔源

話說「辛香」，想起以評點《水滸傳》、《西廂記》聞名於世的清初文人金聖歎，時人稱他：「少有才名，性放誕」，且「博學多通，好美食」。他的詩《病中無端極思成都憶得舊作錄出自吟》：「卜肆垂簾新雨霽，酒壚眠客亂花飛。餘生得至成都去，肯為妻兒一灑衣！」表達出金聖歎想到成都來的慾望之強，甚至不惜別妻離子，這中間不排除有成都好吃又好耍的誘惑。然而，事與願違，清順治十八年（1661年）二月，金聖歎參加反對縣令增征糧賦的活動，被處以死刑。臨刑前他把兒子叫到跟前，耳語了幾句，便被砍了頭。過後監斬官大為好奇，叫住金聖歎之子，詢問金聖歎臨死前說了些什麼。其子回答：「父親說，成都的豆腐乾拌著花生吃，勝似火腿，傳授於世，死而無憾矣。」可見辛香美味是一個人最深刻的記憶，至死難忘。四川人的群體味覺記憶，其世代承襲的就是「辛香」。清人邢錦生《錦城竹枝詞》曰：「豆花涼粉妙調和，日日擔從市上過。生小女兒偏嗜辣，紅油滿碗不嫌多。」生動地呈現出川人對辛香滋味的酷愛。

成都人對美食美味之態度和幽默豁達就更比金聖歎精彩多了。抗日戰爭時期，成都屢遭日本飛機轟炸，每當空襲警報響起，全城百姓攜老帶小就往城外跑，聲稱「跑警報」。有趣的是，人往哪裡跑，美食也跟著跑，小商販在人們躲警報的地方，放下擔子就悠悠然然地賣起涼粉鍋魁、甜水麵、酸辣豆花、鹽茶蛋、滷鴨、滷排骨等。前一刻還在生死之間惶恐，一當看見美食美味，便就豁然開朗，「管他媽的哦，就是死，也要當個飽死鬼噻！」

如果說「尚滋味」為人類所共有的飲食喜好，那麼「好辛香」則是巴蜀飲食的顯著特點。雖說自來「好辛香」的也並不僅是川人，但川人自古喜好辛辣味，以致「辛香」成為川菜兩千多年來舉世公認的風味特色。

據史料所載，戰國時張儀諫秦惠王伐蜀，當時秦王隨口問問那裡人的飲食習俗，張儀回答是，蜀人「以臭為美」。後人有記載也說，「益州人獵鹿殺而埋之地中，令臭乃出食之」。其實，此臭肉是古蜀先民利用自然發酵來保藏食物不致腐敗變味，如今在成都周邊山區居住的不少民族的豬膘肉、醃肉、鹽肉製作都傳承了些許古老方法，像雅江扎壩的臭豬肉，至今仍是待客美食。這種聞著臭，吃起香的肉食，也驅使先民善用生薑、蔥、花椒來除臭增香，於是逐漸形成「好辛香」的飲食習俗。也就有了戰國時期庖廚出身的宰相伊尹說所的「和之美者，陽樸之薑」。

當然，於今天的川人而言，明清以前古代川菜的菜肴和風味，我們已無從知曉，只能在一些古典詩詞歌賦中捕捉一二。除了西漢大文豪，成都郫縣人揚雄在其《蜀都賦》中，較為系統地描述了漢代四川地區的烹飪原料和技藝、川式筵席及食俗外，還特別道明，川菜是「調夫五味，甘甜之和」。西晉時，山東淄博人左思的《蜀都賦》則講述了川式席宴：「金壘中坐，肴槅四陳，觴以清醥，鮮以紫鱗」，大約是吃魚火鍋的場景和氛圍，但我們仍不得而知其風味究竟何許。而成都崇州人，東晉常璩之《華陽國志》中的「好辛香」與「尚滋味」，則是對川菜和川人飲食特點作出的精妙概括。讓人們窺見到了先秦以前及秦漢時期川人的食俗風情，那就是在尚滋味的同時，尤為注重味感強烈、奇香異味、特別是帶有濃鬱刺激芳香的辛辣味調料的食用。

然而，就辛香而言，「辛」指刺激性，「香」指娛口性，刺激與娛口相結合，就形成辛香的特點。辛香味主要來源於自然界中的植物。傳說中的「神農嘗百草」就為上古先民發現了不計其數的可食、可藥的植物和提味增香、除異味、防腐爛，防病治病的中草藥及辛香物料。像薑、蔥、花椒、食茱萸、大蒜、烏梅、蕁菜、草果、八角等辛香料。此後，這些辛香料便被普遍用於日常飲食中，形成習俗一代代沿襲下來。然而，誰也未曾料到，辛香料在烹調和飲食中的運用卻在西南盆地中被演繹得七滋八味、精彩紛呈。

古蜀人安居平原，在江河邊築堤建城、捕獵農耕、養蠶繅絲、取土燒陶，在生活中形成了對各種食材多樣化的精細加工。把各種辛香植物加進蔬菜瓜果、禽畜魚肉中，不僅用於去除異味，更懂得了追求食物的美味多滋，逐漸形成崇尚滋味好辛香的飲食習俗。

比如像一種原始辛香植物「野薤」，據《山海經》記載，邛崍山系至岷山系及相鄰西北地區，是野生薤、韭的原生地，蜀人尤喜食，這當是「尚滋味，好辛香」最早的文字記錄載。

薤（音同謝），又有野　頭，小蒜、薤白頭、野蒜等名。「薤」，是一種蔬菜類植物，葉濃色綠，細長管狀，與現今小蔥類似。「蔥、韭、薤、薑、蒜」被視為古代五種辛辣刺激的葷菜，佛家、道家所說之忌「葷辛」即指此類。這些辛香料，古代北方大都不食用，在南方卻很盛行。今天的邛崍山地區仍然生長著野韭菜，成熟期的野韭菜葉片短而寬大，捲曲如鹿耳，故被大邑、邛崍、蘆山一帶百姓稱作「鹿耳韭」。野韭菜比家韭菜味道香純，營養豐富，在現代人崇尚天然健康的飲食中，又重新端上人們的餐桌。

歷來文人雅士們也大都愛好食薤，美言薤體光滑，露水也難以佇立於其上。白居易的《春寒》詩曾歌詠「酥暖薤白酒」，說的就是以酥炒薤白投於酒中，令其別具風味。杜甫詩說，食之溫補有益。陸遊亦有詩言「東門買彘骨，醯（音同吸）醬點橙薤」，說他在成都吃過用醯（醋）、醬（甜麵醬之類）、橙（用皮，取香味）和薤調味而成的彘骨。彘骨即是豬肉排骨，陸遊吃的彘骨滋味，應類似今天的糖醋排骨。

在今天成都平原，　頭、韭菜、韭菜花、韭黃仍是被大量種植的美味佳蔬。民間一直流傳「初春早韭，秋末晚菘」之言，說明蜀人之食「辛香」傳統是永恆的。成都人於今常掛在嘴邊的詞語也還是「五香嘴兒」「吃香香」。

《山海經》中還說西南夷人地區，有種植物「果如鳥卵，食之辛如烙，巫以驅穢」。這種植物有學者推測可能就是早期「野山椒」或是「朝天椒」的野生果。在四川涼山、雲南原始森林裡，至今還生長著一種辣度很烈的野山椒，食用時只能用筷子沾一點，在菜裡或湯裡涮一下，當地居民稱之為「涮辣子」。在蜀人傳統蔬菜中還有一種辛辣的野菜，叫「蔊菜」。李時珍的《本草綱目》中又名「辣米菜，蔊味辛辣，如火焊人，故名。」但蔊菜並不就是川人所稱的海椒。但在《華陽國志》中，常璩對「天椒」的描述並不是特指東晉時期，而是從「人皇初始」的古蜀時期，至少可推至蜀國之始的蠶叢時期。因為常璩的論斷，不少人誤以為川人好「辛香」始於東晉，這難免是誤識。

## 奇妙辛香演繹

到了漢代，揚雄《蜀都賦》亦描述四川到處都有薑梔、附子巨蒜、木艾椒蘺（白芷），蒟醬酴清。其中生薑、附子、大蒜、木艾、花椒、白芷、蒟醬、酴醲酒等皆屬辛香類。四川人烹調牛羊豬犬雞時，都習慣性地配以辛香類的薑蔥蒜、花椒、芥薤韭芹。並還在《華陽國志》中明確地將蜀人「尚滋味，好辛香」與「多斑采文章」、「君子精敏」、「小人鬼黠」、「多悍勇」之性情，一起歸納為蜀人的「五大特徵」。

在四川頗有政績、後升為宰相的南宋著名詩人范成大，當初從靜江府（桂林）調任四川制置使時，對四川人的第一印象也是好辛香。詩言巴蜀人好食生蒜，如同嶺南人嗜好檳榔一樣好辛嗜辣。紹聖元年（1094年）冬，蘇東坡被貶到惠州，居無定所，環睹蕭然，卻興致盎然地《新釀桂酒》：「搗香篩辣入瓶盆，盎盎春溪帶雨渾。收拾小山（酒）藏社甕，招呼明月（桂酒）到芳樽……」所謂「搗香篩辣入瓶盆」，是說把各種芳香辛料搗碎、過篩，和在酒中一同發酵。可見東坡先生也喜歡辛香滋味，從落魄頹唐中找到生活的慰藉。

蜀人好辛香，一方面因為盆地氣候潮濕多雨，悶熱難受，需要辛香物料來發汗除濕、疏通血脈，以便神清氣爽，身心通泰，同時也用辛香來治病療身，氣芳香可除邪臭，味辛香可除疾鬁（音同利），加之辛香味具有怡頤精神、營養血脈的重要作用，故這一特點一直在川菜中傳承，與巴蜀百姓的日常生活密切關聯。

另一方面，潮濕悶熱的氣候，使食物易於黴腐變質，尤其是儲存的肉食更易腐敗變味，為了避免變質的氣味讓人心生厭惡，敗壞食欲，巴蜀人方才大量使用帶有濃烈辛香的調輔料來消除腐臭和異味，且還為肴饌曾添了鮮明的色彩，而濃烈的辛香味與色彩，又反過來曾強了巴蜀子民對辛香調味的味覺享受、口感偏好和依賴。

而就巴蜀相較而言，巴人食性重辛，故其性格偏於「重遲魯鈍」；蜀人食性好香，則性格傾於「輕易淫佚」。加之天府之國物產豐盈，故而形成「少愁苦、尚奢靡、性輕易、喜虛稱」，「優而柔之」的人文性格。然而，從西晉詩人張載《登成都白菟樓》詩「鼎食隨時進，百和妙且殊」中，可以窺視到雖然蜀人「好辛香」，但卻依然保持著「五味調和百味香」的「和」與「妙」。

秦漢以前，巴蜀地區普遍食用辛香料有：薑、蔥、蒜、花椒、胡椒等，且在辣椒定居中國之前，一直起著飲食調味和滋身養體的重要作用。直至清朝末年，四川農村普遍栽種辣椒作為蔬菜食用。這一辛香至極，火辣刺激、色澤翠綠、紅豔靚麗的新食料，出乎意外地將兩千多年來川人「尚滋味，好辛香」傳統食俗推上了一個至高無上的地位。從此，辣與麻便與川菜密不可分，一直引領著川菜食尚，興盛巴蜀。且竟然在二十世紀九0年代，辣麻辛香滋味更散發出無比的侵略性和擴張性，顛覆了九百六十萬平方公里，數以億計的華夏子民的吃口與胃腸。中華大地亦就此開始上演驚天地泣鬼神的，尤如巴蜀人民一般的「好辛香」之「麻辣」大戲。

# 第二篇　花椒篇

在中國古代，含辛香味的植物調味料很豐富，明代以前，花椒、薑、茱萸使用最多，被稱為中華飲食三大辛香調料，視為調味「三香」。而始見載於《詩經》的花椒，由於其獨一無二的特異辛麻與芳香而成為一種獨特的辛香料。且在宮廷貴族與民間百姓中，因花椒的獨特個性而賦予它諸多有趣的傳說與佳話。

其中，神農總結花椒的「稟五行之精」，被古代文人撰書而傳於後世。北魏著名農學家賈思勰在他的百科全書《齊民要術》中記載：「蜀椒出武都，秦椒出天水。」由此可見，隴南地區是中國古代花椒規模種植生產最早的地方，也可說是花椒原產之地。

## 奇芳異香　味調千年

有烹飪學者對歷代菜譜進行的統計表明，在辣椒進入中國之前長達二千多年的歷史中，22%的中華飲食都要加花椒，在花椒使用達到鼎盛的唐宋時代，這個比例是37%。而巴蜀地區一直就是中國最主要的花椒產地和食用群體。蜀人「尚滋味，好辛香」，實指在秦漢以前，就已喜好以薑、花椒、食茱萸等為主要的辛香調味料。此後，蜀地人家普遍栽種花椒樹。到明代，僅宮廷御膳房從四川一年採辦的花椒就達8000斤，足見花椒對當時皇家飲食影響之大。

不少人以此認為花椒乃川菜之絕唱。其實不然，從先秦到明清，無論是淮揚菜，還是魯菜、粵菜都普遍用花椒。賈思勰《齊民要術》所彙集南北東西200多種菜肴中，用花椒者大約占五分之一。歷代記載的肴饌中，花椒皆是人們喜愛的增香調味料。

唐代最時尚的魚膾，就是將魚肉切成薄片，蘸花椒、薑、醋等佐料生吃。唐代魚膾吃法傳入日本，花椒也隨之在日本被視為名貴香料，深受皇族和上層人士青睞。

宋、元時期的「香辣蟹」，亦用生蟹剁碎，以麻油並草果、茴香、砂仁、花椒、薑、胡椒等，俱為粉末，再以蔥、鹽、醋共十味入蟹內拌勻，即時可食。

在明清，即使煮燕窩也用花椒。李化楠《醒園錄》記載的「煮燕窩」法：「用熟肉銼作極細丸料，加綠豆粉及豆油、花椒、酒、雞蛋清作丸子，長如燕窩。將燕窩泡洗撕碎，粘貼肉丸外包密，付滾湯燙之……（吃時）撒以椒粉、蔥花、香菇，吃之甚美。」

即便是家常麵食、米線、餛飩也是處處見花椒。梁代吳均《餅說》之餅用「連蒂之椒」；唐代的「千層餅」用花椒鹽，即椒鹽味；元代宋詡

《宋氏養生部》的米線「加花椒和胡椒、醬油以及蔥花來調味」；明人高濂《遵生八箋》中的餛飩、清初李漁自創的「五香麵」花椒無處不在。

不過明清以後，由於胡椒、辣椒的大量使用，花椒的食用驟然減少，逐漸從其他菜系中淡出，唯在川菜中大行其道。如今麻辣川菜流行於大江南北，看來不僅僅是一種食尚，也是傳統口味的回歸。當然這也並不意味花椒就完全淡出北方飲食，比如孔府菜中就有一例「油潑花椒豆芽」便起於清代。據傳，乾隆皇帝有一次出巡到山東在孔府歇息時，因旅途勞累食欲不振，孔府大廚便用鮮嫩綠豆芽，先用開水焯了一下，而後把數粒花椒在油鍋中炒香，再把豆芽下鍋翻炒，下少許鹽，隨即盛盤獻上。乾隆從來沒有見過炒黑的花椒粒，就問：「此黑子為何物？」答曰：「四川花椒，用以提味。」乾隆出於好奇，用筷子夾了一些品嘗，忽覺麻香怡口食欲頓生，於是稱讚有加。從此，「油潑花椒豆芽」便成為孔府名菜，流傳下來。其實在蜀地這是一款很家庭的小菜——「熗炒綠豆芽」，至今仍為川人常吃。

川人在飲食習慣上自來就把麻酥酥的花椒發揮得淋漓盡致。雖說近代以來僅有巴蜀地區仍視花椒為調味妙品，但花椒作為中華飲食文化與烹飪中辛香調料的傑出代表，其幽香酥麻三千年，而後又與辣椒攜手比翼出彩三百年。

一款麻婆豆腐，紅的是辣椒，白的是豆腐，綠的是蒜苗，似乎看不到花椒的蹤影。然而少了它，紅的還是辣椒，白的還是豆腐，青的依然是蒜苗，但卻成就不了麻婆豆腐，沒有那點「麻」，即便麻婆健在豆腐亦也無名。麻婆豆腐這道菜，其精魂之處就在於這一小撮令人神情恍惚的「麻」。甚而麻得外國人將她讚譽為獨特的「中國調料」。試問：除了花椒，還有什　能在調料裡和辣椒、薑、桂爭鋒，擔當起「中國」二字！

古人對花椒的利用，起初是作為敬神的香

物。之後在《詩經．陳風．東門之枌》中提到花椒，其詩唱吟：「穀旦於逝，越以鬷邁。視爾如荍，貽我握椒」，說的是年輕女子將花椒當信物，把香氣馥郁的花椒送人來表述愛慕之情衷。古代女子多取自然芳香之花果草木來浸洗或佩帶於身。花椒芬芳獨特、幽香宜人、除異味、驅蟲蚊，故而婦女大都隨身佩帶一小荷包花椒，或置於床枕。

到戰國時期，《離騷》中出現了「巫鹹將夕將兮，懷椒糈而要之」的記載，意為巫鹹神將於今晚降臨，我準備用花椒飯來供奉他。楚人以花椒入酒，製成了椒酒而名滿天下，這說明花椒已正式進入人們的飲食了。

李嘉佑《夜聞江南人家賽神》詩亦云：「雨過風清洲渚閑，椒漿醉盡迎神還」。椒漿，即椒酒，就是用花椒浸製泡酒。當然不只是讓神靈獨自享用花椒，人們還將椒酒奉獻給父母以示孝敬。東漢時期，便承襲先秦以椒酒祭神祭祖之風俗，演進為「正月之旦，進酒降神畢，全家無論大小，次坐先祖之前，子孫各上椒酒於家長。」古人視椒茶、椒酒為延年益壽之佳飲，還用花椒水洗浴，可使人身輕耐衰。

花椒於飲食更是十分廣泛和普遍，除「椒茶」、「椒酒」，早在東漢人們便用花椒炙肉去腥防腐、提味增香。北魏《齊民要術》中有用花椒來烤鴨、燒魚、烤肉的記載。唐代，中國南北烹飪已普遍使用花椒。此時的四川也出現了椒鹽味之燒烤。到宋代及以後，華夏各地更時興選用川椒作為調味料。在相當長的歷史時期中，花椒，一直是中華香料的「土豪」，中國大部分地方都種植和食用花椒。至今仍然流傳於北方的《十三香歌》，開篇首唱的就是被稱為大料的花椒。

很有意思的是，花椒出現在早期文獻中，是伴隨著美麗女人的。《詩經．椒聊》說：「椒聊之實，蕃衍盈升。彼其之子，碩大無朋。」一「椒聊」即花椒，並把花椒繁茂眾多，結子盈升得用手來捧合，香氣襲人的情景描述得十分生動。其中花椒也象徵著美麗的女人，「碩大無朋」、「碩大且篤」，形容美女健美的身材既有風度又氣質不凡。那時的審美標準以豐滿為美，女人豐腴則被視為象花椒一樣很能產子。花椒之樹結實累累，向被古人視為是子孫繁衍的象徵。

班固《西都賦》亦載有：「後宮則有掖庭椒房，後妃之室」，意思是皇帝的妻妾用花椒泥塗牆壁，謂之椒房，希望皇子們能像花椒樹一樣旺盛。因此在漢代，便將皇后妃子的寢宮稱為「椒房」，意為如花椒般為皇帝多生多育、多子多福。其後，還用花椒和泥土塗抹房室四壁，取其溫和芳香、除惡氣異味。到晉代，達官顯貴更是用「塗屋以椒」來炫耀其富貴。由此，椒房、椒掖、椒室、椒殿、椒庭皆指皇妃的宮室，椒房也作皇妃的代稱。杜甫的《麗人行》中道：「就中雲幕椒房親，賜名大國虢與秦」，這裡的椒房就是指楊貴妃。

可見在古代花椒實為一種名貴香料，只是到漢唐時期，因有了其他外來香料，花椒便在粉黛中逐漸消散，最終是遠了嬪妃，卻近了庖廚，出入於雞鴨魚肉之間，繼續揮發著它奇異的芳香。明代高僧宗林有首著名的《花椒詩》：「欣欣笑口向西風，噴出玄珠顆顆同。采處倒含秋露白，曬時嬌映夕陽紅。調漿美著騷經上，塗壁香凝漢殿中。鼎束也應加此味，莫叫薑桂獨成功。」優雅簡潔地講明瞭花椒採摘、晾曬、製椒酒、塗椒房以及用於烹調的獨特功效。

清末時，四川還有人別出心裁用花椒製成椒扇，作為夏令解暑佳品。椒扇用蒲草編成，橢圓形，四周和扇柄用花椒穿插裝飾，長不過一尺；扇柄的頂端，用彩線編織流蘇，看上去精雅秀美。人們常手持一把椒扇遮陽、乘涼，若不幸遇到污穢之氣，正好拿椒扇湊近鼻子，借花椒的香氣祛除異味。當時還有不少人將椒扇作為饋贈佳品，也很受喜愛。

花椒還具有特殊的藥用性能。《神農本草經》記述有花椒：主風邪氣，溫中，除寒痹，堅齒髮，明目。主邪氣咳逆，溫中，逐骨節皮膚死肌，寒濕痹痛，下氣。李時珍在《本草綱目》中列舉了諸多花椒的食療功用，還特別講到：「花椒堅齒、烏髮、明目，久服，好顏色，耐老、增年、健神。」現代醫學和藥物學驗證，花椒還能增強免疫力、促使血管擴張、起到降血壓、解血脂、抑制冠心病、腦血栓的作用。

## 蜀椒濃無敵 香麻美可求

其實，花椒原野生於秦嶺山脈海拔1000公尺左右的地區。歷史上又稱川椒、漢椒、巴椒、秦椒、蜀椒等。以四川花椒和陝西花椒最為有名。自古前者稱為蜀椒，後者為秦椒，尤以蜀椒為上上品。歐美學者大都稱花椒為川椒，花椒之英文俗名即是「Sichuan Pepper」。

2013年，一本前所未有轟動四川烹飪界，川菜行業與美食界的鴻篇大作《四川花椒》在海峽兩岸先後出版。人們驚訝和感動的是，這部空前絕後的四川花椒專著，竟然出自一位專精川菜文化的臺灣出版人、專業攝影師蔡名雄之手。他歷時五年，獨行巴山蜀水，歷盡艱辛，足跡遍及窮鄉僻壤，超過二萬四千公里的旅程。他跋山涉水、走鄉串戶，深入農家，實地「踩」訪了巴蜀地區50多個花椒產地，徹底地揭開了兩千多年川菜麻味與奇香的神奇花椒的產地與風味奧秘。此本書不僅豐富了川菜烹飪與飲食文化的精髓，更是第一位將四川花椒的奇香妙味，以現代香氣模型的品鑑分析方法將花椒品種風味具體的分成五大類型——柚子味、柑橘味、柳橙味、萊姆味、檸檬味花椒。這部圖文並茂的四川花椒專著因此而被專家學者譽為「全世界第一本有關四川花椒的實用指南」。

自來，四川花椒產地甚廣、品種繁多，主要有：盛產於漢源、越西、冕寧的「正路花椒」，又名「南路花椒」，顆粒飽滿，色紅肉厚，油重質佳，麻香味濃。尤以漢源清溪花椒最為有名，自古便有「貢椒」之美稱。

而產於茂縣、汶川、松潘、平武等地「大紅袍花椒」又名「西路花椒」，粒大色紅，肉厚油重，麻香兼優，故名「大紅袍」。此外，《廣群芳譜》引《四川志》：「各州縣俱出花椒，惟茂州出者最佳，其殼一開一合者最妙。」還有「小紅袍」、「高足椒」、「轉紅椒」、「臭椒」等都是調味佳品。

再有則是青花椒，也稱為鮮花椒、青椒、野椒，常見的有金陽青花椒、江津九葉青花椒、涼山州雷波青花椒等，市場上有曬乾的也有冷凍保鮮的。另外則有藤椒。而鮮為人知的還有產於西藏東部的藏椒，以及四川甘孜、阿壩和九寨溝的花椒，其品質亦獨具特色。

我常七八月間去川西高原的阿壩、九寨采風。途經汶川、茂縣，總會見到一整片的花椒林，每棵花椒樹上都掛滿了一簇簇紫紅色的花椒果，峽谷裡的風吹來一股股幽幽的花椒香味，深吸一口神清氣爽。花椒的獨特香味還真能讓人如此心曠神怡。

我國歷代的醫食，特產等文獻對蜀椒、巴椒、川椒都作了大量記述。李善注《文選・左思：蜀都賦》即稱：「岷山特多藥草，其椒尤好，異於天下。」杜甫從成都至夔州，一路都留有歌詠花椒的詩句，像「竹皮寒舊以，椒實雨新紅。」則言成都產之花椒。「桃蹊李徑年雖古，梔子紅椒豔複殊。」說的又是奉節花椒。

蘇東坡從陽平到斜谷去遊耍，一路上見到不少販運花椒和茶葉的商賈，於是寫下：「門前商賈貢椒外，山後咫尺連巴蜀。」唐代孫思邈在《千金食治》中也對蜀椒作了記述。李時珍更對川椒作了詳實的描寫：「蜀椒肉厚皮皺、其子光黑、如人之瞳人，故謂之椒目。他椒子雖光黑，亦不似之。」

川西南山巒中的雅安，以一個「雅」字，在卷帙浩繁的史冊裡，飄蕩著雅潔與芳香。境內的漢源盛產花椒，古稱黎州，故其花椒也稱為「黎椒」。西元84年時，漢宣帝就將清溪花椒列為皇家貢品，亦稱「貢椒」。從此，三國、兩晉、南北朝、五代十國及唐宋元明清無不上貢，直到1904年止。漢源人民年年以花椒進貢，並非是膽大包天以此「欺麻」皇上，乃是皇帝老子們個個都被「麻」上了癮矣。

雅安地區是典型的緩山地帶，氣候炎熱、多雨而潮濕，很適宜花椒樹生長。花椒成長快、結果豐、栽培管理也較簡單，一顆花椒樹的壽命約15～25年。每年7～10月是花椒成熟採摘的時節。像漢源清溪椒，三伏天至立秋前後全部變紅，果皮上的油囊凸起發亮，籽變油黑，即可採收。若花椒收得過早，色澤淡、香氣弱、椒味也差；採收過遲椒果則開裂，容易落椒，影響品質。採摘花椒還需在晴天早上待露水乾了後採摘。這樣的花椒經乾製後方才色澤豔、香氣濃、麻味足、最為香醇。

每到夏天，在花椒產地，滿山遍野一遍蔥綠，成片成林的花椒樹上開滿黃燦燦的小花，十里香風沁人心菲；那滿坡遍溝鬱鬱蔥蔥的花椒樹上一串串、一簇簇鮮紅豔麗的花椒果，盡情地吐露出令人暈醉的幽香。夏天的花椒葉綠、花黃、皮紅、膜白、子黑，綠黃紅白黑五色相映、那姿色是格外動人。在收花椒的季節，椒農像過節一樣興高采烈。當地的農民祖祖輩輩種花椒愛花椒，常聽他們說，花椒樹是通人性的，只要有人在花椒樹下吵架，花椒就會生悶氣，心情會受到影響，氣不順心不暢，第二年就不會開花結籽。所以，倘若有誰在花椒樹下鬥嘴，花椒樹的主人會很不高興地請他們走人。

漢源花椒中尤以清溪「子母」椒為貴。當地百姓俗稱「娃娃椒」。因其椒每粒大子都帶有一粒小子而故有其稱。子母椒果實油重粒大、色澤紅潤、芳香濃醇、舒麻繞口，隨便抓幾顆清溪娃娃椒放在手心搓揉幾下，過後聞手背都滿是香氣，當地人又叫為「隔手香」。除清溪「子母椒」外，大多進入市場的也都是品質較好的「正路椒」，成都人稱為「南路椒」、「紅袍椒」。

原產於漢源縣清溪鄉的花椒，歷史上即以其卓越的品質，成為正宗川菜麻辣調味的首選。清溪花椒，油重粒大、色澤褐紅、芳香濃鬱，其揮發性芳香油含量8%，質冠全國，有花椒之王美稱。《漢書》記載，漢武帝平定西南夷。命邛笮郡主進貢「笮都」花椒，笮都即漢源故稱，從此花椒又世代相傳為貢品。「貢椒」稱謂由此起源。這種「貢椒」，到今天仍只產在清溪鎮的幾個鄉。漢源花椒經過上百代清溪椒農的選種繁育，質更佳、氣更清、味更醇、香更濃、麻更幽。

## 春發秋收 天之別調

每年，當花椒樹上的葉尖淡出人們的視野，齒頰還留有隱約的酥麻幽香時，鄉裡的人家就開始了對下一年新花椒的期待。到了立秋時節，像在貢椒主產地的漢源縣清溪鄉，山野間、道路旁，一串串紅色的小果散發著獨特的芬芳，空氣中都彌漫著花椒的奇香異味，引得過往遊客駐足欣賞。

立秋前後10天左右，是清溪人最忙的時節，花椒的採摘成為最重要的事情。因花椒非常嬌氣，清溪人都稱其為椒子，要在特定的天氣和時段採摘才能保持它的品質。下雨天採摘的椒子很容易變黑，不能保持其豔麗的褐紅色，所以農戶雨天都不會去採摘椒子。等到天一放晴，一家人，整村人，挎起籃子、拿著鐵鉤、扛著凳子，前呼後擁，談笑風生，趕集般地去摘花椒，這便成了村裡一道獨特的景觀。因此在午後起晌時分進村，整個村子一定是一片寂靜，一陣雞鳴、幾聲犬吠也顯得十分惹耳。貢椒產地清溪新黎村，道路兩旁、門前屋後都是花椒樹和水果，花椒因此也帶有了不同的果香味。

此時的人們，分散在山林中的花椒樹下，開始了採摘花椒的一頓忙活。一時間，山坡土溝裡，花椒的幽香夾帶著女人們清脆爽朗的笑聲蕩漾在天地之間。俗話說：三個女人一臺戲。每到此時，花椒樹下，女人們總是有擺不完的龍門陣，聊不完的天。相互挑逗著講述兒時趣事、戀愛婚姻、苦澀往事；或講講自家孩子的學習、成長煩惱、未來理想等，邊摘邊聊歡聲笑語，其樂融融。不覺間已滿滿地摘了幾大籃花椒，披著夕陽的金紗牽群打浪結伴回家。回頭再凝望山坡上的花椒樹，被摘去椒果的樹抖落零亂的葉片，默默地站在那裡，在清風中如釋重負舒展著腰枝，形態輕鬆，目送著懷揣豐收喜悅的人群離去，彷佛是一種奉獻後的釋然，又像是在對來年付出前的靜謐思索。

摘花椒的時候，鄉裡的孩子們是最快活的，嘰嘰喳喳的，彷佛一堆麻雀吵鬧在枝頭。經常是三五個人一夥，包攬一棵花椒樹，不讓別人來摘，選擇的那棵樹，也是花椒結得最多的一棵，後來的孩子，只有羨慕和妒忌的份了。幫忙摘花椒是可以掙到錢的，因此孩子們都摘得很認真，小小的手來來回回地在枝丫間伸進伸出，亦常被樹枝上尖尖的刺兒劃傷，只是暫時停下來揉一揉又繼續摘。孩子們當中也有調皮搗蛋的，他們只挑花椒繁茂的樹摘，眼看花椒給摘得稀疏了，趕忙又換樹，東一下西一下，這樣的孩子是最不受歡迎的。大人小孩一邊說著話，一邊忙著摘，一晌午時能收穫好多。對孩子們而言，更快樂的事，莫過於花椒過稱後，依其重量所付給的辛苦費，爭相誇耀誰掙的錢多，那心裡別提了，是多　樂滋滋的。

午後的陽光從樹枝間灑下來，給紅紅亮亮的花椒又塗了一層熱烈的金紅，看上去更亮麗潤眼。那些孩子，籃子還沒摘滿的時候就迫不及待地跑到花椒主人那裡去稱一稱，看自己摘了多少，能掙多少錢。然後急忙折身回來，站在小凳子上看看同伴們的籃子，繼續摘。有時候也會發生不愉快的事情，比如說哪個孩子一不小心壓折了花椒枝，花椒主人會生氣的，但不會罰款，頂多嘮叨兩句而已。此時，這個孩子的母親也跑過來了，連忙道歉，責怪自己孩子的粗心，不一會工夫花椒林子裡又歡笑開了。

由於花椒很是「嬌生慣養」，個頭小心眼也小，故而採摘時十分注重方法與技巧，手法要輕細溫柔，只能用指甲將椒子與枝條相連接的地方掐斷，不能用手指捏住椒子，更不能用力拉扯。摘椒子時，還要注意手指不能碰觸到花椒的芽孢。椒農說：「如果碰到了芽孢，那麼明年這顆樹就不會再結椒子了」。花椒樹枝上還長滿了大大小小的刺，就像玫瑰花，要想摘得花椒，就得忍受被刺傷的疼痛。再熟練的采椒人也無法避免被刺傷的風險。每到採摘季節，采椒人的拇指和食指都是被花椒刺刺傷的痕跡。一旦手指被刺傷，花椒油會浸入傷口，手指便有麻木的感覺，用農家的話說就是「被麻倒了」。在花椒田裡時間久了，眼睛也會被揮發的麻油氣味熏得睜不開。採摘花椒是個技術活也是個苦力活，忙活一天也只能摘１５公斤左右，個別厲害的農民可以摘２５公斤。摘下的椒子要放在通風的背簍裡，一般編得太密實的背簍是不能用的，會影響花椒的品質。

摘回家的花椒，需要精心晾曬，鮮香的花椒被攤開在曬　或屋頂上享受日光浴；家家屋頂一片嫣紅姹紫，遠遠望去雲蒸霞蔚煞是壯觀。倘若登上屋頂，一股沖鼻、酥麻的花椒香氣撲面而來。

蹲下一瞧，粒粒花椒已然裂開了小嘴兒，吐出黝黑發亮的籽兒，輕一劃拉啪啪地微響，爆裂一片。

等太陽落了山，椒子散去餘溫歇涼了，方才收回家。如果溫度沒有完全冷卻，收回家的椒子也容易腐壞，這樣的椒子就浪費了。曬好的椒子要放在塑膠袋子裡面密封保存，到隔年味道依然濃厚。現在，大多椒農圖方便快速，都是用炕的方法來代替太陽曬。但仍有不少椒農還是願意利用太陽來曬椒子。陽光曬出來的椒子自然，浸透著天地之靈氣，越放越香，風味純濃。成熟的紅花椒，果皮乾燥、色濃光豔、皮細均勻、無雜質、香氣濃烈、麻味持久，這即是優質花椒。

此時便可端起竹簸箕，坐在房角的樹陰下，一遍遍仔細地簸出花椒殼兒和籽兒。清理好的花椒殼需裝入袋中乾燥保存以待賣出。當然也會留下一些製成花椒粉，以備自家調味之用。黑亮的花椒籽兒卻不大值錢，農家常一瓢瓢用來喂雞。我不得而知，這樣那雞們是否就自然生長成了「花椒雞」、「椒麻雞」了呢。

花椒摘完了，家家戶戶陸陸續續地帶上自家的花椒到市集上去賣。這時摘下來的花椒曬乾了，花椒和花椒籽也分了家。收購商中也有要花椒籽的，但通常不會給個好價錢，相比而言，花椒可就值錢多了，一斤好的乾花椒能賣上幾十塊錢。那些花椒樹種得多的，只半個月工夫就能收穫幾千塊錢。於是，有些人家專門栽種起花椒樹來，栽上好幾十畝，過幾年就會收穫滿枝鮮紅。

過去，每到新鮮花椒上市，成都街上還常見漢源花椒用絲線穿成串叫賣。清代《成都竹枝詞》有詩唱云：「黎風雅雨好花椒，到得成都製作高。穿插成珠香串串，平安如意費心勞。」而另一詩集《南廣雜詠》則把這一情景描繪得更為真切生動，其詩曰：「紫茄白菜碧瓜條，一把連都入市挑。瞥見珊瑚紅一掛，擔頭新帶辣花椒。」講的

把新紅花椒紮成一把把掛在菜擔子上叫賣。時至今天，七八月間新花椒上市，菜市場裡新花椒亦理所當然地被放在最為顯眼的位置

大凡到這時節，母親也總會買回些新花椒，仔細地揀掉雜質，洗乾淨後晾乾，放進土陶罐裡，然後在鍋中倒進菜油燒熟，立即趁熱燙倒進罐子裡，讓熱油淹沒新花椒，蓋上蓋密封好，放在陰涼處，涼冷後就成了花椒油，吃時拌菜或吃麵條，相信那美味會感動得你稀裡嘩啦，高唱的不是「大海航行靠舵手」，而是「萬物生長靠太陽，千滋百味花椒香」了。

## 花椒乃奇果 麻香最多情

兩千多年間，巴蜀子民與花椒結下了深厚的情感。雖其間因戰亂四川本地的花椒幾乎絕種，但川人仍從陝西關中一帶引進花椒，這就是古人所稱的「秦椒」。可見，花椒在四川人的居家生活中相依相隨，難舍難離。過去家戶人家都習慣在堂屋中掛一竹簍花椒除惡氣異味；米罈米缸、衣櫃箱包，甚而家中書畫藏品等都要撒幾粒花椒以防腐防蟲。記得小的時候，夏秋之夜屋子裡、院子外還燃起花椒葉來驅趕蚊蠅，很是有效。過去，到夏天還常看見院子裡大人給小娃兒洗澡的在食品旁邊和肉上放一些花椒，蒼蠅就不會在上面爬；油炸食物時，如果油熱到沸點，會從鍋裡溢出，沾到身上，特別是夏天穿得少，那滾油蘸到肉皮上，那感受就不說了，但若及時放入幾粒花椒，沸油就會立即就會風平浪靜。

川人對花椒的鍾愛，以及花椒的獨特風味更多的還是體現在一日三餐中，在川人的日常話語中，淋漓盡致的展現出它的千嬌百媚來。日常生活中。有時朋友之間還會說：「你又不是外行，我啷個會麻你嘛。」此處的麻，不是要給你嘴裡塞滿花椒，把你麻得暈頭轉向不明事理，而是表白「我絕不會騙你，欺哄你」的意思。還有人沒

嘗一點花椒，卻被麻得丈二金剛摸不著頭腦。像常有外地人在成都一些小飯館吃飯，大多點些回鍋肉、魚香肉絲、豆瓣魚之類，同常也就幾十塊錢，外地人會驚歎太便宜了。殊不知，店家卻暗中把價格拉高了的，店小二在一旁還竊竊笑語：「那兩個蝦子娃娃，今天硬是遭麻慘了」。

是的，花椒之麻，不僅麻遍巴山蜀水，且巴蜀子民已被麻了兩千多年。麻到了生活的方方面面。即便是在人們的日常交往中，「麻」也成了川人常掛在嘴邊的口頭語。如「麻你（我）」為哄騙、朦人之意；「麻廣廣」，則為欺人不懂；「喝麻了」，即指酒喝高了不省人事；「二麻二麻」，便是喝得似醉非醉；「麻麻雜雜」即是稀裡糊塗，尤指男女間關係曖昧；「麻起膽子」，意為勉強或故作膽大；「麻打果子」，即指意圖蒙混、順手牽羊；成都人還把夜幕初降稱為「麻麻黑」，把臉上有雀斑或黑痣的人叫為「麻子」，川菜名菜「麻婆豆腐」就是這樣叫起的。還有些歇後語，像：「漢源花椒作陪葬——麻死人」，「人堆堆頭撒花椒——麻倒一大片」，「麻子打呵欠——全體總動員」等。這類川味椒麻方言十分生動形象、幽默有趣，而且還自我調侃，把川人說的普通話亦稱為「椒鹽普通話」，意為似普非普之川普。而這所有之「麻」，皆源於花椒、出於花椒。

花椒作為烹製川菜的主要調味料之一，無論蒸、燒、燉、拌、煎、炸、炒、溜及醃滷、燒烤等均離之不得，尤其是火鍋、串串香離了花椒，就只有關門歇業。花椒不僅用來減除一應禽畜水產的膻腥味，更廣泛地深入到各種川食之中。涼拌菜，撒點花椒粉；吃麵條，放點花椒油；用椒鹽製作鍋魁、花卷、燒餅、油糕等，別是一番風味口感；川菜名菜像麻婆豆腐、夫妻肺片、麻辣雞塊、椒麻雞片、水煮牛肉、紅油兔丁、小籠蒸牛肉、毛血旺及眾多的江湖菜會把你麻得神魂顛倒、語無倫次、姓啥名誰都含混不清；火鍋、麻辣燙、串串香、缽缽雞更是誰吃誰上癮，越吃越墮落。

川人喜麻好辣還有養生方面的因素，麻辣之芳香不僅可調味，還能使汗腺暢通、散寒除濕、開胃健脾；四川姑娘女士則因好辛香、嗜麻辣而保持體態婀娜、小巧玲瓏、肌膚光潔，以至時而耍起脾氣來也是麻麻辣辣的咯。不少外省的姑娘女士還感到十分不解，四川女孩再怎　吃麻辣，臉上也很少長「痘痘」。告訴你一個秘訣吧，一是吃麻辣配優酪乳或菊花茶，既降減麻辣燥性，又滋潤肌膚；二是用花椒水洗臉，即可消除和預防「痘痘」的滋生。花椒水做法其實很簡單，將花椒用紗布包好，放在清水中熬製花椒水，花椒用量可以根據自己的喜好添加，建議不要放太多花椒，用一礦泉水瓶差不多的水，煮開熬個十幾分鐘就行，每晚睡覺前摻合在溫水中，將臉面浸泡幾分鐘，用手搓洗一會兒就可以了，花椒自古就是女人專門護膚養顏的天然佳品，定會使你的皮膚潔淨細嫩。

花椒之麻於川人是一種悠然神韻，一種很超凡脫俗的享受。四川人家除了常備乾花椒還愛把花椒炕乾，放在石碓窩中舂成細粉，即花椒粉，撒在製好的菜上，或用作調料蘸水。別小看這麻辣蘸水，它非但十分地講究，更是川人吃煮的、燉的，像豆花、連鍋湯、燉蹄膀甚至白水菜，千萬少不得的蘸水調料。通常是用溫江醬油加剁細的油酥郫縣豆瓣、紅油辣子、花椒粉、香油、味精調合，又稠又粘、又濃又香，光是看到或聞到這調料，那口水稍不留神就滴到心口上，肚子也咕嚕咕嚕直叫，此情此景也就顧不得那麼多的斯文雅相了。

記得小時候放暑假回鄉下去耍，在二哥家那青瓦平房後的土坡上，嫂子就栽有花椒樹、核桃樹和橘子樹。每次夏天回到鄉下，嫂子總要推磨豆花，然後在後山坡的花椒樹上摘一把新花椒，再到地頭摘五六個鮮青辣椒，然後把青辣椒放進燃燒的柴灶灰中炕熟，拿出來擦乾淨，剝幾瓣鮮核桃，一小塊泡子薑和新花椒一起剁碎，再加上自釀的豆瓣，放些泡菜鹽水調拌好，一碗天然、清新、酥麻、鮮辣、香醇、鹹鮮味濃的豆花蘸水就誘得你搖頭晃腦。最令人叫絕和難以忘懷的是，嫂子每次都要從地裡刨出幾個馬鈴薯，洗乾淨放進柴灶中煨烤熟，拿出來撕去皮給我，用這烤熟的馬鈴薯沾那蘸水吃，那麻那辣，那鹹鮮香濃的味道，我一想著口水就滴滴答答落在鍵盤上，眼淚也撲簌簌地流了下來。

說到花椒在川菜中的妙用，遠不止是「麻辣香」三個字可以顯現得淋漓盡致的。四川人用花椒，無論是餐館酒樓還是家戶人家，都格外精心，十分講究。首先買花椒就很挑剔，通常愛買整粒的，一是因為磨成粉末後香味容易散失，二是為了辨別品質，要正宗「漢源花椒」或「大紅袍花椒」，先要觀顏色，再聞香，然後嘗一粒，只是麻還不行，要麻而不帶苦味，丟到嘴裡輕輕一咬，幽幽的麻，酥酥的香，麻得舌頭一下就不大聽使喚了，雙唇也失去了知覺，嗯，這才是資格好花椒，方才高興的掏出錢來買上一袋。

到川菜館裡吃飯，其川菜做得道地不道地，你只要嘗嘗他的花椒正不正宗就行了。只要花椒又香又麻，就說明那這家飯館的調料不含糊，各式菜肴也就很道地。一九三0年代初，四川軍閥混戰，漢源花椒斷貨，陳麻婆豆腐店除了嘗試花重金向外縣收購外，不是還在店鋪門板上貼出告示，聲名無漢源上好花椒，麻婆豆腐暫不供應。這一維護風味品質的坦誠做法，一時間在同業中傳為美談。

通常人們愛說，飲食是一種文化，川菜便是飲食文化的精彩之作。它的特色就是把各種調料的特性發揮到了極致，充分體現了四川悠久歷史和人文傳統中的幽默和誇張。不會吃花椒的人，無論如何都不能說是川菜吃貨。過去到成都玉帶橋陳麻婆豆腐老店吃飯，顧客要自己到窗口排隊端那碗麻婆豆腐。大師傅舀好遞上一碗端給你，還要指著旁邊鉢子裡的花椒粉，說一聲：「要嫌不麻，花椒自己加！」其實，那豆腐面上已經撒了不少的花椒粉，麻香撲鼻了。

在成都和重慶吃火鍋，如果你吃麻辣的水準一般，那也千萬記住，早一點把紅鍋子裡面飄著的海椒和花椒用漏勺撈出來，否則越煮越麻辣。撈出來的東西會把外地來的客人嚇一跳，朝天椒和花椒能裝上一大碗。川菜飯館裡的熗炒時蔬，如蓮花白、空心菜、油菜苔、都必須先把辣椒節、花椒粒炸出濃鬱嗆鼻的煳辣香味，再下蔬菜翻炒，且不像其他地方，要把炸過的花椒、海椒刨出來，只取其味，川人總是讓其留在菜肴裡，甚而還有不少川人就愛吃這熗炒過的花椒、辣椒，說是很酥很香哩。吃重慶江湖菜辣子雞，原本就不多的雞丁吃完了，仍然是一大鉢油亮亮紅彤彤的乾辣椒和花椒，甚而有餐館還可以幫你打成麻辣粉，告訴你帶回家去煎成熟油辣子，拌菜、吃麵可是香得很！

在成都，就連馬路邊賣的茶葉蛋鍋裡都飄著海椒和花椒。四川著名的休閒小吃怪味胡豆，吃到嘴裡的第一感覺就是「麻安逸了」；端午節賣的椒鹽粽子，裡面有一粒粒的花椒；清晨馬路邊賣的方塊油糕，你一不留意咬到中間的一粒花椒，硬是要麻得你精神抖擻，神智格外清醒；還有五香豆腐乾，中間也有一粒粒的花椒嵌在其間，慢嚼細咽，麻味悠悠。

而吃火鍋、水煮魚、水煮牛肉、麻辣兔丁、麻辣兔頭什麼的，那花椒吃到嘴裡，會帶來麻酥酥、熱騰騰、辣乎乎、香噴噴、汗淋淋，爽徹心肺的快感和刺激，從腦殼頂麻到腳板心。尤其是平常不沾花椒的飲食男女，那真要麻得呆若木雞、周身僵硬、手腳綿軟，簡直就可以直接進行剖腹或鑽腦等大手術了！而對於花椒的麻醉效果，成都人卻幽默地說，這是「防辣塗的麻」，把舌頭表層的味蕾先麻痹了，再辣的辣椒都能對付。這或許就是應對麻辣誘惑的秘笈吧！

## 麻你沒商量 幽香到永遠

在川菜以外的華夏菜系中，雖說偶爾也有用花椒，但多用於醃漬，取花椒之麻香味去除肉食海鮮的腥臊味。而將花椒的特性演繹得淋漓盡致者，莫過於川菜與粵菜。然後這兩大菜系對花椒的理解卻又是天壤之別。在粵菜中常說的「麻」，其實多指芝麻醬的香味。而川菜之「麻」，連三歲孩童都知道那是花椒的味道。粵菜廚師使用花椒大多與八角同用，且八角為重、花椒為輔，換言之是用花椒來激發八角的香味。像粵菜的「炆牛腩」，調味料中就有花椒、八角，但上桌後的牛腩所發出的香味卻是八角的香氣。再者，粵式滷菜很有名，其精緻滷水中雖少不了花椒，但卻忌諱花椒的麻香。

川菜廚師對花椒的認知與感悟，卻是盡其發揮花椒本身的那種酥麻幽香。川菜中也有花椒「伴侶」，除了形影不離的辣椒外，那就是令人一嘗叫絕，花椒與蔥葉配成清香幽麻的「椒麻味」。當然，令地球村民神魂顛倒的還是「麻辣味」。從感官和感受來講，「麻」只是刺激舌頭、嘴唇的神經，而「辣」不僅可以刺激整個口腔，甚至連全身的血液與毛孔都會「激動」起來。如此雙劍合璧，試問又有多少飲食男女能拒絕這「麻」和「辣」連袂製造出來的美妙與歡愉呢！

英國時尚雜誌主編費麥斯勒曾在2007年的英國《倫敦時光》撰文評論川菜風味，他說：「四川出產的花椒有一種獨特的令人上癮的迷人效果。」「它帶有一種樹木的芳香和使人唇舌麻木的神奇功效。」

2005年，美國紐約《亞洲華爾街日報》

主編之一的約翰・克里奇在成都品吃了麻辣風味的川菜，他在其後的報導文章中寫到：「川菜，令人嘴唇發麻微顫地證明著——四川，不愧是千味之鄉。」

近十餘年間，地球村各地的飲食男女蜂擁成都，一看熊貓，二嘗川菜。不少食客尤其是女士，吃到辣尚還可忍受，可一旦吃了麻，那唇舌瞬間便失去知覺的感受卻讓她們驚慌害怕，甚而驚呼：「我的嘴和舌頭怎麼啦？」「我中毒了嗎？」有的甚至吵著要去看醫生。然而有趣的是，第二次不害怕了，第三次品嘗後便上了癮。臨別成都除了大包小袋的狂買「二荊條」、辣椒粉和郫縣豆瓣，竟然還忘不了採購花椒，居然懂得起要正宗漢源紅袍椒。

至於咱中華各地的食客，雖說從地域風味習慣上大體是南鹹北甜、西辣東酸，但眾多食者，尤是姑娘女士，一說起川菜、火鍋便是畏辣懼麻。然而一經品吃，幾乎沒有不上癮的，家鄉之菜已覺無味，吃起麻辣來甚至比川妹子還兇險，變成了十足的「辣姐麻妹」。這全因川菜中「麻」的奇妙魔力在悄然作祟，「毒害」著中華大地無數的嬌女靚妞。

## 麻乃川味靈 辣為川菜神

自來，普天下皆以「麻辣」作為川菜之特色。然而食話實說，「辣」不該是川菜之「特」，而應為川菜之「色」。首先，辣椒是舶來之物，故川人稱其為海椒。辣椒進入川人飲食生活最多也不過三百年。再說地球上喜辣嗜辣者甚多，有的更比川人好辣。像辣椒原產地的南美諸國，還有歐洲、非洲不少國家，以及印度、東南亞大多國家也都食辣好辣。中華之湘陝贛鄂黔滇等都是嗜辣一族。只是能把辣椒玩得神奇繽紛，把辣味吃得花樣百出，讓辣椒魔幻般的辣得香、辣得酥、辣得爽、辣得鮮、辣得韻味深長，辣出各式不同的風味，吃出許多名堂來的這種食性與本事確非川人莫屬。且沒有辣椒也就沒有近代川菜風味特色的形成。故此應該說辣為川菜神，麻乃川味靈。

而川菜真正的道地之特色，卻當是「麻」。花椒乃本土特產，源遠流長，雖不為四川獨有，但嗜好花椒卻是巴蜀惟一。川人玩「麻」亦如玩辣一般，把花椒之「麻」與「香」玩得出神入化，足以讓食者一經品食，便會舒適纏綿、神情悠然，有如吸毒之效難以抵禦。因此，川菜道地之特色盡在「麻」中。在專業廚師和城鄉家庭中，川人玩味花椒的心得與水準，真可說達到了至臻完美的境地。

在川菜傳統的二十四個複合味中，「麻辣」最為個性張揚。而這「麻」則更是特色鮮明、風味特異。其中至少有三分之一的味型，可見花椒的芳影。家常味、麻辣味、怪味、煳辣味、煙香味、五香味、陳皮味，甚而鹹鮮味以及醃滷風味都少不了花椒，其中「椒麻味」以麻香鹹鮮、醇濃味長、味感獨特、口感奇妙而成為川菜獨有的一種特色味型。

川人把花椒入肴的滋味麻感分為：香麻、椒麻、椒鹽、麻辣、熗麻及鮮麻等，款款都風韻悠長，食之津津樂道。花椒在家常味中應用尤為廣泛，燒炒拌蒸的菜肴或多或少都需放入乾花椒、花椒粉或花椒油、花椒水，如粉蒸肉、乾煸鱔絲等。麻辣味中，川人把花椒與辣椒巧烹妙調，將其麻香與辣香演繹得淋漓盡致，像麻婆豆腐、夫妻肺片、水煮牛肉等。

至於椒鹽味，恐當是花椒風味的祖宗，已入世兩千餘年。椒鹽，顧名思義則是花椒粉與細鹽炒製，多用於煎炸、乾炸、香炸、乾收、燒烤等菜式，以味碟形式蘸食；還可用於醃魚、醃肉、做風乾肉、風乾香腸和雞鴨魚等。菜肴中有椒鹽八寶雞、椒鹽蹄膀、椒鹽肉糕、椒鹽里脊、椒鹽魚卷、椒鹽酥蝦、椒鹽鵝腸、椒鹽茄餅、藕餅等。椒鹽味也普遍用於小吃，像椒鹽鍋魁、椒鹽花卷、椒鹽鍋巴等。

另外，還可用花椒粉、鹽、蔥末調製成蔥椒鹽，用於叉燒魚、炸豬排等加熱前的碼味。至於經油炸製成的花椒油，更是涼菜和吃麵條、餃子、抄手等必須的。其他如做鹽水鴨、鹽水雞、鹽水蝦等，也都要用花椒製滷水。花椒和大茴、小茴、丁香、桂皮、等一起配製成五香粉。此外，花椒還是四川泡菜、火鍋必不可少的主要調味料。自一九九0年代末，花椒，特別是青花椒的運用可說是登峰造極，常令食者望而生畏不麻而痹。川人雖說好辣嗜麻，但並非像吸食K粉般粗糙只圖快感，而是十分講究，且還在生活實踐中，總結出一系列鑒別真假花椒、巧用用花椒的經驗來。

## 花椒三劍客 麻香漫江湖

巴蜀人食用花椒，以清溪花椒及茂汶紅花椒、金陽青花椒、洪雅和峨眉藤椒為佳品。我為之命名為「花椒三劍客」。

在怒濤奔騰的金沙江畔，巍峨雄壯的獅子山下，四川涼山州的金陽縣這片古老神奇的土地，在獨特的地理位置和氣候條件的滋養下，孕育出了一個神奇的物種——青花椒。

青花椒之所以讓人們感到新鮮，只是過去少有在館派烹調中使用。重慶四面山和金陽青花椒顆粒碩大，麻味純正濃鬱，和紅花椒比起來，青花椒顯得新鮮、水靈、清爽，溫柔，即使不吃，放在火鍋或者菜肴上，那清幽碧綠的形態也是賞心悅目得很。故而一經投放面世，就受到追新好奇的廚師和食客們的喜愛，很快開發出一系列青花椒菜式，廣受市場追捧。

青花椒當然也有花椒味，還帶著清香新鮮的味道，綠幽幽、酥麻麻，色味都討人喜歡。前些年，英國美食及川菜學者扶霞買了大包小包青花椒帶回英國，日本麻婆豆腐傳人陳建一也買了不少保鮮青花椒帶回日本。一日三餐中用青花椒和紅花椒一起調味，那個香麻酥麻喲，簡直就麻得魂飛魄散。有吃貨們風趣地說，青花椒不就是紅花椒的青澀少年和豆蔻少女時代，那二八年華的感覺當然也就大不一樣了哦。

十年前，當川菜以一道水煮魚撞開城門，乘風破浪入主京城大半壁餐桌以後，嗜辣變成了北京人的時尚。但如今的辣已不過癮，缽缽雞、串串香的驚豔現世，使得「加花椒」、「要麻」、「要中麻」、「要大麻」之聲此起彼伏。其後川菜江湖菜中又一款「藿香鮮椒魚」被演繹成為「沸騰魚」，其將草魚宰殺治淨，打成片，用鹽、料酒、胡椒、雞蛋清、太白粉碼味，藿香切成末。將一大把青花椒、薑塊入豬油鍋裡炒香，加鮮湯、魚骨、醪糟、鹽、白糖、胡椒粉、蔥節、部分藿香煮開，下魚片煮熟，最後撒上剩餘的藿香末即成。吃一片魚，喝一口湯，那藿香中盛開的青花椒香，鮮麻的滋味啊！這款以鮮麻清香為主調，辣椒為伴奏的魚肴，又將京城男女老少誘惑得、吃得是神經錯亂，肝腸寸斷，雜亂不清的話語中已完全沒有了字正腔圓的「京味兒」，且多而不少夾帶著些許「椒鹽川普」。麻辣得是一只手揉著心口，一只手使勁扣住嘴巴，仰著頭像是要「唱支椒歌給黨聽，青花椒今兒要玩命」。

再看看那花椒雞吧，一大盤花椒雞端上桌來，那菜尖上連枝帶梗的一抓翠綠的花椒，就會讓你的視覺一下就被震呆了。哪怕你吃遍大江南北，也沒見過如此這般放花椒的吧，也只有在四川才可能目睹這樣的江湖豪氣。青花椒在這裡，是色誘加香惑，讓你不得不拼死嘗一口。等你被這幽麻悠香麻痹之後，你就會自覺或不自覺地從吃水煮魚一直吃到「絕代雙椒」火鍋。

花椒，在四川火鍋大觀園中，如果說那火紅

的辣椒是男主角，青花椒就是絕對的女主角，若遇到有的火鍋是「陰盛陽衰」，那你可得小心點才是。像在「絕代雙椒」火鍋裡，那褐紅的漢源花椒、碧綠的金陽青花椒，在沸騰的紅湯中隨波逐浪，麻中帶香、香中浸麻，還有蘸碟中的藤椒油暗藏麻機。但如果沒有這麻與香，那吃火鍋就有如明珠蒙塵——暗淡無光、食不甘味了。

在洪雅、峨嵋一帶山生長著一種神奇的原生態樹叢，它狀若藤枝，青幽幽的果實密集成坨，味道清香濃鬱，香麻爽口，當地山民稱其為坨坨椒，每年七八月間採摘，山野裡的涼風夾著藤椒清新的味彌漫在空氣中。藤椒雖與青花椒、紅花椒同屬芸香科花椒屬，但因本身特性，曬乾後就喪失風味，只能在採摘後12小時內，趁新鮮閟製成藤椒油，因此市場上只有藤椒油，不見乾藤椒或鮮藤椒。藤椒因其對地理生態環境、陽光雨露要求較高，且生得快卻長得慢，故而產量少而彌足珍貴，一舉成為花椒「三劍客」中特立獨行者，烹調之珍料，川味之神品。

洪雅鮮藤椒，是川菜近些年的特異麻味。藤椒有股「野味」、「邪性」般的清香幽麻，口味綿長，十分奇特。是一種香氣優柔、風味奇異的天然調味料。其性味與漢源、茂汶紅花椒迥然不同，和西昌涼山一帶的青花椒香味各異。可以這樣說，漢源清溪紅泡椒，亦如大家閨秀，精緻而不失個性、香味濃鬱而沁脾；金陽青花椒，恰似江湖俠女，個性鮮明，香氣濃而豪邁；而洪雅藤椒，則如山野鄉姑，純真溫柔香味悠遠，透出一股濃鬱的原生態氣息，清香幽麻，盪氣迴腸。那質樸、那淳美，讓人一嘗鍾情，欲罷不能，相戀到永遠。

藤椒與青花椒本是近親，只是在特殊地理環境下，因雨霧多、日照少，生得快卻長得慢，於是才擁有了自己獨具一格的誘人風味。藤椒顆粒大、含油脂重，但藤椒也格外地嬌柔，摘下後其邪性與麻香味很容易散失，且風乾後顏色也會變黑，不易保存。當地聰明的洪雅人將青翠碧綠的鮮藤椒從樹上摘下來後，就放在缸缽或瓦罐裡，按1：1的比例倒進燒熱的菜籽油，然後蓋上南瓜葉或荷葉、芋葉密閉，當地稱此工藝為「悶製」。這樣就簡單地加工成了一年四季都可食用的「藤椒油」。

現今，洪雅藤椒油已經被廣泛地應用在川菜烹調中，尤其是涼拌菜。像傳統名菜「棒棒雞」、「椒麻雞」，以及「缽缽雞」、「串串香」用這洪雅的藤椒油拌製，那味道、那風味就更加獨特，讓人細酌其味，百思而不得其解。

千百年來，每到農曆六、七月，藤椒成熟，十里飄香，洪雅家家戶戶都要悶製藤椒油，用於做豆花蘸水、拌雞肉、燒鮮魚、吃麵條或招待客人，形成洪雅地區獨特的飲食文化和吃情食趣。以藤椒為原料生產的藤椒油，色澤清亮，風味清醇，麻香濃鬱，麻味幽遠，比其他花椒油更香、更麻。具有散寒解毒、散瘀活絡、開胃健脾、增進食欲、提神醒腦等特點。在烹飪中巧用妙調，做出的菜肴會給你帶來新奇的味覺享受。

洪雅人也就靠藤椒的這一野性邪味，創造了風靡巴蜀的「缽缽雞」，一種遍佈街頭巷尾的「冷串串」，成為晃眼帥哥、靚女美妞的最愛。它以初長成的山野跑跑仔公雞為原料，煮熟後連同雞雜切成片和小塊，穿在竹簽上，浸泡在用多種調輔料秘製的汁水中，使其浸透入味。調味汁水亦可調製鹹鮮適宜，清香幽麻的藤椒風味，也可調製成紅亮可人，麻辣味濃的紅油風味。缽缽雞因其價廉味美，風味獨特，既可佐酒助餐，又是休閒美食，故而廣受喜愛，在洪雅民間得以流傳，長盛不衰，近十年來，洪雅缽缽雞遍及全川，風行於都市鄉鎮，成為川味小吃中的經典。

青花椒、藤椒在兩千年後被廣泛應用到川菜

烹調中，成為新的花椒菜式。青花椒過去較少用，與紅花椒相比，青花椒呈黃綠或深草綠色，以麻香為主、麻味為輔、清香濃醇；紅花椒則鮮紅光豔、麻味先入、麻香其後、香麻滋潤。藤椒黯綠、芳香而麻味稍淡，果油較多。青花椒和藤椒之運用是可取的，但要用得講究、巧妙，恰到好處。

現今市場上的流行菜式，對青花椒、藤椒、小米辣、野山椒等，可說是用得稀爛、誤入歧途。管它什麼菜、任它啥風味都是一爪爪、一串串青花椒在菜肴中、汁水裡，甚而一桌有大半菜都放有青花椒、藤椒、小米辣、野山椒，既損菜式美觀又讓食客難已下手。川人雖嗜辣好麻，但也沒見有人把花椒當花生嚼，少量用作點綴是可以的，但不能主次不分喧賓奪主，當打渣則打，該去籽則去。一應調料皆是取其味、攝其香，尤其是花椒。烹飪中使用花椒的目的，並不僅是一種風味，而是要以這一風味使食客的味蕾產生愉悅舒適的「麻」之快感，「香」之食趣。

花椒是個大家族，川菜中廣泛採用的是其家族中的「三劍客」——紅袍椒、青花椒、藤椒。花椒雖小卻是神功非凡，有時候，哪怕是只用一二粒，也能讓菜肴的味道變得神妙；有時，放了花椒可以讓菜肴的味道變得飄逸朦朧；有時，可以讓花椒連枝帶粒地鋪滿菜盤子；有時候諾大的一盆菜當中卻只能稍稍地滴上幾滴花椒油。經驗告訴我們，當用花椒的時候，絕不手軟，不該用的時候，即使是一兩滴都是弄巧成絀。對人和調味品而言，調製美味的關鍵，是把好一個「度」，巧烹妙調，方得美味。

# 第三篇　辣椒篇

十五世紀末，為了尋求胡椒而航海西渡的哥倫布，到北美大陸後發現了辣椒，便帶回歐洲，種植在國王和貴族的花園裡，被冠以「愛情之果」的美稱，作為奇花異果觀賞。人們發現辣椒色澤豔麗、紅亮奪目、形狀怪異，視之為邪惡之物，怕有毒而不敢嘗食它。後來，人們小心翼翼地把它列為奇異蔬果試著食用，其辛辣之味讓人振奮，隨即開始大量種植，廣泛用於烹調。而今，辣椒已成為一個大家族，世界上已培育出１００多個品種。就形狀看，有球形、方形、牛角形、子彈形、長條形、手指形、筆尖形；就顏色看，有碧綠、青綠、鮮紅、香蕉黃等。

# 火辣辣的中國

辣椒傳入中國大約已有５００年，這漂洋過海而來的奇特辛辣植物很快紅遍全中國，將傳統的花椒、生薑、茱萸等的地位搶佔。尤其是花椒的食用被擠縮在其故鄉四川盆地內，茱萸則幾乎完全被冷落。辣椒的傳入及進入中國飲食和烹調，無疑是一場飲食革命，其鮮豔的色彩和威猛的辣性是任何辛香料都無法與之比肩抗衡的，給華夏民族的飲食習俗與文化帶來顛覆性的變革。

辣椒於１４９３年率先傳入歐洲，大約１５８３～１５９８年傳入日本。傳入我國的年代未見具體的記載。始見於１５９１年高濂著《遵生八箋》記有辣椒「番椒叢生，白花，果儼似禿筆頭，味辣，色紅，甚可觀」。而後在《花鏡》、《廣群芳譜》、《本草綱目・拾遺》等文獻中都有記載。辣椒開始以蕃椒、地胡椒、斑椒、狗椒、黔椒、辣枚、海椒、辣子、茹椒、辣角、秦椒等名字頻頻出現。而第一個在地方誌裡記載辣椒的文獻，是康熙十年（西元1671年）浙江《山陰縣誌》，其中談到：「辣茄，紅色，狀如菱，可以代椒。」其後很快，遼寧、湖南、河北、貴州、陝西等地相繼出現了辣椒。

清初，最先開始食用辣椒地區之一是貴州及其相鄰地區。在鹽缺乏的貴州山區，「土苗用以代鹽」。自乾隆年間（1736年～1795年）開始，貴州地區便大量食用辣椒了。嘉慶（1796年～1820年）以後黔、湘、陝、贛幾省辣椒種植普遍起來，並蔓延到四川東南部。道光年間（1821年～1850年）貴州北部已經是「頓頓之食每物必蕃椒」，同治時（1862年～1874年）貴州人已經是「四時以食」辣椒。清代末年貴州地區盛行的包穀飯（玉米飯），其菜多為豆花，且用鹽水加剁碎的海椒作蘸水。據清代末年徐心餘《蜀遊聞見錄》記載，他的父親在雅安發現每年經四川雅安運入雲南的辣椒，「價值近數十萬，似滇人食椒之量，不弱於川人也」。

現今，中國的辣椒總產量已穩居世界之首，年產２８００多萬噸，約為世界辣椒產量的４６%，且還以每年９%的速度在增長，世界上將近一半的辣椒都是中國生產的。同時，辣椒在中國的「菜籃子工程」中佔據了非常重要的位置，形成了數十個著名的辣椒之鄉。中國辣椒品種繁多，其中雲南思茅等地產的一種涮辣椒（小米椒）最辣，俗稱一只涮椒就可以涮一頭牛。而不辣的甜椒傳入中國最晚，迄今只有１００多年的歷史。

西南大學歷史地理研究所藍勇教授曾對辣椒進行了長達5年的研究。他認為，雖然辣椒明代才傳入中國，於今不足５００年，但現代人已經生活在辣椒時代。他按「辣度」首次劃分了中國的吃辣版圖：「重辣區」在長江中上游，包括四川、湖南、湖北、貴州、陝南等地，辛辣指數２５～１５１；北方是「微辣區」，包括北京、山東、山西及甘肅大部、青海到新疆等地，辛辣指數１５－２６；東南沿海，包括江蘇、上海、浙江、福建、廣東，則為忌辛辣的「淡味區」，辛辣指數８－１７。全國最愛吃辣的是四川人，第二位是貴州人，第三是湖南人及陝西人。民間亦有俗語：「四川人不怕辣，湖南人辣不怕，貴州人怕不辣」，「陝西有八怪，辣子是個菜」。

## 辣椒吃情巴蜀風

應該說，「辣」是一種性情、一種精神，只有與辣椒性格相同，坦蕩率直的人，才敢於並樂於食用辣椒，視辣椒為無上美味。亦像偉人所說，不吃辣椒不革命。中國太大了，大得連吃辣椒也分地域，中華飲食文化太精深了，精深得連吃辣椒的種類也不知有多少種。在巴蜀大地，川人吃辣貌似不如貴州、湖南、陝西，時間也不如其長久。然而，川菜與川人卻把這姍姍來遲的辣椒，在３００年間玩得活色生香，八面風光，甚而使

「玩辣」成為一種烹調和飲食藝術，「食辣」則成為一種群體飲食文化。

陝西人好辣，不過就以油潑辣子為勝；湖南人嗜辣，也就以酸辣和剁椒出名；貴州人喜辣，不外乎就是糍粑海椒和糟辣椒。而川人嗜辣，既好辣更喜香，嗜辣則有朝天椒、小米辣、野山椒；喜香便有二荊條、七星椒。川人大多是兩者混用，加上四川特產的花椒，便創造出麻天辣地的萬種吃情食趣來。像將辣椒曬乾製成的乾辣椒、辣椒粉、熟油辣子，鮮辣椒製成的豆瓣醬、香辣醬、鮮椒醬、剁椒醬，以及泡辣椒、醃辣椒、鮓海椒、魚辣子等。更與其他調味料巧妙配搭，製成了紅油味、麻辣味、酸辣味、甜辣味、鹹辣味、鮮辣味、煳辣味、豉椒味、糟辣味、魚香味、醬辣味、家常味、怪味、陳皮味、煙香味、泡椒味等，呈現出一辣一滋、百辣百味的風味特色，使辣椒之辣與辣椒之香層次分明，辣而不燥、辣而不烈、辣中品香，香中品辣，辣得是七滋八味、韻味深長，辣得盪氣迴腸、神采軒揚。在不到三百年的時間裡，川人用辣椒與花椒一舉攪渾了中國人的飲食習俗，川味亦成為全國人民，乃至世界都熱愛的味道。

然而有意思的是，明《草花譜》記載了最初吃辣椒的中國人都在長江下游，即所謂「下江人」。下江人嘗食辣椒之時，四川人尚不知辣椒為何物。辣椒最先進入江浙、兩廣，但是卻沒有在那些地方被充分看好，而在長江上游、西南地區氾濫起來。到了清代嘉慶以後，黔、湘、川、陝、贛幾省已經「種以為蔬」，「擇其極辣者，且每飯每菜，非辣不可。」

四川地區食用辣椒的記載稍晚，據載，西元1700年後辣椒由江浙溯長江水路入川，故川人稱為「海椒」。乾隆十四年（1749年）《大邑縣誌》：「秦椒，又名海椒。」這是對四川辣椒最早的記載。嘉慶年間，川西已普遍栽種，嗜辣

# 第三篇 辣椒篇

之風漸盛，既做蔬菜又作調料。1811年，《金堂縣誌》有記：「辣椒，亦名海椒，有長圓大小數種。」1816年《華陽縣誌》記載：「番椒，辣味，色紅。」。

清代道光、咸豐、同治期間，四川食用辣椒開始普遍起來，以至辣椒在四川「山野遍種之」。光緒以後，四川食用辣椒更為廣泛，除在民間大量食用外，經典菜譜中已經有了很多辣椒菜肴的記載。清代，四川華陽人曾懿所著之《中饋錄》記載的「製辣豆瓣法」「製豆豉法」「製腐乳法」「製泡鹽菜法」裡都有辣椒的食用。可見辣椒剛在巴山蜀水落地生根，就受到巴蜀人的寵愛。蜀人吃了千多年的食茱萸，就像皇宮裡失寵的嬪妃，屈居冷宮，哀怨自歎地看著辣椒歡天喜地、綠裳漫舞、紅袖添香。

清末，傅崇矩《成都通覽》記載：成都「五月青辣子、六月紅辣子、燈籠大海椒、七月燈籠椒、八月海椒、紅辣椒」。成都通覽還記載有各地辣椒的不同品種：鹽亭縣的辣子，什邡縣的大朱紅辣椒、鮮紅小辣椒，井研縣辣椒，南江縣的滿天星辣子，璧山縣的紅辣椒，西昌的辣椒，金堂縣的高樹辣椒，梁山縣的蜜辣椒，新津縣的細紅辣椒，內江的七星辣椒、辣醬、豆瓣，蓬溪縣的蜜大紅辣椒，犍為縣的豆瓣，富順縣及瀘州的旱椒，綿州及渠縣的辣子，南部縣的牛角椒，邛州的辣椒子，萬縣的樹辣椒，樂至縣的牛角椒、燈籠椒，雙流縣的線辣椒、雞心椒，彭山縣的長金條辣椒，成都的辣椒子、泡辣椒、辣豆瓣等不一枚舉。

其中，最為得寵的是「二荊條」辣椒，每到七月中旬，是二荊條辣椒成熟時節，那滿坡遍野的長條辣椒由青轉紅，很快就成一片紅海洋。尤其是成都近郊雙流牧馬山的二荊條紅辣椒，更是做豆瓣的首選。來自各地的批發商、餐館酒樓、豆瓣廠家、美食達人，都會來此搶購第一手二荊條紅辣椒。那牧馬山上的路道上、空壩上，剛從地頭摘下來的紅辣椒讓農民擔著、挑著，或雞公車（一種獨輪推車）推著、農用拖拉機裝著，成隊成片的，堆成一座座火紅的辣椒山，簡直就是一個火辣辣的盛會。

選辣椒也是一件快樂並痛苦著的事情，有的選來做泡椒用、有的用作曬乾辣椒，更多的是用來做豆瓣。經驗淺薄的人，挑選辣椒時，一不小心擦下滿是汗水的臉，結果那火辣辣的刺激，讓人滿臉通紅，淚水汗水雙流、手舞足蹈嗷嗷叫，多要半天才得以舒緩過來。

二荊條海椒是成都平原特產的辣椒品種，椒角細長挺直，椒尖有「J」型彎鉤，修長飽滿、鮮亮奪目，十分誘人；二荊條辣椒色澤靚麗、辣味適中、香味較濃，其含油分較重。二荊條作為鮮蔬食用即鮮青椒，在5～10月間，鄉裡人家多愛用鮮青椒做鮓海椒、醃漬海椒；特別是5～6月，新鮮二荊條青椒上市，城裡人家每到這時，那餐桌上的青椒醬肉絲、青椒鹽煎肉、回鍋肉，清香鮮辣，那才叫個香美啊！甚而是小菜，虎皮青椒、燒椒拌茄子、青椒拌皮蛋、青椒炒豆豉等，都是任何美肴也不可替代的，那是成都人夏日裡的一大口福享受。

紅椒的採摘則限於7～9月，多用於做乾辣椒、辣椒粉、醃漬、泡椒、豆瓣、辣椒醬等。其時四川各地的各式宰海椒、辣椒醬、辣豆瓣、香辣醬、醬辣椒、糟辣椒、鮓海椒及郫縣豆瓣、原紅豆瓣等更是香風漫卷。辣椒已經成為川菜中主要的調輔料之一。到清代末年，嗜好辣椒已經成為川人飲食的重要特色。

每年三伏天，帶著露珠的鮮紅辣椒又靚麗登場，那是做豆瓣的好日子，各家有各戶都要做幾罈豆瓣，吃到第二年的此時此季。有的還要做泡辣椒、曬乾辣椒，簡直就忙得不亦樂乎。初秋時節，雨季剛過，城鄉裡各家各戶的門前屋後、院子裡、瓦房上都有串串鮮紅，剛上市的麻梭子（細長）紅辣椒。晾曬好後，舂成辣椒碎末，合著發酵好的黴胡豆瓣，撒少許鹽和八角，裝入土瓷罈子內倒入菜籽油密封好。半個月後，揭開蓋子就是又香又濃的家釀辣椒豆瓣醬。炒回鍋肉、鹽煎肉，吃蘿蔔連鍋子、豬棒骨燉青菜頭的時候，有了它做蘸水，那香味就直滋潤、浸透到心田。

即便在現今的城市裡，因居住條件變了，沒有了環境，自家做豆瓣的習俗也很難見到了，但大街小巷中，每到三伏天，一些小乾雜店也要收來一大堆鮮紅二荊條辣椒、小米辣，當街用機器絞碎，加黴豆瓣、香料、生清油調製成鮮豆瓣賣，倒也還貨真價實。但年長的人大多還是買人工剁碎的，說是比機器攪的粗細更勻淨、更香，且其味道遠不能跟自家做的相媲美。

兩三百年來，豆瓣醬已為巴蜀人民不可缺和少的生活必備調料，也如泡菜一般，成為一代代川人鄉風鄉味、鄉情親情的一部分。四川民間，過去幾乎家家必做豆瓣，就是城市居民人家也大多要做豆瓣。每到夏天新鮮紅椒出來，大挑小擔湧入市區，大街小巷、路邊院壩堆滿了長長的、豐滿挺直、紅豔亮麗的二荊條海椒。幾乎家家戶戶都要大籃小籃買回家，坐在院子裡或家門口，用剪刀剪去柄把，洗淨晾乾，放入大木盆內用菜刀或專用宰刀宰細，也有用絞肉機絞、還有用石磨推的，到處都可以聽見咚咚咚的剁椒聲，四處都可聞到刺人眼鼻、口舌生津的辣椒味。通常宰好了的辣椒，要加鹽、加黴胡豆瓣子、菜油和勻，然後每天晾曬，至豆瓣不見水分後，裝入瓦罈密封放置在陰涼處。心急的半個月即可吃，不慌的則放置二三個月，吃來味更香濃。幾大罐香辣豆瓣，就要吃到第二年辣椒上市。老一輩人在做菜時還常說：「鑲」點兒豆瓣在菜裡，這個「鑲」字便體現出人們對豆瓣這一味調味料的情鐘。

在四川人的飲食習慣裡，最為擅長也勤於自製調味料，泡菜、鹽菜、泡椒、乾辣椒、豆瓣、豆豉、豆腐乳等，青辣椒上市則要做青椒醬、「鮓海椒」，即用宰碎的青辣椒拌合著米粉加鹽、花椒，裝在瓷罈裡，吃時舀一大勺在鍋裡用菜油炒熟，堪為佐餐佳品。記得小時母親還常用鮓海椒炒回鍋肉，現在想來都忍不住口水淚水雙流。尤其難以忘記的是，父親那些年在成都郊外工作，每個星期天下午回單位，母親總要炒一大缸鮓海椒給父親帶去，那就是父親六天的下飯菜，為養活我們三兄妹，父親捨不得花錢買單位食堂的菜。

過去家庭做豆瓣是一種習俗，且各家有各家的做法，添加的配料也不一樣。有專門用於炒菜燒菜的，也有專門做來直接下飯佐餐的。但大多都是把黴胡豆瓣用酒、鹽、香料調拌後直接與剁碎的辣椒拌製，不經過晾曬發酵便入罈醃漬，這樣做成的豆瓣叫做「原紅豆瓣」，即第一紅的豆瓣，也叫紅油豆瓣。過去不少家庭主婦，婆婆大娘做的豆瓣十分好吃，市面上是買不到的。要是將現今超市裡的「香辣醬」或其他的辣椒醬相比，自家做的更香醇、更鮮美。

記得小時候只要母親把豆瓣做好了，做飯時就常纏著母親要吃鍋巴，其實心裡想著的是把那新鮮豆瓣抹在鍋巴上，吃來那才叫個香啊！有時還纏著母親買塊米涼粉，兄弟妹三個人手一塊，抹上豆瓣，吃得是眼淚鼻涕都分不開了。筆者自兩歲起到如今，每餐必有油酥豆瓣方才進食，真成了個不折不扣的「不得其醬不食」之庶人。當然，現今城裡早已少有人家自個做，但鄉村中大多農家自種有辣椒，仍保持著自製豆瓣醬的傳統。再說吃慣了自家的豆瓣，也總覺得其他的豆瓣都不香。現今，不少餐館酒樓也都自製豆瓣，以確保菜的風味品質。不少農家甚而以自製豆瓣醬出了名，成就了一番事業。

川人還把辣椒分得細膩入微、層次清晰，

尤將辣香之味分成十餘種。有「清香辣」，即是辣味淡薄、清香宜人的新鮮二荊條青椒；「鮮香辣」，即新鮮紅辣椒，鮮紅小尖椒，鮮辣香醇；「醇香辣」、也叫「醬香辣」，即郫縣豆瓣、原紅豆瓣醇濃醬香；「煳香辣」、也叫「酥香辣」，即熗乾紅辣椒所產生的煳辣熗香；「乾香辣」，即乾辣椒或辣椒粉烹調的菜肴；「酸香辣」，即泡辣椒、野山椒等帶有濃鬱乳酸香的香辣味；「油香辣」，便是熟油辣子、油酥豆瓣之獨特的油亮滋潤香辣味；「椒香辣」，即麻辣風味；「豉香辣」，醬豆豉和水豆豉與辣椒合用所帶來的豉香與辣香；「蒜香辣」，有著大蒜和辣椒組合產生的香辣蒜香；「芳香辣」，即用辣椒與蔥薑嗆炒出的芳香辛辣味；「甜香辣」，與圓蔥、 頭和甜紅醬油烹調的香辣甜味；「滷香辣」，即多見於川菜紅滷菜、火鍋、冒菜的風味；「沖香辣」，及四川民間特有的「沖菜」或「辣菜」以及芥末與辣椒的混合辣味。如此等等，你看蜀地川人把個辣椒真是辣出了千滋百味、風情萬種，讓食者無不感到美輪美奐、妙味無盡。

## 吃香喝辣快活情

在巴山蜀水，風華絕代的辣椒似英雄如美人，既剛烈又多情。辣椒不僅火烈潑辣，亦是嬌美豔麗、風姿綽約。故此，有了以紅油辣椒或乾辣椒為主的「香辣」，像「紅油耳片」、「紅油兔丁」、「香辣蟹」等；以辣椒花椒為特色的「麻辣」，代表菜品有「麻婆豆腐」、「夫妻肺片」，「水煮牛肉」、「麻辣牛肉乾」等；以豆瓣或香辣醬為調味料的「醬辣」，如「回鍋肉」、「鹽煎肉」、「豆瓣肘子」，「豆瓣魚」等；以泡紅辣椒為調味料的「泡辣或酸辣」，如「魚香肉絲」、「泡椒墨魚仔」、「泡椒牛蛙」，還有近十年風行的泡野山椒風味菜肴；以油炸乾辣椒為特色的「煳辣、熗辣」，像「煳辣雞條」、「宮保雞丁」、「熗鍋魚」等；以小米椒、鮮青椒為輔料的「鮮辣」，如「小煎兔」、「青椒拌皮蛋」、「剁椒魚頭」、「燒椒拌白肉」等；以辣豆腐乳、醪糟為調輔料的「糟辣」，如「家常燒羊肉、狗肉」、「粉蒸肉」、「腐乳燒蹄花」等；以辣椒粉或糍粑辣椒調拌的「乾辣」，像「乾拌肺片」、「乾拌牛肉」、「乾拌毛肚」等；還有輔以糖的「甜辣」，如「家常紅燒肉」、「乾燒鯽魚」、「大千乾燒魚」、以及小吃「甜水麵」、「鐘水餃」等。

川菜，以味見長，清鮮醇濃，善用麻辣。其善用，亦不是濫用，川人做菜，一講味，二講香，精烹細調，味味相宜。每種味型，每一樣辣椒經過精烹妙調，都會生發出不同的辣味、辣香與口感，產生出美味的愉悅來，這就是所謂的「適口者珍」。

辣椒雖是一種植物，卻與人一樣是有生命的，也有自己的「精氣神」。辣，雖說沒有苦來得沉重而深刻，沒有酸顯讓人痙攣，更不及甜使人感到愉悅和溫馨，可是那大汗淋漓的痛快卻是獨一無二的。辣，是活力與激情的代言。棲息在碗盤中的幾顆紅辣椒、一盆沸騰著的紅豔火鍋、那難以計數的紅亮辣椒相互擠成一團，令人精神為之一振，吃情食欲高漲。辣椒的魅力，在於入口即勁道十足，恣意亂串，盪氣迴腸，讓人難以釋懷。辣椒，就如夏日裡的一抹豔陽，驅走你心中的陰霾晦氣，讓人在酣暢之餘盡情地遐想……。

在巴蜀大地，自南美而來的辣椒是非常幸運的，兩三百年前，近代川菜醞釀起飛的時候，她便投身天府之國，深得寵愛，更與花椒喜結連理，或一唱一和，或雙味齊揚，駕馭著川菜騰飛的強勁風勢，在中華大地瀟瀟灑灑一路歡歌。央視曾做過一個飲食調查的節目，數萬民眾參加評選的十大流行菜品排行榜中，發現香辣味極其流行，川菜裡的麻辣小龍蝦、香辣蟹、剁椒魚頭、水煮魚囊括了前四名。有人曾這樣形容川菜之辣——辣而不烈、辣而不燥、辣中顯香、辣中有味。

那麼，究竟是什麼令愛吃辣椒的人樂於讓辣椒辣得嘴發燒、臉發紅、筋發脹、汗流淚淌、氣喘如牛、精神氣爽呢？有專業人士解釋說，這與人的腦部對辣椒的感覺反應有關。辣椒素一接觸到舌頭與口腔裡的神經末梢，稱之為傳遞物質的痛苦信使就會把大禍臨頭的資訊十萬火急地傳到腦部，大腦在驚恐不安之時立馬令身體各部全面警戒，於是，心跳開始加速、嘴裡唾液湧冒、汗水噴出以散熱、鼻孔呼啦吸氣、腸胃管道加緊運轉。當身體在全力以赴保護自身不受辣椒侵襲時，腦部也同時釋放出一種天然止痛劑——內啡肽，若是接下來再繼續吃辣椒，大腦又以為有痛苦襲來，便釋放出更多的內啡肽。這樣不斷的吃辣椒、腦部亦不斷地釋放內啡肽，就會使人感到刺激、興奮、輕鬆、愉悅，產生吃辣椒後的一種特殊的快感，這種快感會讓人依戀，於是不知不覺中就上了癮。這快感、這辣癮，便是川菜天下，天下川味的奧秘所在。

三百年間，辣椒與巴蜀兒女真個也是情深味長，一日不嘗，如隔三秋。一代代川男蜀女，都是唱著、吃著辣椒長大的。「一呀耳，黃涼粉、白涼粉，熟油辣子多放點，辣呼兒辣呼兒又辣呼兒，嘴上辣個紅圈圈兒。」「青葉葉，綠杆杆，白花花，大人吃了打哈哈，娃兒吃了喊媽媽，那是啥子花？——那是海椒花。」更有成都民間竹枝詞唱到：「端來涼粉兩三盤，味調宜辣複宜酸；腮旁嘴角紅猶在，就向街前念戲單。」你看，這味、這情，不是妙趣橫生。

## 五虎辣將鬧九州

川人何以對「辣」如此情有獨鐘、傾心癡迷呢？眾口一詞的是盆地內的潮濕悶熱氣候所致。然而還有更重要的情感因素，即是移民文化促成。明末清初，辣椒隨各地來的移民進入四川，因盆地氣候潮濕悶熱，這些外鄉人身心頗感壓抑煩悶，於是逐漸形成為祛濕散熱、活絡血脈、疏通身心而嗜辣；同時，為宣洩思鄉念祖、化解抑鬱悲情，求得一時通泰，而借辣椒之辣來排遣。於是，形成食辣嗜辣的飲食習俗。故此，無論從生理和情感上，人們都會對辛辣芳香的食物產生一種自然的生理需要。

在嗜辣好麻遠超川西的川東地區，過去自然條件惡劣，生存其間的人需要隨時保持相對更高的亢奮，因而川東人一向有性格剛烈，脾氣梗直、豪放的名聲。民間對這種性格的解釋，往往說與川東人喜食辣椒有關。說明「辣椒素」很可能是川東人脾性剛烈的重要誘因。反過來，結合川東山地的險惡自然環境，是否也可以說，川東人高度緊張的生存狀態，使他們需要從食物中獲取更多支持人體機能亢奮的物質。

曾一度走紅大陸的當代新加坡女作家尤今，當年來成都和重慶簽名售書，亦經不住「誘惑」，大熱天在山城街頭大啖火鍋，對辣的一往情深不輸蜀人，自稱「嗜辣已成狂」。其所撰《辣》一文，就格外生動地描述了被她視為「炸彈」的朝天椒。其文有云：「最最可怕的，是那形狀毫不起眼的朝天椒。舌頭是草原，朝天椒是野火，才一沾上，便熊熊燃燒，燒得人舌乾、唇裂；汗流、淚下；全身顫抖、五官扭曲，好似有人在嘴裡放了一枚轟然爆開的炸彈般……」經此轟炸、燒灼，食辣者是否就此甘休呢？否！「吃辣椒，猶如讀鬼書，明知刺激，卻欲罷不能。」這真真是大作家，以女性特有的細膩筆觸記錄下她的食辣經歷，傳神道地出了中華食苑嗜辣一族的品辣心態。

辣椒，真實地表達了一個地域的人們對生活的執著追求。艱苦的生存狀態，經辣椒素的啟動，揮發出改天換地，與貧窮抗爭的激情來。據此可見，辣椒傳入時貧困的社會狀態、險惡的自然環境，以及潮濕的自然氣候等，這些綜合的因素齊聚一體，成就了川東人嗜辣的習俗。故而，呼應了巴山蜀水這三千多年不變的「尚滋味，好辛香」

的飲食特性。

而川人所喜好的傳統辛香調輔料，薑、蔥、蒜也好，胡椒、食茱萸、蒟醬也罷，其口感與驅濕效果，以及風味味道遠不如辣椒給人強烈刺激所帶來的快意，更不及辣椒使人一嘗癡情、迅疾上癮的能力。再者，辣椒價廉物美、經濟實惠，尤其在缺食少肉、缺油少鹽的歲月，辣椒便是人們舉手可得、張口可食的佳蔬和佐餐美味。可見蜀人愛辣皆事出有因。

不僅如此，各種形態和色澤的辣椒，其辣味與香味也都各有其長，川人擇優攝取、採用不同的加工和烹調方式，使其辣與香、滋與味、食和趣淋漓盡致的展現出來。我將其命名為「辣椒五虎將」。

**二荊條辣椒：**以成都雙流牧馬山和龍潭寺出產的最為出名，成都以及周圍各縣都有種植。二荊條辣椒身姿修長，把柄帶彎鉤，每年５至１０月上市，有綠色和紅色兩種，青色辣椒不採摘繼續生長個把月就會變為紅辣椒。二荊條辣椒香味濃鬱，口味香辣回甜，色澤紅豔，可以做菜、製作乾辣椒、泡辣椒、豆瓣醬、辣椒粉、辣椒油。總結其特點為：辣度適中；色澤好；香氣特足。

成都還有種辣椒中的精品，新都石板灘特產的「東山海椒」，其肉厚、紅豔、香辣，在國內外都享有美譽。尤為是剛熟的頭批青椒，尤為細嫩、清香、辛辣、回甜，是成都人視為嘗新的精品，用以炒青椒肉絲、煸青椒更是絕美。新鮮的紅辣椒，是做豆瓣醬的必須，乾辣椒則是成都人做熟油辣子的首選，不僅色澤紅亮、浸泡過兩三次後，依然紅豔，香辣無比。

以前，成都紅照壁街南，就有一家辣椒粉店，在當時可是成都最有名氣的調料店鋪，從店門前一過，便飄來撲鼻的海椒和花椒香味，正如其店名「萬里香」。店子並不大，做的大多是批發生意，零售僅占「小頭」。普通的人家，一次最多不過買上二三兩。舊時成都的許多官宦人家都在此訂購辣椒粉，一訂就是幾十上百斤。而幾乎成都所有的抄手店、麵店、拌菜店也都在此採購辣椒粉和花椒，弄得店裡的夥計們忙個不停，整日都在加工原料。「萬里香」辣椒粉店之所以如此出名，就是因為其所選材料均是龍潭寺產的「二荊條」乾紅辣椒，肉厚且半透明，紅亮飽滿。每當工人踩動木錘，把海椒舂成粉末，伴隨著那清脆悅耳的「咚咚」聲，油亮鮮香的辣椒粉便做成了，香醉一條街。

**朝天椒**：朝天椒之名來自果實朝天而長的特點，果實短小挺直，在很多地方都有種植，貴州出產的品質尤佳。朝天椒有長辣椒、子彈頭、圓錐椒、小米椒等品種，因椒果小、辣度高、易乾製，主要作為乾辣椒。朝天椒辣味比二荊條辣椒強烈，但是香味和色澤卻比不過二荊條辣椒，製作成乾辣椒用於熗炒類、辣椒粉、辣椒油等。總結其特點為：辣度高；色澤中等；香味普通。

四川常見的七星椒也是朝天椒的一種，屬於簇生椒，產於四川威遠、內江、自貢等地。七星椒皮薄肉厚、辣味醇厚更濃烈，可以製作泡辣椒、乾辣椒、辣椒粉、糍粑辣椒、辣椒油等。為中國吉尼斯吃辣椒大賽的指定辣椒。總結其特點為：辣度很高；色澤中等；香味普通。

**小米辣**：小米辣產於雲南、貴州，四川亦普遍種植，是辣味是所介紹的幾種辣椒中最辣的，口味辛烈，但是香味不濃，可以製作泡菜、乾辣椒、辣椒粉、辣椒油等。總結其特點為：辣度特辣；色澤中等；香味普通。川菜中自內幫菜最為擅長用小米辣椒。

**泡紅辣椒**：巴蜀地區的泡紅辣椒十分具有特色風味，是烹調家常菜不可或缺的，也是中華菜系中的一朵奇葩。泡紅辣椒是巴蜀人家泡菜中的主角，也是每家大小川菜館必備調輔料。由於泡紅辣椒色澤紅亮、酸辣微甜、辣而不燥、味感悠長，故而近二年來，在川菜中形成了一個獨特的泡椒風味味型。

當然，泡椒菜肴風味的關鍵取決於泡椒的品質。川西壩子泡紅辣椒多選用新鮮二荊條辣椒，川東多用子彈頭朝天椒，川南則好用七星椒或小米辣。通常是把辣椒洗淨晾乾水氣後，就可放入泡菜鹽水罈中浸泡。泡菜鹽水的調製並不複雜，但需用四川自貢出的專用泡菜鹽、加香料包、冰糖（或甘蔗汁）、少許白酒，用純淨水或礦泉水調成，鹽、糖融化後嘗一嘗，味較鹹、微酸略甜、稍帶酒香即可。這樣就可長久使用，只是每次泡新的辣椒時，適量加點鹽和水就行了。泡入辣椒後需放置在陰涼潮濕處。

若是泡辣椒的專用泡菜罈，辣椒泡的時間不要太久，一周左右即可；其次，除了香料包最好別再泡其他東西，尤其不能有薑，否則泡椒會變軟、顏色發暗、還會走籽（空殼）。泡出的辣椒應是鮮嫩如初，飽滿滋潤、肉厚結實、香脆可口，這樣你的泡紅辣椒就算品質優良了。

**泡野山椒：**是近十餘年川菜辣椒中的新成員，以前少用使用。主要是來自廣東、廣西，雲南、貴州、四川西昌均有產。野山椒是一種野生辣椒樹的果實，產於山區，個小色青、辣味較烈；當地人家多把新採摘的野山椒洗淨晾乾，用山泉水或涼開水，加精鹽、白糖和一些香料，泡製成酸辣鹹甜的泡野山椒。

泡野山椒既可作開胃小碟，亦可烹調泡椒風味菜肴。像川菜中流行的酸菜魚、爽口老罈子、泡腳鳳爪、泡椒牛蛙、泡椒鱔片、野山椒蒸魚頭、山椒拌白肉、山椒炒豆絲、山椒燒花菜等，甚至也可用來做山椒脆臊麵，用法很多，十分隨意。

川菜烹調中，根據菜肴的原料和烹調方式，在辣椒的運用上也分得很清楚，這就有了不同形態的辣椒用料。

**乾辣椒節：**以乾辣椒段烹調的成菜辣而不燥、香氣撲鼻、辣味悠長。多用在川菜中的麻辣、香辣、乾鍋、煳辣、潑辣等味型的菜品中，一些辣味低的味型中也會用乾辣椒節作提香增色之用，通常是先下油鍋炒出香味，取其煳辣熗香的誘人氣味。

**刀口辣椒：**則以乾紅辣椒節，鍋中放少許油，燒至三四成熱，下辣椒節炸至深紅色、出辣香，但不可以炸焦、炸糊，撈出晾涼，用刀剁成碎末，多用於製作水煮類菜肴，辣味香味並重。

**粗辣椒粉：**一般使用在煉製紅油、老油，幫菜品提色、增色或增加菜品辣度。成菜後色澤紅亮，辣味柔和。

**細辣椒粉：**用細辣椒粉來烹調成菜一般都是相對細緻的菜品，用量也較少，所以辣味較強，色澤依然紅亮，辣而不烈。一般使用在乾拌菜品，有提色、增香、添辣的效果，有多用於調製麻辣蘸碟，像串串香類。

**鮮辣椒節：**指將鮮辣椒原料切成3～3．5公分長的節，又稱「段」，行業上專用名為「寸節」。在菜品中主要起提色、增色的輔料作用，過油的話就還有增香的作用。

**鮮辣椒顆：**指將鮮辣椒原料切成0．8～1公分見方的顆粒狀，又稱「小丁」。在菜肴中主要起點綴與美化菜品，對部分菜肴可以起到提色、增香、增味（辣味）。

**鮮辣椒末：**將鮮辣椒用刀剁成0．15公分大小、不規則的形狀。鮮椒末在菜肴中主要起提鮮辣味，特別是體現紅小米辣本身固有的鮮辣味和清香味，也能增加菜肴味碟的色澤，多用於剁椒類菜肴，以及做拌菜和調味碟。

川菜烹調也將辣椒之「辣味」分得較細，川菜大師製作一道辣味或麻辣味菜肴，斷然不會只用一種辣性調料來調味，需要根據菜品的烹飪方式、味感、口感，單獨製作複合型的辣味調料，有時鮮辣椒要與乾辣椒、泡椒混合使用；豆瓣醬、豆豉、香辣醬等不同口感的辣性調料，往往也會根據菜品調味的需求，按照比例混合炒製成一味秘製調料。不同的菜需要不同的辣度，同一道菜裡面，「辣」味也要有不同層次及味覺展現。然而在川菜麻辣元素中，惟有郫縣豆瓣無疑是對川菜，尤其是家常風味川菜有著決定性影響的獨特辣味調輔料。

## 天賜川菜一神味

話說川菜味道，不可不說豆瓣這一美妙奇特，獨一無二的調味料。豆瓣，是辣椒醬之一種，但辣椒醬卻不可言為「豆瓣」。四川豆瓣尤其是郫縣豆瓣，是川人玩辣椒的經典傑作。「郫縣豆瓣川菜魂」則是巴蜀大地廣為人知的響亮廣告語。當然，就川菜這一適應廣，影響大的菜系而言，什麼是川菜之魂？若就單一調味料而言，四川自貢井鹽方才為川菜之魂，在大多正宗川菜菜譜書籍中，都標明要用「川鹽」或「井鹽」，足見川鹽在「百菜百味」的川菜中所站之「魂」的地位。

縱橫通觀川菜之淵源與特色，也可以說，味亦是川菜魂。有了這個「魂」，才展現了川菜「以味見長」、「味多、味廣」、以及「百菜百味」之所長。有了「味為川菜魂」，也就有了「麻辣川菜靈」。這一「魂」一「靈」，成就了川菜「味道天下」之風華勝景。

回顧四川幾千年歷史，就是一部人類歷史上少有的人口遷移史。從秦滅巴蜀到明末清初，隨著大移民浪潮，四川的人口結構、生活習俗、生產方式乃至飲食烹調都隨之發生重大變化，如醬油、醋、豆豉、甜麵醬等生產技藝的進入，南北菜肴與烹技的大融匯，使近代川菜得以呼之欲出。而辣椒及一獨一無二的郫縣豆瓣，更使川菜風味體系迅速崛起，就此演繹出川菜那風味萬千、風情萬種的味道傳奇。

「郫縣豆瓣」從最初的豆瓣醬（醬豆瓣）到今，差不多已有300多年歷史。神奇而不可思議的是，離開郫縣這一400多平方公里的土地，無論你用什麼樣的方法，都難以複製出郫縣豆瓣的醇正風味。因此，郫縣豆瓣從來不必擔心贗品。因為郫縣得天獨厚的地理、氣候、環境、水質條件，為郫縣豆瓣的生產提供了不可複製的優越釀造條件。

**氣候條件**：郫縣地處成都平原的中心，氣候溫暖、雨水充沛、四季分明，屬亞熱帶季風氣候，終年溫暖濕潤，年平均溫度15．7℃，最高溫度35．8℃，最低溫度5．2℃，年平均日照時數1264 7小時，平均相對濕度84％，極有利於多種微生物生長繁殖和多種酶充分完成酶解作用；為「郫縣豆瓣」翻、曬、露的工藝操作創造了良好的自然環境。

**地質條件**：郫縣坐落在都江堰內支流出成都平原的沖積扇上，地表土層由第四系沉積物發育而成，土層深厚，可耕性和通透性較好，宜種性廣，富含磷、鉀、鈣、鎂、鐵、錳等豐富的礦物質，自然肥力高，有利於水稻、辣椒、蠶豆、蔬菜瓜果等多種農作物的生長，為郫縣豆瓣的生產提供了優質原輔料。

**水質條件**：郫縣屬於岷江上游的都江堰自流灌溉區，水源無污染，水質條件好，為成都市水源保護區範圍，且富含多種礦物質，尤其是含有多種微量元素，為「郫縣豆瓣」的製作提供了穩定而優質的釀造生態水質。

當然，在郫縣豆瓣誕生之前，辣椒醬、豆瓣醬已在巴蜀大地山鄉村戶中悄然存在。辣椒落地生根不久，鄉村農家就已有三伏天用新採摘的鮮紅辣椒製作「鮓辣椒」、「醃辣椒」、「宰辣椒」

的習俗了。郫縣豆瓣亦借鑒此民間方法、去粗取精，逐步形成其獨特工藝，創製出這一「川味味魂」來。

三百多年來，郫縣豆瓣深深融入了川人的胃口和川菜的風味中，作為川菜一種獨特調味料的郫縣豆瓣，在川菜風味體系中，尤為是家常風味中佔有不可替代的重要性。無論是其歷史淵源、釀製工藝、風味特性，還是烹調運用，郫縣豆瓣之風韻也都是無可比擬的。郫縣豆瓣原本就是「道法自然，美味天成」的一款味道傑作。

## 傳奇美味 天作之合

郫縣豆瓣的創製和傳承極富傳奇色彩。據《郫縣縣誌》記載，清朝康熙年間（1666年）福建汀州永定縣孝感鄉翠亨村陳氏一大家人挑筐扛包，扶老攜幼，披星戴月、日曬雨淋，艱辛地行進在移民入川的路途上。攜帶的充饑乾糧胡豆因遇連日陰雨而生了黴，然而陳氏不舍拋棄，便放在田埂上晾曬乾，就著隨身攜帶的紅辣椒、食鹽拌合，聊以填肚，感覺發黴的胡豆瓣拌合辣椒同嚼竟十分鮮香美口、餘味綿長，正合了湖廣人好辣椒的飲食嗜好。就這樣，一個偶然的機遇，郫縣豆瓣就在陳家孕育萌發。落腳郫縣後，見郫縣土地肥沃，水灌滋潤，陳氏家人便在郫縣城南外一公里處的火燒橋落戶安家，後來被四鄰稱為笆笆門陳家大院。

初期，陳家人以農耕為主，雖辛勤勞作也只能勉強糊口，後來便經營起以農副產品為原料的手工釀造品、下飯小菜。嘉慶年間川西地區開始種植辣椒後，陳家人便效法先祖，用那種發黴（實即發酵）的胡豆瓣加辣椒、川鹽，做成「辣子豆瓣」。他們先是挑擔子進城，走街串戶賣醬油、麩醋和辣子豆瓣，一路吆喝：「買開胃提神的辣子豆瓣喲！」斗轉星移，陳氏「辣子豆瓣」年年如法炮製，由挑擔串街巷發展為小作坊。嘉慶九年（1804年），陳氏後人陳逸仙，將幾輩人的積蓄用來在郫縣城關西街辦起了一家較有規模的豆瓣作坊，將作坊取名為「順天號」醬園，前店鋪後作坊，生產銷售以「辣子豆瓣」為主，兼賣泡菜、豆豉、豆腐乳、醃辣椒、黃酒等調味料及佐餐小菜，郫縣豆瓣之名由此傳揚開來。

「順天號」醬園經過陳逸仙及其子陳惠春兩代人的努力，逐漸發展起來。到咸豐三年，為了維護家族的凝聚力並和外姓人抗爭，陳惠春後人陳守信在文廟巷陳家祠堂的南大街創立起「益豐和」醬園。陳守信，號益謙，取其「益」為號，時值大清咸豐年，以「豐」為時記，「和」則取「天地人」三和之義。這便是郫縣豆瓣最早的生產廠家。「郫縣豆瓣」的名字與品牌得以迅速張揚。「益豐和」這一名稱也一直沿用到一九五0年代，至今該門市還掛著這一道匾牌。

咸豐時期，陳守信在原來現製現賣的基礎上擴大生產，用水缸製作儲存。但遇存貨積壓不能售出時，鹽漬辣椒就要翻泡化稀。每每使人攪拌後，發現鹽辣椒味雖較醇，但卻越攪越稀、水分較重。於是，陳守信便對辣子豆瓣的製作技藝進行改進。一次，由於不小心，他將麵粉和已去皮的胡豆瓣子混在了一起，為了不浪費，他試著用這樣裹了麵粉的胡豆瓣發酵，再和鹽漬辣椒混合攪拌，後經翻、曬、露的工序，製作出的「辣子豆瓣」不僅有效解決了變稀的問題，且味道更醇香，顏色更好。

每年夏天鮮紅辣椒上市，益豐和就大量收購二荊條辣椒，將其去蒂、清洗、宰碎、鹽漬，再拌入經浸泡、脫皮、加麵粉、麴酶製麴發酵的胡豆瓣子入池貯釀，其後再分裝入大瓦缸拌合，經不斷地翻、曬、露，歷時一至二年直到豆瓣自然呈現紅褐色、油亮滋潤、醬香濃鬱、辣而不燥、瓣子酥脆、回味醇厚、粘稠適度，方成豆瓣正品出售。

咸豐三年（西元1853年），郫縣豆瓣的生產工藝亦日臻成熟完美，家族及釀造實力進一步壯大。光緒年間陳守信去世，其子陳竹安承傳祖輩技藝並接手經營「益豐和」，這時，郫縣豆瓣已是名聲遠揚，產出頗盛，一年產售達三、四萬斤。但陳竹安依然在豆瓣的品質上很下功夫。他在其堂屋裡擺滿了大小缸碟，裡面裝有各種不同年份的豆瓣樣品，不時挑出一點來嘗，品味默道，色、香、味稍不合意，便命工匠修改等級品位或返工再製。如此，陳氏郫縣豆瓣的釀製工藝更加完善精道。

陳竹安堅持在豆瓣原料上嚴格把關，辣椒須得用雙流牧馬山的「二荊條」紅辣椒，豆瓣必須用郫縣本地的上等「二流板」青皮胡豆，鹽則採用自流井鹽，同時還選用優質豆粉和糯米混合製麴，從而確保了豆瓣色豔、味濃、醬香醇厚。

郫縣豆瓣發展史上還有一件趣事。１９１５年，四川軍政府都督尹昌衡要到西藏犒軍，想到眾軍士生活艱苦，便決定用「郫縣豆瓣」作慰勞品。郫縣知事擔心引起益豐和與元豐源這兩家大號的商業紛爭，便分別向兩家各訂購４萬斤，此浩大訂量曾轟動川西。於是兩家在準備貨源時亦暗自較勁，不僅互比品質，在包裝上也獨出心裁。均用荷葉、油紙、精美竹簍。馬隊翻山越嶺、日夜兼程，歷經三月送達雪域高原時，將士們揭去外包之乾荷葉、油紙，豆瓣竟然鮮香撲鼻，色豔如初，味美無比，深得官兵讚譽。軍政府特此嘉獎並贈牌匾以茲鼓勵，郫縣豆瓣於此更是名聲爆響。其後，在四川省釀造品評選中，又被四川省勸業會（商務局）評為優等釀造品。郫縣豆瓣於此享譽巴蜀，味美千家萬戶。１９３１年，陳守信的孫子陳文揆在城南李家花園開設了分號，因其字紹虞，即按祖制取號為「紹豐和」，至此，「郫縣豆瓣」之產銷便形成「益豐和」、「紹豐和」與「元豐源」三足鼎立的局面。

## 代有承傳 味道新篇

1956年實施公私合營後，「益豐和」、「紹豐和」、「元豐源」合併為國營郫縣豆瓣廠，陳文伯出任經理，在政府支持下，隨即擴建廠房、增添設施，產量扶搖上升，並以「鵑城牌」為商標註冊，大量行銷全國各地。到1978年，隨著鄉鎮自辦的豆瓣廠的迅速增多，全縣豆瓣年產量已達30000噸以上。產品多次榮獲全國食品博覽會金獎。1980年隨川菜走出國門名揚四海，郫縣豆瓣也遠銷東西亞、香港、美國、及歐洲等國家和地區。

郫縣豆瓣以前都是全手工生產，現在已很難看到了。但陳家紹豐和至今依然保持傳統手工作業。每年產量就在300噸左右，最高能達到500噸。因為品質高、產量小，他們從來沒有為銷售發愁。省內外至國外的客人，紛紛慕名來採購豆瓣醬。也正是這樣，「紹豐和」牌郫縣豆瓣於2006年被國家商務部首批認定為「中華老字號」，2007年認定為「中國成都國際非物質文化遺產保護展品」，取得該榮譽者僅此一家。而作為國營企業的郫縣豆瓣廠，以「鵑城牌」為註冊商標，批量行銷全國及世界各地，從一九五0年代初至今，依然是郫縣豆瓣的龍頭老大，亦是郫縣經濟發展的支柱產業之一。

經過近三百年不斷摸索、反復實踐，郫縣豆瓣形成了一套獨特的釀製工藝和流程。首先是精選二荊條海椒，主要採用郫縣及郫縣附近的雙流、仁壽、中江、三臺、鹽亭等川東地區的二荊條紅辣椒，採摘時間在每年的7月至立秋後15天，要求其色澤紅亮、肉頭飽滿、無黴變、無雜物。去把後用扁鍬斬切成一寸二分長，與鹽混合放入槽桶中於太陽下暴曬，每天翻攪兩次。其次是蠶豆的品質，主要選用產自郫縣本地的二流板乾蠶豆，以及川東地區和雲南省的蠶豆，水源取自郫縣地區的地下水源，經冷水浸泡發脹後，再由石磨碾壓去皮。

接著將黃豆磨成粉後與糯米粉混合製成麴餅，與精麵粉混合，下入去皮的蠶豆瓣攪拌均勻後放入扁筐中，送入麴房使之自然發酵；發酵後的豆瓣入缸與辣椒混合。其後每天早晨翻、曬、露，一年左右後紅豆瓣成熟，黑豆瓣一年半以上成熟。通常頂級豆瓣入缸一放就至少是五年，而這1800多個日子，需要用木棍每天翻攪，其間「晴天曬、雨天蓋、白天翻、夜晚露」的傳統發酵方式，對豆瓣而言，可謂歷經漫長歲月，但這卻極有利於豆瓣中多種有益微生物的生長繁殖，方使其具有「色紅褐、油滋潤、醬酯香、味鮮辣」，換句話說這樣的郫縣豆瓣方才具有醬香醇厚、瓣子酥脆、辣而不燥、香鮮綿長之特色。雖說郫縣獨特的水質是郫縣豆瓣高品質的保證，濕潤的空氣為豆瓣微生物菌群的生存提供了佳好環境，但豆瓣的日曬夜露、使其吸天地之靈氣，采日月之光華，歷時三載，方才有了油潤紅亮、醬香馥鬱、酯香醇厚的這款味道郫縣的神來之作。

在郫縣，通常一般一年期的豆瓣醬7元/斤（人民幣，大陸一斤為500克，下同），二年期的豆瓣醬20元/斤，四年期的豆瓣醬120元/斤。其中五年期的豆瓣醬產量很小，每年只能有一兩千斤，因儲存時間長，其味道自然更醇香，故而物以稀為珍，一斤裝五年以上的郫縣豆瓣售價達300元，且還很難想買就到手。酒是陳年的好，豆瓣還是年長的香，老字號郫縣豆瓣還有長達十幾年的陳年老豆瓣。筆者曾眼觀、鼻聞、口嘗，真個是香得口水滴答。這種陳年豆瓣是不賣的，大都作為「母子」勾兌一兩年期的初熟豆瓣。特殊情況要買也得好幾百元一斤。2008年筆者到紹豐和採訪，陳述承先生饋贈了一小包五年期的老豆瓣。拿回家趕緊炒了盤回鍋肉，那風味、滋味一下就回到了一九六0、七0年代，真正是把人香得、感動得口水淚水雙流。

## 豆瓣名菜豆瓣味

在四川，廣義的豆瓣醬是指在釀造中以鮮紅海椒、花椒、香油、火腿、金鈎、牛肉、雞肉、蝦米等原料加豆瓣製成各式豆瓣醬，可直接用於下飯助餐的豆瓣。如四川資陽臨江寺的金鈎豆瓣、火腿豆瓣、牛肉豆瓣、香油豆瓣等不含辣椒的純豆瓣醬，不僅歷史長遠且久負盛名。這一類豆瓣具有回味微甜、香鮮醇厚、豆瓣酥軟、醬香油潤的特點。而狹義上的豆瓣醬則指以鮮紅辣椒、胡豆瓣子、鹽、麵粉為原料，加入麴酶釀製，辣味較突出，多用於烹調，少直接食用。如郫縣豆瓣、原紅豆瓣、紅油豆瓣、鮮辣豆瓣、香辣醬等。

巴蜀兩地多用郫縣豆瓣和原紅豆瓣起到去腥除膩、提鮮增香、添辣補鹹、增色調味、刺激食欲的作用。常用於家常風味之冷熱菜。像炒菜中的回鍋肉、鹽煎肉、乾煸鱔絲、炒雞雜、螞蟻上樹等；燒菜中如麻婆豆腐、水煮牛肉、家常魷魚、熱窩雞、豆瓣魚、豆瓣肘子、大蒜燒鰱魚、豆瓣魚頭、魔芋燒鴨、青筍燒肥腸、燒鴨血、豬血等；蒸菜中的粉蒸肉、粉蒸排骨、粉蒸牛肉、粉蒸蹄花等；以及火鍋、麻辣燙都是離了郫縣豆瓣便風味全無。豆瓣也有用在拌菜及小吃中，像豆瓣拌仔薑、豆瓣拌鵝腸、豆瓣拌大蔥；小吃中的豆瓣抄手，以及各種風味麵條，如牛肉麵、排骨麵、肥腸麵、宋嫂魚羹麵等都有豆瓣的芳香。然而，在川菜中最有名氣和吃相的當是——豆瓣全魚。

豆瓣全魚充分體現了郫縣豆瓣的風味特色，透過紅亮豔麗的色調，那濃濃的民間家常風味，鹹辣酸甜滿屋生香，鮮嫩魚肉裹上豐厚味汁，吃來是口不嫌忙，舌不嫌累，佐酒助餐，超級爽美。

當然，川菜中以豆瓣為特色的菜品不勝枚舉。郫縣豆瓣在川菜烹飪中有兩點十分重要，一是需將豆瓣剁細，在三四成油溫中炒香、亮色。二是一些燒菜中，郫縣豆瓣不必剁細直接下鍋炒香、出色，然後摻湯熬味，但湯製好後需將豆瓣渣撈掉，否則摻雜在主料中既影響感觀，又影響口感。拌菜用的豆瓣也須剁細、熟、香，油現紅色方可用，經剁細油酥後的豆瓣亦可拌蔥結、黃瓜、豆乾、豬皮、兔丁、鴨鵝腸、仔薑等居家可口小菜。

豆瓣醬在四川分的很細，用法也十分講究，有佐餐豆瓣、烹調豆瓣，蘸料豆瓣；還分有回鍋肉專用豆瓣、炒菜豆瓣、燒菜豆瓣、火鍋豆瓣，形態上還有鮮豆瓣、複製豆瓣、粗豆瓣、細豆瓣等。味道江湖上因豆瓣廣泛用於炒菜、燒菜、蒸菜、火鍋、麻辣燙、冒菜、小吃、涼拌菜、蘸碟，故有「豆瓣醬是萬能醬」之說。當然，豆瓣醬在烹飪中不僅能增添肴饌的色香味，也具有開胃健脾、刺激食欲的作用。豆瓣本身富含蛋白質和維生素，與多種食物調配，能給人以特殊的營養食用價值。現代醫學驗證，豆瓣醬具有降低膽固醇、益氣健脾、清熱解毒、利濕消腫的作用，但不可多食免傷胃脾。

百多年間，由於民間及川廚對豆瓣之不斷捉摸，使豆瓣的烹調運用更加廣泛，豆瓣的風味特色更被演繹得淋漓盡致。從而在行業與民間即有了「豆瓣味」一說。有學者曾在十餘年前就建議將「豆瓣味」單列納入川菜味型之中。因在烹飪專著和事典中，大都以「家常味」統而代之。就豆瓣之獨特加工工藝，獨特的地域風情，獨特的風味特色，獨特的烹調作用，獨特的傳統淵源以及在巴蜀大地廣泛而普遍食用，應該說，這一建議也在情理之中。

豆瓣味，歷來便是川菜烹飪中最常用的一種風味，以郫縣豆瓣、原紅豆瓣或鮮辣豆瓣為主要調料，輔以醬油、醋、料酒、白糖、薑、蔥、蒜等調和而成的鹹鮮微辣、醬香滋潤、豆瓣味濃、略帶酸甜的風味特色是其他調味料不可替代的。

豆瓣屬濃香味型，其鹹度均比魚香味、家常

味、荔枝味大一個味，也比家常味、魚香味更濃醇。再者，豆瓣味必須使用豆瓣醬，而魚香味、家常味則是當用則用，不當用則可不用。豆瓣味也必須是豆瓣滋味突出。魚香味，家常味則無需強調豆瓣味。現今豆瓣味之調料構成已較固定，風味特色也已形成一種風格，雖略帶甜酸，卻又比魚香、荔枝的甜酸味小。而在川菜中，大蒜遠不如豆瓣運用廣泛，其風味特色亦無豆瓣那樣突出和具有地方特性，但卻作為一個單一的味型編列入目，這對豆瓣這一四川特色調味料而言有失公允。如今，在川菜中以各式豆瓣醬烹製的菜品已達數百款，其中不乏名品佳肴。鑒於此，將豆瓣味升級到川菜複合味型中獨成一格，應該是一個有理有據、名正言順之舉。

隨著當今餐飲市場的多元化需求，不少融合了中西文化和風味特色的菜肴也越來越受食眾歡迎。像四川烹飪專科學校食品科學系將「豆瓣」進行了一番潛心的嘗試，開發出一系列「西式豆瓣菜」，如紙包魚柳、魚香牛扒、非洲辣雞、巴斯克豆瓣燴雞、金針菇牛肉卷等，具有濃鬱川菜家常豆瓣風味的西式川味菜肴。

時至今日，郫縣豆瓣已近三百年歷史，世事滄桑，時移俗易。多少傳統文化風俗和土特名產早已隨風而逝，而唯「郫縣豆瓣」延續至今，實乃川菜之萬幸，世人之口福也！

# 第四篇　麻辣篇

四川對於世界來說，除了多姿多彩的自然風光、色彩斑斕的人文風情、憨態可掬的大熊貓外，還有一大特殊貢獻，那就是特色獨具的飲食文化與麻辣吃趣。僅就其地名而言，一個「四」字，就清晰地表明蜀地之人「嘴大吃八方」；一個「川」字，則顯示「海納百川」，故而「百菜百味」。就拿一小碗鹹鮮香濃、麻辣酸甜的紅油涼粉來說，就被視為是天外美食、外星佳肴。放眼世界，大凡有人聚居之地就有川菜川味。川人「尚滋味、好辛香」的飲食習俗，不僅造就了川菜「味多味廣」、「以味見長」的菜系風味特色，也改變了地球住民的口感嗜好。這風味中之精靈，便是川菜中的「辣」與「麻」。

清末，隨海上貿易和大移民而進入四川的辣椒，在巴蜀各地的普遍栽種和食用。這個從南美迢迢萬里而來的「洋辣妞」，與西南盆地土生土長的「小麻哥」之驚天豔遇，一舉成為天地間之絕唱。這一辣一麻，那是一見鍾情，二見傾心，三見連體，閃轉騰挪，辣歡麻愛，哥唱妹隨，妹唱哥和，連袂共舞上演了一道道香辣酥麻、麻辣鮮香、高潮迭起、面赤心熱的辣麻大戲。從而讓川菜發生了驚天巨變，造就了現今融化中華兒女，誘惑世界食客的辣麻風味戀情。讓多少膚色各異，言語不通的飲食男女麻辣得盪氣迴腸，昏天黑地，愛得癡得是麻辣交加、辣生麻死……。食色男女，那些情感上的酸甜苦辣，在百變川菜的活色生香中，在麻辣滋味裡，都能找到溫馨撩人的慰藉，都能尋得喜怒哀樂之快意。這就是川菜的特質與魅力，看似麻辣燙人，實則溫婉可親，韻味悠長。

## 麻辣誘惑 欲罷不能

在世間，總有一種味道，讓我們銘心刻骨地體驗被征服的傷痛與快樂，那就是川菜的麻辣。美味，能綻放出一個城市骨子裡的柔情。而川菜沁人腸胃的麻辣鮮香、異彩紛呈的甜酸醇濃，即是讓人不舍離去，流連忘返的食欲誘惑之一，從視覺到味覺給人強烈的刺激，帶給人快樂吃情、鮮活靈動的愉悅記憶和癡戀。川菜美味宛若不同風情的女子，有的能讓你高唱「愛不釋手你的美」，有的給你的卻是「愛恨交織的十字傷」，有的卻又讓你「霧朦朧、鳥朦朧」。此間，有醉意迷茫的欲罷不能、亦有芳心別寄的若即若離……，昔人云：若無花月美人，不願生此世界；若無翰墨棋酒，不必定作人生。今且要言：若無麻辣風味，何食人間煙火！

看那小小一碗簡單平常的紅油抄手，一端上桌，給人的視覺感受就是那樣非同凡響。有如情竇初開的妙齡少女，油光水滑，紅顏秀麗，那一層薄如蟬翼的紅油，有如給冰肌玉膚、水靈柔美的女子穿了件紅豔奪目的紗裙，沉魚落雁般安然躺臥在玲瓏精緻的青花瓷碗裡，足以讓人心襟蕩漾，哇噻一聲昏暈過去。一股飄逸而出的香辣幽麻，攜著鮮美直沖鼻孔，由不得人色心騷動，慌忙不迭地嘗一個，立馬辣得全身毛孔酥癢，顆子汗直冒，尤為是那花椒的麻味，瞬間就會讓人雙唇、舌頭像打了結，失去了知覺，連想按手機撥打120，手指都找不准數字鍵。

那麻辣簡直就使人坐也不是站也不是，心中暗自發狠誓，這「小丫」太厲害了，這輩子再也不敢偷腥貪葷了。然而等到這麻辣如此多情的折磨稍一緩解，卻又不禁回起味來，眷戀著那風味纏綿的感受、那激情辣麻的溫柔滋味。於是，便鬼使神差般地又一個個夾進嘴裡，不顧一切地豪吃猛啖起來，最後兩眼還直鉤鉤地盯住那剩在碗底的紅油湯汁發呆，猛然間手臂一抬，竟然點滴不留地一吞而盡。更可恨的是，這滋味竟騷擾得讓人身心欲罷不能，以致在街上一看到麻辣火鍋、麻辣串串，一聞到那令人迷惘的味道，就有些意亂情迷。這，就是麻辣誘惑，比癡戀的情人更讓人牽腸掛肚，難以割捨。

尤為值得一提的是，在政治名人中，最愛川菜、最喜麻辣的還是鄧小平。1984年國慶，北京天安門廣場舉行了盛大閱典禮，鄧小平乘坐紅旗轎車檢閱了陸海空三軍。之後他與家人就來到了位於北京新街口的四川飯店。這次鄧小平的菜單包括夫妻肺片、棒棒雞、川北涼粉、家常海參、魚香大蝦、麻婆豆腐、小籠蒸牛肉等，小吃也是擔擔麵，所選菜肴多是鮮明的麻辣風味。

自一九八0年代始，第一代聲名遠播、誘人吃情的川菜有宮保雞丁、麻婆豆腐、夫妻肺片、回鍋肉、魚香肉絲、水煮牛肉等，無一不是川菜中的傳統經典麻辣名菜。而二000年後，第二代為川菜攻城掠池、風靡華夏的則是大麻大辣的水煮魚、辣子雞、香辣蟹、炒田螺、炒龍蝦、毛血旺等。第三波衝擊大中華腸胃的更是麻辣火鍋、麻辣燙、串串香、缽缽雞。

在當今年輕一代中，更加瘋狂追逐辣麻誘惑。年輕人喜食辣麻，不僅僅為了尋求刺激，也不單是把辣麻作為開胃小菜。粵式生猛海鮮、淮揚大菜，雖清鮮醇濃，卻味道寡淡，固然給人的感覺是高貴典雅、然曲高而和寡。而辣麻是親民的、坦蕩的，也是豪爽的、熱烈的、刺激的。它獨一無二的宣洩解壓、調順心情、緩解糾結的美妙功能，使其成為中青一代，金領、白領、打工一族，舒緩身心、釋放壓力之不可抵擋的食尚。

近二十年間，川菜千滋百味五彩繽紛的「辣」與「麻」，不僅風行中華大地，且亦受到東南亞、日本、韓國、印度、歐美等食客的鍾愛，使川味之辣麻不僅是一種飲食味道，更成為一種飲食風情，一種突破了地域局限、穿越了時空的麻辣文化。放眼華夏大地，四大菜系在麻辣衝擊下，已幾乎是分崩離析。中國之大，口味之雜，造就了菜肴風格的不斷融合、分裂、再融合，再分裂……曾經滿大街霓虹閃爍的「海派粵菜」、「京派魯菜」、「淮揚經典」已經衰敗得有鹽無味、淡泊無滋，成為吃虛榮、顯假擺的道具。惟有川菜，還在妖豔撫媚地誘惑著一群又一群狂熱的飲食男女，而麻辣也成了讓人生活充滿滋味和情趣，保持充分食欲和旺盛吃情的重要因素。

現今一個資格吃貨，倘若你還諱辣忌麻，甚而不知道當下是麻辣川菜引領食尚風潮，那你就真正是ＯＵＴ到宇宙黑洞裡去了，不然就是個外星土著居民。因為楊利偉都帶著魚香肉絲、宮保雞丁在太空中遨遊了那　些天，那麻辣香風恐怕至今都還在星際間飄蕩。再看看北京、上海、廣州、深圳吧，這些年，先是酸菜魚、魚頭火鍋、麻辣小龍蝦、辣子田螺；再是水煮魚、沸騰魚、香辣蟹；接著是麻辣燙、串串香、麻辣香鍋、盆盆蝦，前赴後繼的川菜麻辣美味，讓皇城根兒的老少爺們、上海灘的時尚淑女癲癲狂狂，粵港的潮流男女魂不守舍，且是越吃越辣，愈吃愈麻。這是眾人的腸胃愈加麻木了，還是我們的口腹愈加貪婪了呢？

的確，麻辣風味足以讓人印象深刻，就像人生一樣，有高潮起伏才讓人回味綿綿。似乎也只有麻辣滋味，才有如此的魄力鎖住菜肴的靈與魂，揮發出菜肴的芳和香，讓它一直在嘴唇邊遊弋，齒舌間蕩漾，如小徑通幽，直浸胃腸，讓人停不下筷來，歇不了嘴。記得小時候有一首對比說唱海椒、花椒的民謠十分有趣，曰：「海椒辣，花椒麻，海椒總比花椒辣，花椒總比海椒麻。海椒花椒，辣麻麻辣，花椒海椒，麻辣辣麻。」

在四川任何一家川菜館裡，你不難看到，哪怕是一道葷素小炒，幾節乾辣椒、幾粒花椒扔下鍋，一經爆炒炸香，濃烈的麻辣滋味恣意亂竄，這道菜就有了川菜的身段。一口青花瓷大盆，泡著滿滿一盆紅油油，油上浮著一層密密麻麻的紅辣椒、青紅花椒，不管隱藏在底下的是魚肉、蔬菜，還是些什麼，在現今多數人眼裡，這就是誘人哈喇子（川話，指口水）長流，美味、巴適慘了的川味。辣椒和花椒是萬能霸道的神奇調料，無論何種食材，家禽河鮮還是山珍海味，只要用辣椒花椒炮製，入口後的滋味感受都是舌尖泛麻、臉紅汗湧、腸胃歡跳、血脈張揚、筋骨舒展、通體舒暢。這種痛快過癮，舒服爽呆的體驗，使蘇菜、魯菜、粵菜心悅誠服，自歎不如。惟有辦法便是改弦易轍，高薪誠聘川菜大廚，名師主理。現今廣、深不少高檔酒樓不正是如此附庸食尚，追隨川味的嗎！

## 麻辣性感 淑女好逑

現代社會的人越來越認同性感是內在和外在的一種綜合氣質，那麼吃什麼讓你最性感？你若問四川的美女靚妞，她一定會清脆響亮的告訴你：「吃麻辣噻！」不錯，川菜的麻辣和四川的姑娘小媳婦兒一樣，剛柔並濟、心直口快、熱辣幽麻，一眼望去瞳孔發亮，一口順嗓子眼兒進肚再刺激到腸胃根兒，剎時間渾身毛孔噴張，臉紅筋漲、顆子汗刷刷地往外冒，嘴唇麻木、舌頭辣僵，麻辣得噓噓哈氣，一聲不吭，啥也別說了，接到整、繼續吃！又麻又辣，越麻越辣，越辣越麻，這就叫「麻辣誘惑」！當你被辣得肝腸寸斷，麻得五官扭曲，甚而忍不住要喊救護車來時，你又彷佛感覺到頭皮酥酥的，腳板兒涼涼的，一種莫名其妙的快意從皮膚的細微毛孔中一個勁兒地冒出來，於是猛灌幾口清涼飲料，那眼珠子又直直地望著鍋中或碗盆中那紅豔香濃的誘惑，心底愛意橫生，捨命陪君子，拼死吃麻辣。

是的，在巴蜀各大城市裡，呈現出的又是另一種麻辣風情和吃情。你任何時候，幾乎24小時都不難發現，成都大街小巷的「麻辣燙」、「串串香」、「缽缽雞」等，那些個小媳婦、大姑娘、小丫頭們，用她們嫩如藕芽的細指，拿著幾根穿好燙熟的各種葷素食料竹簽，在辣椒粉、花椒粉、黃豆粉、味精拌合的蘸碟中連滾帶裹地穿上一層厚厚的紅色粉衣，送進小嘴，那才嚼得個香啊，看得人不自覺地口水翻湧。這些個靚妞美眉，臉泛紅霞、香汗珠滾，嘴唇紅豔，真是個鮮活生動、多姿多彩的紅粉佳人。甚而看得旁邊一些小夥乾著急，乾脆就給她們取了個比「辣妹子」更為性感、親昵、動人的綽號：紅嘴玉——一種羽毛翠綠、眼圈鵝黃、嘴殼嫣紅的鸚鵡鳥。

你再看看成都人最愛的二荊條辣椒，青的、紅的，個個都是飽滿、光亮、豐腴、肉感，雖說沒有「三圍」可量，但這幾乎也算是「形象辣妹」選美的標準了哈。再看那子彈頭朝天椒，那紅豔的臉蛋，不就是當下被人們視為最佳美人經典的錐子臉。再瞅瞅花椒，紅的、青的、綠的，嬌小玲瓏、幽香暗浮，遠比香奈兒體味更讓人銷魂。這一辣一麻，形影不離，超級性感。故而，巴蜀女子喜食麻辣，是她們經過身體力行，感受到麻辣對女人的性感是何等重要。特別是辣椒，在某種程度上可說是女性的「佳友」，而非「色狼」。因為辣椒除了有殺菌作用外，其中更含有一種叫「capsaicin」的物質，可以促進荷爾蒙分泌，從而加速新陳代謝以達至燃燒體內脂肪的效果，起到減肥瘦身的作用。而且辣椒成分天然可靠，在某些以辣食為主的地區，當地女性不但少有暗瘡、青春痘、火鍋痘等問題，肌膚更大多是光溜滑爽，細膩可人。

兩三百年來，麻辣對美女們來說有種情愛一般的蠱惑。愛情在很多人眼裡或許是酸酸甜甜的，似乎絕不會跟麻辣扯上關係。其實最熾熱的愛情絕對不是淮海路上牽牽小手，看看阿凡達，進進星巴克；也不是西湖邊的呢喃私語，或是雷峰塔下的捶胸頓腳，山盟海誓。愛情是一種熱烈赤裸、熱辣幽麻、韻味悠長、令人陶醉、不能自拔的生動鮮活的感受。川菜的麻辣，那火熱的辣裡夾雜著一股幽酥的麻，就像成都妹兒的柔美和聰慧，讓人愉悅地沉醉在如夢如幻、若即若離的舒適裡。不同於北京女子的自傲、武漢女人的霸道、潮汕女人的賢慧、湖南女人的潑辣，重慶女子的火爆。四川女子的豁達、熱情、柔爽，與麻辣滋味一般既熱辣勁道，又酥麻幽香、味甘悠長。除此之外，氤氳氣候、麻辣滋味，還賦予了四川女人那讓人豔羨、性感十足的白皙細嫩的肌膚、嬌小玲瓏的身材和姣好的容貌。這就是為什 大多花樣年華的北方或沿海一帶的女子來到成都，都要悲哀地歎息原來的自己是這般的草樣年華。

更重要的是，在巴蜀大地，若要想和川妹子談點情說點愛，千萬要弄清楚，情愛間若是少了麻辣滋味，哪怕甜蜜得膩心，也很難想像它就能百年好合，稍不經心恐怕就會閃婚閃離。這樣說吧，假若接連兩三天你帶著女友跟到你到處玩耍，談情說愛，打情罵俏，逛東轉西，或是你豪爽大方地給她買冒牌LV、購山寨珠寶，小米手機啥的，但若是沒有點麻辣滋味潤滑，那這愛情的花兒立馬就會乾燥苦澀，萎靡凋謝，絕對維持不到第五天。尤其是成都的女娃兒，上了街，不伺候她吃碗酸辣粉、張涼粉、甜水麵、啃兩個麻辣兔腦殼、整把麻辣串串，來點鮮辣鮮麻的缽缽雞寵愛倒，把她的性感滋潤倒，那一分手你就休想再見到她，手機空號、QQ下潛。這下你才曉得啥子叫「麻辣燙」哈！麻得你暈頭轉向，辣得你二傻二傻，燙得你申報腦殘救助。所以，成都男人都懂得起，帶女朋友出去耍，花錢多的就彎彎繞，花錢少的爆熱情，最好是吃香喝辣，像串串香，那成都小夥硬是就豪爽大方得大把大把的抓，擋都擋不住，勸也勸不倒，把個女娃兒感動得不行，真個是花錢不多，又把愛情整得熱熱火火、樂樂呵呵。

川妹子的愛總是帶著一股四川特有的二荊條辣椒和漢源花椒的香辣酥麻的滋味。香辣的是川妹子對於心儀的男士堅定與無畏的追求；酥麻的是她的嬌柔撫媚、風情萬種；香辣幽麻的是他們手牽手、肩靠肩、依依偎偎的那一時間，由麻辣化變而成的性感風韻與麻辣恩愛。故而，倘若或男或女，再擁有一雙擅調麻辣的巧手，婚姻就有了情愛、高潮不斷，菜肴有了麻辣，讓人迷戀，那才真叫做男歡女愛，天長地久，花好月圓！

## 麻辣情長　韻深味濃

關於四川的麻辣，有人談辣色變，有人說麻顫慄，而一直旁觀的人們感到神奇。為什麼人們印象之中麻辣會如此張揚奪目，以至「百菜百味」僅餘此味？要全面解釋川人為何鍾情偏愛麻辣，可能是一件很難的事情。但有一點是關鍵所在，那就是麻辣是四川盆地的移民文化的風情寫照，是家常川味的魂與靈，家常二字道明川味的本質就是大眾性、親和性。而尚滋味，好麻辣，乃是對中華博大精深的飲食文化的一種崇拜。像麻辣火鍋，多少炎黃子孫被她那麻辣鮮香燙所誘惑而自甘墮落。男女老少爭相簇擁在她周圍，忘卻了春夏秋冬、國事家事，不在乎世道興衰、人禍天災。想想看，這些年有多少情色兒女如癡如醉地浸沉在「魚頭火鍋」、「香辣蟹」、「水煮魚」、「沸騰魚」、「麻辣燙」裡面不能自拔；現今又有多少飲食男女陶醉在「冷鍋魚」、「清油火鍋」、「雙椒火鍋」、「爬爬蝦」、「麻辣香鍋」中暢遊巴山蜀水。川味火鍋就這樣以大無畏之精神燃燒自己，煮沸葷素，提升了１３億人民、５６個民族平凡生活的歡樂和幸福指數。

再說蜀中的花椒、辣椒，也具有獨特的品種與風味。川地的花椒，多用漢源紅花椒、涼山金陽青花椒，洪雅、峨眉藤椒；而辣椒種類大致有三：很辣但不太香的「小米椒」，很香但不太辣的「二荊條」，以及介於兩者間的「朝天椒」，朝天椒又分辣度不同的「子彈頭」、「七星椒」等。烹飪時所用辣椒不同，或這幾種辣椒所下比例不等，也就決定了辣的程度。花椒則以色澤紅豔、香麻悠遠的漢源清溪紅袍椒和子母椒為珍品，稱之為「貢椒」，以及色澤青綠、酥麻清香的青花椒，色澤綠褐、幽麻柔和的藤椒。不同的花椒和用法，其麻味和香味也各有所優，菜式風味亦不盡相同。

想想看，那大盤大缽的紅豔豔的菜肴乍一端上桌，對食客的感官是何等樣的刺激，眼角餘光只要輕輕一掃，大腦立馬一陣發熱，頭皮也開始如無數細針輕刺般發起麻來，唾液隨之潮湧，從舌根和兩頰「嘩、嘩」地泛冒。雖說美食講究的是色香味俱全，但這「色」字當頭一把刀啊，對男女老少都一樣，極具殺傷力，真是不可小窺，這就是「食，色，性也」。這大氣凜然的麻辣川菜，一旦入口，後腦勺就像被重拳搥了一下，「嗡」地一聲暈了，好一陣沒有了知覺，一直到吃完這頓飯，從頭到腳還是熱熱的，嘴唇依然辣乎乎、麻酥酥的，舌下生風，涼嗖嗖地直往喉管裡鑽，大汗把肌膚沖刷得紅潤光亮，全身通透舒坦，人也就像似川戲變臉一般，換了個紅光滿面、神采奕奕的摸樣。

像香辣蟹、盆盆蝦、水煮魚、麻辣火鍋、麻辣串串、麻辣香鍋等這樣的大餐，在北方深受飲食男女喜愛，甚至掀起一股股吃潮。那個「滋兒滋兒」地香啊，不由得人的兩個眼珠兒閃爍出異樣的光采。往往剛端上桌來，吃貨們便爭先恐後手舞筷揚，大嘴小嘴一併張開，埋下頭去「窸窸窣窣」，一會功夫，油漬麻花的桌子上就只剩下一堆蟹殼和蝦渣了。記得我有朋友最開始吃水煮魚與香辣蟹時，仗著自己也能吃點麻辣，對成堆的乾煸辣椒節和連枝帶杆的花椒並沒有怎樣介意，夾起就吃，但那感受卻令他（她）今生難忘。口舌先是被猛烈襲來的辣味兒狠狠地錐了一下，一陣灼痛，失去知覺，再不小心又咬碎一粒花椒，便「啊」的一聲，捧著腮幫子，緩上半天氣，大口大口地吞咽茶水，慢慢地五味才泛上舌尖，其後可想而知，就只是吃得昏天黑地、稀乎稀乎、越吃越香、越香越吃，直喊過癮。似乎那香辣酥麻頑強勁兒，一下讓他（她）的生命與活力得到了怒放。

有兩北京姑娘到了成都，說是既來之則安之，非要吃最道地原始的麻辣燙。於是朋友駕著大奔（指高等級賓士車），帶著兩丫頭去吃麻辣燙。車子在菜場、垃圾箱、紅磚堆邊上七拐八繞的，到了一個棚戶區，停車下來一看，這兩時髦的首都靚妞一下懵住了，在那馬路中間排著十來張油膩膩的矮桌子，男人全光著上身，女的稍好點，也差不多是袒胸露背，圍著高聳的鍋子，吆五喝六。成都朋友說，這家就是最道地的路邊麻辣燙了，很有名。四個人，衣著入時光鮮亮麗，在光溜溜的人群中，在麻辣香鮮的霧靄中呼兒嗨喲地猛吃了三個小時，整了４００多串，外加四瓶啤酒，麻辣得淚奔汗傾，完了付賬，也就不過百把元錢，而後又開著大奔揚長而去。吃完後就聽到這兩女孩一路邊回味邊不停地說：這是不是很拽，很欠抽啊。足見川味麻辣，竟已眾口一辭，成為食尚先鋒。

香港文彙報的一位朋友從香港過來，也是點名要吃成都道地的麻辣燙火鍋，還說：「敢吃五洲菜肴」乃是對世界博大精深飲食文化的尊重，這聽起來似乎在給自己壯膽。原本是為他要了一個紅白鴛鴦鍋，不料他十分堅決地拒絕了，說是低估了他的能耐，還說麻辣不就是一種「味」嗎。

當七碗八盤上齊了，鍋中的湯料也翻滾開來，一股股麻辣香氣侵襲臉面，他迫不及待地要我們教他燙食。第一筷吃進嘴裡，他竟然有一兩分鐘說不出話來，含在口裡嚼也不是，吞也不是，看著湯盆裡翻滾的辣椒花椒神色癡呆。待他猛喝了幾大口老蔭茶後，他才說這麻辣味也太兇狠了，一瞬間感覺到頭髮豎立，皮膚撕裂開來，全身冒汗。但接下來卻又心旌蕩漾，身心無比通泰，感覺甚是奇妙。於是拿起筷子非要自己實踐一番。當聽說「燙毛肚要起泡，鴨腸要起圈」的口訣，他更是一邊燙一邊口中念念有詞，嘗試了幾塊，動作愈發熟練起來，江湖饕客的吃相也顯露出來，他頗有幾分得意，然而此時的他已是臉紅筋脹，眼淚鼻涕、汗水口水都分不清了，紙巾堆得比鍋還高，可還自己對服務小姐說來點甜點，換下口味在接到吃。他說真沒想到，仰慕已久的成都麻辣燙有這等威力啊，此番體驗真可說是驚心動魄，刻骨銘心。

## 麻辣巴蜀　和而不同

如果說在文人口舌之中，川菜川味多了一番風雅情致，那麼現今川菜之滋味，在親和與辣麻之間，不知不覺成了中華大地多數人生活中離不開的食尚風味。它不僅讓人們食欲大增、吃情盎然、食趣蕩漾，更在麻辣多滋、七滋八味的刺激中，得以充分宣洩、解脫，在吃香喝辣中獲得一個輕鬆灑脫的自我，亦或在麻辣滋味的盪氣迴腸間，猛然感悟到了一點生活的真諦，人生的新解。

然而，在巴蜀各地，雖說是同祖同宗的麻辣味，卻是十里不同風。川東、川西和川南的麻辣風味各有其特點。也就是說，地理環境的不同，就如山川、平原、江河各有其風貌一樣，山裡人、壩上人與江邊人的性格、習俗、飲食風情亦也各有其景。這一地域、物產和食俗的差異，也促使川菜以長江流域為主線，形成了「五幫」。即成都幫、重慶幫、大河幫（川東）、小河幫（川南），以及自內幫（自貢、內江、富順、資中、資陽、簡陽）風味流派。就辣麻而言，川內各地之辣麻也不盡相同，且在辣椒、花椒的用法上各有其道，形成一地一格，一方一味的特色。

成都平原一馬平川，水流從橫、氣候溫和、四季常青，故而成都男女大多是水樣性情，溫和幽默，優柔輕緩，不疾不徐。無論在川菜還是食俗上，講究麻辣香鮮、多滋多味。就麻辣而言，亦是追求辣而不燥、辣中帶香、辣中含麻、麻中蘊香，在香辣幽麻之餘更要滋味豐厚、吃口舒爽、口感悠長。

位列華夏十大吃辣城市榜首的成都，人們對辣味的理解和把玩是國內外其他地方無法匹敵的。在不吃辣的人眼裡，辣椒只有一個味道。但在成都人嘴裡，辣有不同的層次，不同的韻味。像二荊條辣椒產自成都郊區，又以牧馬山出產的最有名。這種辣椒色澤紅豔，辣味適中、辣香突出，由於它辣味較弱，用來做菜不夠入味，大多數都拿來做醬，做出來的豆瓣醬油潤光亮，帶有濃烈的醬香味，郫縣豆瓣、原紅豆瓣就是經典。

再有便是泡紅辣椒，其鮮紅金亮的色澤，溫柔多滋的辣味，香美醇和的酸味，即便是一點辣都不吃的人，亦也覺得味美多滋。比二荊條辣椒更辣一點的是子彈頭辣椒，是朝天椒的一種，在四川很多地方都有種植。然而，因為氣候的關係，川人多選擇貴州產的「子彈頭」。但其香味和色澤都比不上二荊條辣椒，因此大部分都拿來做乾辣椒了。七星椒則以產於四川威遠、資陽、內江、自貢等地的為佳，這種辣椒皮薄肉厚、辣味醇厚，辣味比「子彈頭」更甚一層。成都人的辣即在這三種辣椒和漢源花椒、青花椒、洪雅、峨眉藤椒中玩出讓人眼花繚亂、千滋百味的麻辣風情來。

有人說，生活中有兩樣東西別人搶不走，一是你吃進肚子裡的食物，另一個是你藏在心底的夢想。做個有夢想的吃貨，即便你不是個「高富帥」，也絕對是個招人喜歡的樂天派。像與世無爭的成都人，在說到吃時自信心極度膨脹：「什麼吃在廣州？真是眼睛大心眼小，吃在成都才是天經地義！」「啥子涮羊肉，打邊爐？清湯寡水的，就那麼一盤羊肉，幾匹白菜、一抓抓粉絲，你說有啥子吃頭？更笑人的是，北京那麼大的地方，連熟油辣子、辣椒粉、花椒粉、郫縣豆瓣、香辣醬都沒得嗦，拿塊臭豆腐乳當佐料，枉費還是首都哈！簡直就不能與我們的麻辣火鍋、串串香、缽缽雞比，都不在一個層次上。」至於聽說廣州人偏好吃蛇肉、貓肉、鼠肉，上海人喜好吃螺螄，成都人更頗有微詞：「哪些地方沒得吃的嗦，啥子死貓爛耗子都要吃，是窮的慌還餓得凶哦？簡直就成了野人了。」而外地人到了成都，確也是眼花繚亂，口中念念有詞，只恨自己的胃太小：「賴湯圓、鐘水餃、龍抄手、糖油果子三大炮、夫妻肺片、麻婆豆腐、水煮牛肉……」更不要說道地火鍋、串串香和川菜了。

成都人食不厭精、麻辣尤好精緻，一盤普通的麻婆豆腐，除了郫縣豆瓣、還要加辣椒粉、花椒粉，算上鹽、味精、醬油、薑、蔥、蒜、芡粉、鮮湯、肉臊、蒜苗、菜油，十數種調輔料擺滿一大桌，但成都人卻津津樂道不覺麻煩，他們說這才叫有滋有味的生活。

成都人聞吃則喜，一聽說那兒有樣什麼很好吃，哪怕是哈欠連天直想燜會兒覺覺，說起吃一下就來了勁。甚至常常是心血來潮，為了吃一碗肥腸粉，可以開車、打的，穿上無數個小巷，走無數個胡同，端上一碗幾塊錢的肥腸粉，麻麻辣辣出身汗、紅紅彤彤一嘴臉，方才心安理得、心氣順暢。

不一樣的環境，不一樣的習性，使得成都廚師和重慶廚師即便同做一個菜，也會風味迥異。成都人生活向來喜歡喜歡閑情逸趣，有一種行雲流水的小資文化在裡面。風味要講究正宗道地，廚師講究烹調規矩。就連做家家都會炒的回鍋肉，從選肉、切片、配料、火候、調味都格外地地講究。成都食客講究吃的意境、吃的感覺、吃的情趣。像要吃道地川式小炒，成都的大小館子都做得中規中矩，其講究程度要比重慶高一個數量級。而要在重慶就花樣百出了。炒回鍋肉，重慶的館子有的放豆腐乾、有的放萵筍片、有的放白菜，反正廚子是有啥就放啥。重慶的香辣回鍋肉、霸王回鍋肉中，朝天干辣椒的用量簡直就達到了登峰造極的水準。而成都的大小館子，一律是放郫縣豆瓣、青蒜苗。如果青蒜苗沒有了，頂多就用鮮青椒。

甚而成都廚師總結回鍋肉炒法，可以千言萬語，夠你學到頭髮發白；一個重慶廚師總結回鍋肉炒法，就是幾個詞：鮮肉、豆瓣、豆豉、乾辣椒、小米辣椒，其他可有可無。即便你在成都隨便的一個街邊小店，吃一個蒜炒空心菜、清炒豌豆尖，都是那麼鮮嫩如初、香脆爽口，滋味悠長。重慶人則對炒素菜類不削一顧、有鹽有味就行。而離開成都，走遍全國，你才恍然大悟，成都清炒素菜的風味竟然也是如此魅力萬千。像北京的炒青菜，炒豆苗，那就更不值得一提。拿成都人的俗話講：「炒的啥子喲，死糾糾的，有鹽沒味，白死拉跨，連豬都不得吃。」

成都的川菜，每一個菜，都要精心總結，配什麼料、用什麼鍋、燒什麼火，怎麼調和色香味，怎樣裝盤造型等，無不細心周到反復推敲。重慶江湖菜則不管是什麼菜，都是一個大盆子、甚至鏽跡斑駁，直接給你端上來，附帶服務員泡在湯裡的大指姆。雖然豪爽大氣，但其中隱藏的不拘小節、隨意放蕩就可想而知了。當然在正規飯館、高檔酒樓，正兒八經的重慶川菜大廚也是很傳統很道地的。

到了重慶，那確實就真正叫麻辣刺激，以重慶為代表的川東菜系，也就是重慶的麻辣，從重慶麻辣小麵、酸辣粉、麻辣串串到重慶火鍋；從辣子田螺、辣子雞、沸騰魚、口水雞到各式江湖川菜，都一如重慶人的性情，粗曠豪放、不遮不掩、直來直去、酣暢淋漓。重慶的麻辣，真個是令人望而生畏。然而到了重慶不去冒險捨命品嘗一下重慶的「麻辣風味」，那就簡直是浪費錢財和表情，白去了哈。如果你是資格麻辣愛好者，雖身未入港，但只要一想起重慶菜的麻辣滋味，就已經是口中未嘗身先辣了。川東一帶的傳統風味美食多以大麻大辣，風味濃烈為主，不辣得你淚水汗水雙流，呼天號地、捶胸跳腳、四肢抽筋，麻得你智商銳減、癡呆弱智、傻乎乎地扳起指頭數不到十，那就不算是正宗道地的重慶麻辣。

現今的重慶，隨便在那個區逛一逛，可說都是火鍋、江湖菜各占半壁江山，穿插其間的便是五花八門、川東各地及雲南、貴州的鄉土菜，大多以「酸」為先導，各種風味、吃貨倒也十分豐富多滋。

就對國人吃口影響最大的江湖川菜而言，也是豪氣沖天。自來，重慶江湖菜就像重慶的地理環境一般，大山大河似的，有一種氣吞萬象之勢。亦如長江不時興風作浪，如大山粗獷豪氣。重慶人喜歡刺激，有一種天不怕地不怕的豪氣，融匯在菜肴的風味裡，形塑出廚師普遍不愛照菜譜做菜、按傳統章法調味，而是隨心所欲的特質；吃客亦也不墨守成規，吃情不羈，只要味濃味厚，刺激趕口，就是好菜。因此各式風流新式菜前呼後擁、熱鬧江湖。

像品吃「辣子雞丁」，只見那醬紅色的雞丁堆在在鮮青椒、紅辣椒裡，一下就先聲奪人，把食欲呼啦一下煽動起來。舉箸一嘗，雞丁酥嫩香美、柔軟多滋，那隨之而來的香辣卻直竄咽喉深處，熗辣得人喉嚨痛癢，咳嗽不止，連忙喝幾口清水清洗喉道。那辣不僅對味覺，甚至使全身都受到衝擊，硬著頭皮吃第二口，連翠綠的青椒也是清鮮裹著辣麻；拈第三塊、殊不知那雞丁上中夾帶著一粒花椒，一沒留心咬下去，天啊，比麻藥麻醉的效果來得還要快，嘴唇、舌頭瞬間麻木不仁，這陰險的麻味立馬和兇狠的辣味攪合在一起，麻辣味混合著鮮香、滿載著刺激，好像要把整個口腔都燒毀了，不由得快速咀嚼吞咽，張大嘴拼命吸氣，同時周身開始大汗淋漓。儘管如此狼狽，但這辣味、這麻感、這香氣，卻在身心裡盪氣迴腸，讓人有一種莫名的酣暢痛快，竟使人欲罷不能。

重慶菜川菜中麻辣味型的菜品，多用朝天椒，對成都人喜愛的二荊條辣椒不屑一顧。故而重慶菜味濃味厚、麻辣鮮明、追求刺激；風味以麻辣、鮮辣、熗辣、香辣、乾辣等為主。如重慶解放碑附近的「小龍蝦」和「口水雞」，那種麻辣的感覺真是讓人今生難忘，來世後怕。

這些菜品的烹調，十分地大手大腳、豪放粗狂，甚而是調輔料遠多於主料，當然也講究調味料的輔助配合，多以郫縣豆瓣、乾辣椒、辣椒粉、辣椒油、刀口辣椒、鮮小米辣、野山椒等；花椒、青花椒、野花椒用量之大，嚇死人不負責。有人甚而形容重慶江湖菜是「五黑菜」，其意用重慶話講，就是「黑起（大量）」放辣椒、黑起放花椒、黑起放味精、黑起放雞晶、黑起放老油。真個就是味多、味廣、味厚。像南山的「泉水雞」，大瓢乾辣椒加大瓢乾花椒，起鍋裝入大瓦缽中，還不忘放幾爪青花椒。那乾辣椒的酷辣、乾花椒烈麻、青花椒的濃麻，使麻辣之味層層疊疊，一波一波侵襲你的感官與味覺。那反復輪番衝刺的濃烈麻辣味道，簡直就讓你的五臟六腑不停地起承轉合，沒有一絲緩喘息一下的機會，稍不死死咬牙挺住，就有昏厥休克、假死過去的可能。

然而，三十年河東三十年河西，如今重慶江湖菜經過粗狂式發展，呈現出一種新的江湖風貌，其各式菜品在保留了「味多、味廣、味厚」的基礎上，亦呈現出風味多樣，七滋八味，既有大麻大辣、麻辣並重，也有鹹鮮香濃、淡雅多滋；菜式雖依然是大氣豪放，但粗狂中見精緻，豪放裡不失優雅；各式器皿雖也大盤大缽，但倒是古樸與時尚相融，粗中可見精美，俗中典雅暗浮。重慶江湖菜儼然已從江湖村姑演變為時尚女漢子。

在重慶，當今江湖菜的霸主是立足渝北區，叫「百年江湖」的餐飲企業。江湖菜在他們手裡演繹成有如蘇東坡、辛棄疾詩詞般的氣魄與優雅。傳統江湖菜，像辣子雞、水煮魚、沸騰魚、酸菜魚、毛血旺、尖椒雞等，從單純的大麻大辣演化成麻辣多滋，風味別樣；有如大家閨秀般各式鮮香淳濃的菜式，亦也多姿多彩，像鴿蛋竹蓀湯、臘骨燉粉藕、粉蒸肥腸等；更有江湖老滷那就更顯江湖，滷豬耳、豬蹄、豬尾巴、豬拱嘴、心肚舌、滷雞鴨兔等，香美滋糯、吃口綿長，真有點水泊梁山大塊吃肉大碗喝酒的氣概。

但有趣而鮮為人知的是，這一重慶江湖菜之提檔升級的先鋒人物，卻是來自成都的科班名師，「百年江湖」餐飲企業的大俠王曉明。多而不少有點幽默，且具有些許諷刺意味的是，重慶江湖菜最終還是在成都名師手裡提檔升了級。而且完全贏得重慶人的贊許，成為如今重慶餐飲市場上江湖菜之霸主。

於是乎，南來北往的食客通過「百年江湖」，對江湖川菜有了從眼目到口舌的新感知。江湖菜成就了川菜新的傳奇，不了解江湖菜，等於不知道現代川菜的發展演繹史。江湖菜源於山川江河間的三教九流，城鄉郊野、平民人家。七滋八味豐厚，吃情食趣濃鬱，有的像村姑般淳樸，有的像壯漢般憨厚。

江湖菜初看似非傳統正宗，貌似另類江湖，但慢嘗細品就會發現：江湖菜隨意而不顯隨便，將就而不失講究；粗曠而不粗糙，簡約並非簡單；大缽大盤中是精菜細作，細菜精作，俗菜巧做，小菜妙作。從飲食與烹調美學角度講，江湖菜是靈感的大寫意。這既是現今「百年江湖」之江湖菜，何以能迷住飲食江湖萬千「女俠」，醉倒無數「壯士」之秘訣。江湖菜以迷宗之法，五馬六道之術，出其不意之勢，浪跡巴山蜀水、風靡大江南北，以其一招招新奇吃法，掀起一波波吃情食趣，綠裳起舞，紅袖添香迷亂神州百宴。近二十餘年間，江湖菜因標新立異而繁榮盛昌，以麻辣無間之道光耀大中華食典。

再說重慶火鍋依然是一如既往的氣勢磅礡，赤裸裸的麻辣風味得到了充分而典型的體現。尤其是當地人熱中的老火鍋，一到傍晚滿大街人行道上紅頂棚連成一片，老火鍋一家接一家，那陣仗，不僅令人望而生畏，更辣得你死去活來、神經分裂。

重慶之辣以火鍋為代表，其辣味取自經熱油煸炒過的朝天椒，炒出來的火鍋料有濃烈的乾辣熗香。像重慶楊家坪直港大道盡頭上的「冷鍋魚」，以及「齊齊火鍋」、「劉一手」等的麻辣味道，更是麻辣萬千。聽說過重慶吃火鍋的「三光」嗎？「菜要吃光，酒要喝光，男人上衣要脫光」。那些個重慶崽兒，一邊是辣得咋嘴，一邊是揮汗如雨，狂跳脫衣舞，吃得個呼兒嗨唷，大呼過癮。

那些重慶妹兒，則是紅霞滿臉、頭髮滴水、拿起一瓶瓶冰啤直往口中灌，用她們的話來說就是：「哪來朗格多斯文哦，一杯一杯慢悠悠地喝，一瓶子灌下切，那才叫個爽噻！」確實，這才稱得上是「刺激」、「爽快」，恐怕連梁山泊好漢魯智深、李逵、孫二娘、扈三娘見了都會拱手作揖，甘拜下風。那麻辣真是刺激得每一個毛孔都大張開，根根頭髮都被麻辣刺激得豎了起來，確實很讓人感覺大有綠林豪傑、江湖好漢的氣派。

甚而連民生路靠較場口小街上的「麻辣小麵」，也是麻辣勁鬥、風味霸道。一碗熱騰騰辣呼呼麻辣小麵，囊括了重慶火鍋的全部味型。重慶人，火鍋少不了，但麻辣小麵也不可缺！惹得重慶人心急火燎打擁堂。這也就讓人想起了重慶的另外一種麻辣風情「麻辣燙」，重慶人喜愛麻辣，性格麻辣，做事情也麻辣，就連女人談情說愛也是麻麻辣辣的，這種麻辣是其他任何菜系模仿不出來的，重慶菜的麻辣，給人的感覺就是麻得裡外舒服有如脫胎換骨，辣得頭腳發癢、皮酥骨軟。

到了川南宜賓、自貢、瀘州地區則是小尖椒，即小米辣椒的主產地。新鮮小米辣椒有獨特的鮮辣味，其辣較烈，十分霸道，特別受川南地區鍾愛，雖辣，卻是辣得人愛不釋口。小米椒的菜品多半成菜色澤青紅相間，雖樸實又不失精緻，那麻辣又是別樣風情了。

在川南，嗜辣的典型則是自貢菜，因其多用自貢出產的小米辣和威遠縣產的七星椒和泡紅椒，前兩種海椒是四川辣椒中辣味最為兇狠的。自貢人食辣也很有創意，那就是新鮮小米辣和子薑、泡辣椒混用，或七星椒之鮮椒和泡辣椒的酸辣混用，只要吃上一點點，就覺得其辣香中帶著一股火焰，一股乳酸，出奇般的誘人胃口；這還不算，通常還要在菜肴中加子薑，真可謂火上澆油、辣上加辛。自貢人用此法創製出的「跳水美蛙」、「炒田螺」、「鮮鍋兔」、「冷吃兔」、「小煎雞」、「小米椒兔」等，無不鮮香嫩爽，辣得靈魂出竅、形如僵屍。而宜賓、瀘州與自貢又有所不同，前者更喜好酸辣，但非醋，而是當地特產之泡酸菜、泡辣椒，其菜肴與河鮮風味更側重於辣香味、乳酸香，滋味豐富、口感厚重。

不少人曾誤以為自貢產鹽，就臆測自貢菜鹽重味大，其實這是民間的一種調侃。所謂自貢菜「鹽重」，應為「重鹽」，亦指自貢菜因其擅長巧用高品質的井鹽來調味，不同的烹飪方式、不同的菜式，蒸炒燒燉拌均用不同品質的鹽調味，使其菜式尤顯鮮香醇厚、香美多滋。如水煮牛肉，雖是麻辣，卻是香辣香麻、辣而不燥、麻而舒涼，滋味豐厚、香鮮醇濃。自貢菜亦以小煎小炒見長。所謂小煎小炒是猛火短炒、不換鍋、不換油、臨時兌汁、一鍋成菜。其經典菜品如「小米椒兔」、「小煎雞」。

自貢菜有別於成都幫之婉約精緻、風味多樣；也別於重慶幫之粗獷豪放、味濃味厚；既不像大河幫以魚鮮為重點；亦別於小河幫之風味中庸，在烹調及風味上體現出香、辣、鮮，辛，味道豐富強烈、好走極端的特點，尤為突出鮮辣、香辣、辛辣。其經典菜肴如：掌盤牛肉、鐔子美蛙、血泡肉、香嘴肉、鮮椒兔等。

自貢菜在風味及調味上亦善用辣麻，且多用鮮小米辣椒，展現了辣中求香、麻中求酥的風味特性。像自貢代表菜之一的小米椒兔，以自貢本地鮮紅小米椒和鮮嫩仔薑炒製，吃來先是小米椒的清香鮮辣，再是嫩仔薑的辛香，後是兔肉的細嫩肉香，層次分明、口感豐富。川南一帶的人品吃這款菜還十分講究，先夾一顆兔肉丁、再是一顆小米辣椒、一片仔薑入嘴同嚼，方能品出和感受這道菜的美味風韻，另一款代表菜小煎雞亦與此相似。自貢菜的特色經長期的與鹽府菜及成都、重慶菜的交融，兼收並蓄而形成巧用井鹽，善用泡菜、辣麻重香、滋味豐厚，口感舒爽的風味特色，獨顯自內幫菜之麻辣風尚。

# 麻辣雄風 誘惑難擋

在巴蜀麻辣世界中，無論成都風味、重慶風味，還是川南風味，無論是麻婆豆腐、水煮牛肉、紅油雞塊、水煮魚、香辣蟹、香辣蝦、麻辣香鍋、麻辣香水魚等，其都展現了川人善用麻辣，川菜麻辣多滋的特點。川菜就像一位熱情奔放的姑娘，以其火辣的性感和野性活力讓人一見傾心、一嘗鍾情，留戀終身。其色豔麗、其香娛口、其味美體、其情開懷，讓喜愛川菜的人一聞那香，便是口水「飛流直流三千尺」，一吃止不住，吃了忘不了，不吃難受了，萬般滋味在心頭，只有它明瞭。不少川外人吃慣了本地菜的精緻、家常、鮮美、原味菜肴，殊不知，一不經心品嘗了川菜，竟然在川味中迷失了自我，尤為可恨的是，居然還自甘墮落，聲稱是資格吃貨，永不回頭。

麻辣味的盛行，在巴蜀當然絕不是氣候潮濕那麼簡單！在北方，譬如北京這般乾燥之地，麻辣居然也大行其道，長盛不衰。在青島，川菜讓許多嗜辣族欲罷不能。不乏對川菜情有獨鐘的美女帥哥、大爺大娘，幾乎到了無辣不食，頓頓食辣的地步。吃麻辣，已經不是單純的散寒除濕，吃川菜幾乎成了現代人追求美味的一股強大的美食時尚，麻辣一族「四面八方，川流不息」，故而叫「麻辣四川」。

據中國烹飪協會統計表明，至2009年，在京川菜館已有一萬多家，幾乎佔據了北京餐飲業的半壁江山；西安共有3000多家川菜館，在外來菜系中穩居第一；就連臺灣，川菜館都占了30%左右。近年來流行的四川菜式也越來越多。走在北京最著名的美食街簋街上，抬眼可見麻辣小龍蝦、水煮魚、香辣蟹、重慶烤魚、麻辣香鍋的字樣，樣樣都是招牌菜。老百姓對川菜也如數家珍，像宮保雞丁、魚香肉絲、回鍋肉、麻婆豆腐等，經常掛在嘴邊。全國人絕大多數都鍾情川菜：「粵菜太淡，魯菜太鹹，火辣辣的川菜，既下飯又開胃，國人就好這口。」由此可見，川菜一統天下，已現端倪，川味公民已遍佈五洲四海，幾十萬川廚在世界各地揮鏟舞勺。它非同凡響的風味魅力，有聲有色、有滋有味地讓這個地球成了川菜之超級大廚房。

大千世界，芸芸眾生，可以說任何一款美食的出品，都是天時地利人和的結果，天和地都莊嚴地屹立在那裡，流動的只能是人。我們要對美食表達誠摯的敬仰，就到美食原創的天和地那裡去，感受它原汁原味的魅力。離開故土的美食固然能讓人口舌留香，但它的風土人情呢，它的滋生環境與氣質內涵卻是大相徑庭。當然，有了麻辣，川菜就有靚麗的顏色，誘人貪色；有了麻辣，川菜就風味萬千，誘人好吃。有了麻辣，生活也就多姿多彩，草根們亦也生氣勃勃。很慶倖中國有個麻辣美食之成都，否則，偌大的中國，國民生活將會少了許多滋味和情趣；如果少了成都，中華飲食文明與風情也會殘缺不全。

## 麻辣無間道 妙手巧烹調

麻辣為何有如此妖魔化的誘惑，這般銷魂蝕骨般的性感？自古以來，中華烹飪即以「五味調和百味鮮」、「五味調和百味香」來概括中國菜之美味。故而「鹹甜酸辛苦」就成了中華各大菜系的基礎味。然而，川菜的五大基本味卻是特立獨行，在「辣麻鹹甜酸」五味的基礎上，突出「鮮」和「香」，以此而形成川菜獨一無二的風味特色，成就了川菜獨特的吃情魅力。

如果只有麻辣，那很容易讓人感受到令身心不舒適的乾辣燥麻，相反，能讓麻辣和鮮香共舞，你的麻辣瞬間就成為上品。有了鮮香，麻辣才變得更加優柔和諧，更加香美多滋，讓食者覺得辣得痛快、麻得有舒爽，才能成為讓人常吃常戀的永恆美味。因此，以「講究」之心，而不是「將究」之態，做好麻辣，做出麻辣的靈與魂，做出活色生香、多滋多彩、七滋八味的麻辣鮮香來。當然，

# 第四篇 麻辣篇

首先得了解辣與麻的風味屬性，把握其特點，這才是川菜麻辣風味美醉天下的制勝法寶。

雖說川菜不完全是麻辣，但川菜又不能沒有麻辣。倘若川菜少了麻辣，川菜還會像現在這樣風光嗎？那全國乃至全世界的人們喜歡的或許就不是川菜，而是湖南菜、貴州菜了。自古川人玩味，玩的就是辛香與滋味，玩的就是麻辣。如此，麻辣便自然成了川菜中最富口感刺激，最富風味魅力的一種奇妙味型。

麻辣風味的特點多是色澤紅潤、麻辣多滋、鹹鮮香濃，廣泛應用於冷、熱菜式，火鍋及小吃。其花椒、辣椒的使用因菜而異，有的用郫縣豆瓣，有的用乾辣椒，有的用紅油辣子，有的用辣椒粉；花椒則有的要用花椒粒，有的用花椒粉，有的還要用刀口花椒（乾花椒鍘碎）、有的用花椒油。

如：乾辣椒、花椒調製煳辣荔枝味、熗辣味、陳皮味；泡辣椒、豆瓣醬、花椒調製家常味；辣椒粉、花椒粉、豆瓣醬調製麻辣味；紅油辣子、豆瓣醬調製香辣鹹鮮味和紅油味；泡辣椒調製泡椒味、魚香味；鮮辣椒、青花椒調製鮮椒味；還有郫縣豆瓣、原紅豆瓣調製的豆瓣味；紅油辣椒、花椒粉等調製的怪味等等。川菜所謂「善用麻辣」，即指巧妙地利用了味的屬性交融，相互抵消的原理，借助於鹽糖醋及其它調味料的作用，綜合了麻辣味道，從而獨創出魚香、煳辣荔枝、家常、怪味、豆瓣、椒麻等多種複合風味來，使之吃在嘴裡辣得舒服，麻得巴適安逸。

**冷菜麻辣味的調製：**調製冷菜麻辣味時均須達到辣而不烈、辣而不燥、麻而不澀、麻而不苦，辣中帶麻、麻中透辣、香辣酥麻、麻辣悠長。正因為如此，麻辣味與其他複合味型一樣，除了要用花椒、辣椒調味，還得要有鹹味、鮮味和香味，這三項是所有味型的基礎味。如果鹹味不足，麻辣就會顯得乾麻燥辣；鮮味不夠，麻辣味則顯得風味淡泊、層次單薄；香味不足，則麻辣單調、韻味不足。因此，根據不同菜式的需要，還需用精鹽、薑、蔥、蒜、白糖、醬油、豆豉、醪糟、味精、香油等調味料增強或提高「鹹鮮香」的輔助調味，產生出一種醇和的香味與口感。

**涼拌菜的麻辣味：**既用於直接拌菜，也可用於做蘸碟。以川鹽、紅油辣子、白糖、醬油、花椒粉、味精、香油、蔥節（花）等調製。其中醬油、川鹽定鹹味、提鮮香，白糖和味減燥，香油、蔥增香。還可根據原料酌情加入豆瓣醬、豆豉、芝麻醬、熟芝麻、油酥花生、香菜末、芹菜末等豐富味感層次。在鹹鮮香的基礎上重用紅油辣子、花椒粉、花椒油，使麻辣味突出。像：麻辣雞塊、麻辣兔丁、豆腐乾拌花生仁、麻辣蘿蔔絲、麻辣筍絲等。現今，在新派川菜中，還有了用小米辣椒末加紅油，青花椒油加花椒粉來調製，突出鮮麻鮮辣風味。

**乾拌菜的麻辣味：**即把經蒸、煮、炸、滷後的熟料，加工成片、條、丁、塊，在原料鹹鮮香味濃鬱的情況下，直接用辣椒粉、花椒粉、味精拌合而，或作為蘸碟。所謂乾拌，即是不用油及汁水。像乾拌麻辣毛肚、乾拌麻辣肺片、乾拌麻辣牛肉乾等。

**炸收菜的麻辣味：**所謂炸收菜，即先炸後收，是指將經清炸的半熟食料，入鍋中加鮮湯、調味料，以中火或小或慢燒，使其收汁亮油、回軟入味。此類菜式多以乾辣椒節、花椒粒、蔥節、薑塊先熱油炒香，在下適量鮮湯，調入料酒、精鹽、白糖、醬油，有的還可加幾滴香醋，然後放進原料，小火慢燒，中火收汁亮油，起鍋滴幾滴香油即可裝盤。成菜具有色澤棕紅、酥軟適口、麻辣鮮香、口感綿長的特點。像：陳皮雞丁、花椒兔丁、麻辣泥鰍、麻辣排骨、麻辣酥魚等。

**滷菜麻辣味：**使用麻辣滷水將原料滷熟軟，其麻辣風味依靠麻辣滷水的調製。通常是在紅滷汁水中加大量經熱油炒香的乾紅辣椒和花椒熬製，辣椒與花椒的比例約為5：1。若是花椒用量過大，則滷汁會帶有苦味。此類麻辣滷菜切成片、條、塊裝盤，還可另配辣椒粉、花椒粉、熟芝麻拌合的乾蘸碟。像：夫妻肺片、滷製的豬肚、豬舌、肥腸、豬耳朵、蹄筋等。現今，這一麻辣滷水亦也廣泛用於冒菜，湯食各種葷素食料。

熱菜麻辣味的調製，亦分為煎、炒、水煮、乾煸、香辣、熗辣、蒸、燒及其它。

**水煮菜的麻辣味：**水煮，源於川菜傳統名菜水煮牛肉，是川味麻辣熱菜的經典代表，故而形成為一種風味系列，包括水煮牛肉、水煮肉片、水煮魚等菜式。水煮菜式麻辣風味的關鍵在於收尾之傑作。即在菜品烹製成熟裝入碗缽後，撒上經熱油炒香後剁碎的乾辣椒、花椒，稱之為刀口辣椒，再淋上滾燙的熱油，在一串動聽而誘人食欲的滋滋聲中，隨之一股濃烈的熗辣香麻味道四溢。像：水煮魚、沸騰魚、水煮泥鰍、牛蛙等。

**煎炒菜的麻辣味：**小煎小炒即急火短炒，不過油、不換鍋、臨時兌汁、一鍋成菜的特點，俗話說的熱炒熱賣。這類菜式在川菜中多如牛毛，當然更少不了麻辣風味。小煎小炒菜式中麻辣味常用乾辣椒、花椒熗炒出味，也有用辣椒粉、花椒粉。像宮保雞丁、辣子雞丁、肝腰合炒、花椒雞丁、陳皮兔丁等。

**乾煸菜的麻辣味：**川菜中乾煸菜式有鹹鮮味、家常味、麻辣味等。單就麻辣味而言，用少量熱油，把主料煸乾水汽至香，把乾辣椒節或辣椒絲、花椒煸炒香，使麻辣味道熗入主料內，再輔以其他調味料。如乾煸鱔片、乾煸牛肉絲等。

**香辣菜式麻辣味：**多以大量乾辣椒節、花椒粒與主料一起煸炒，炒製中還可加進香辣醬、刀口辣椒、花椒油等，再輔以薑、蔥、蒜等其他調味料，使麻辣風味更加濃鬱，富味感層次。像香辣蟹、香辣蝦、辣子雞、香辣田螺、香辣鵝唇等。

**燒菜麻辣味：**多先用郫縣豆瓣、香辣醬、辣椒粉、花椒粉、豆豉下油鍋炒出紅色和香辣味，再加鮮湯，放入主料，調入醬油、白糖、醪糟汁等調料，燒至入味，收汁起鍋後再撒上花椒粉。像麻婆豆腐、夫妻肺片、毛血旺、燒肥腸、家常牛肉、麻辣魚等。有的燒菜，用郫縣豆瓣必需剁細，方能充分發揮其味道；有的不必剁細，只取其味，則需在掺湯熬煮後打去渣料。

其他還有蒸菜類的麻辣味，像小籠蒸牛肉、粉蒸排骨、荷葉蒸肉、粉蒸蹄花等。麻辣味更為廣泛地用於麻辣火鍋、串串香、麻辣香鍋、麻辣乾鍋、缽缽雞、冒菜等，以及小吃酸辣粉、張涼粉、擔擔麵、麻辣兔頭、涼麵、麻辣牛肉乾等。

麻辣，毫無疑問是川菜最正宗、最霸氣的一種滋味，但川菜麻辣風味菜肴，並不僅只是麻辣，更重要的風味是「香」，川人嗜辣好麻，圖的也不僅是個口味刺激，而是吃香喝辣。老一代川菜大師總要叮囑徒弟「善用麻辣」。這裡一個「善」字則是機關算盡，即辣而不燥，麻而不烈，突出本味，盡顯其香。

何謂「辣而不燥」？就是說不要辣得過度，辣到傷及腸胃，甚而追求酷辣、極辣。川菜的辣重在辣香、香辣，而非純粹辣味，香辣之味，食之不燥、吃口舒柔、味感悠長。

何謂「麻而不烈」？就是要讓麻味帶給食者愉悅舒心的感受，幽涼酥麻，韻味綿綿，不能讓食者吃了麻味菜肴後，感到苦澀哈喉，口腔遲鈍、產生像掉了下巴一樣的難受感覺。

「突出本味」，即是無論用麻辣烹製任何原料的菜肴，都要以本味為主，它味為輔，即不能喧賓奪主，破壞了原料的原本滋味。讓食者在麻辣風味中亦能品嘗到食物的原滋原味。倘若豬牛羊、雞鴨魚類都品吃不到本身的肉味、鮮味和香味，那就是食之無味了。這裡所強調的就是，麻辣始中只扮演了調味的角色，而不是搶味的主料。

總而言之，辣要香辣、麻要酥麻，香辣酥麻方為正宗；若是乾辣燥麻，則會澀口燒心，甚或腹瀉拉肚。因此川菜烹飪中，無論是製作熟油辣子、還是炒菜、燒菜，都要把辣椒、花椒放在油鍋裡炒出香味來。像製作熟油辣子，得分別用熱油將辣椒粉燙熟燙香，再用溫油浸透出色。像燒麻婆豆腐，則需在菜油燒熱燙時，先下薑蒜米、郫縣豆瓣炒香，再下辣椒粉炒香出色，下肉臊炒勻，再加肉湯，方才下豆腐燒；至於水煮肉片，則是在菜做好盛入碗中時，把刀口辣椒、花椒撒在面上，用滾油燙淋，一下香辣酥麻氣味四溢。

麻辣關鍵秘訣：辣椒既是調味佳品，又是營養豐富的蔬菜。不論是青辣椒或紅辣椒，都含有豐富的辣椒素，具有很強的刺激性，能刺激消化道粘膜，尤其是口腔粘膜和舌頭上的味蕾，因而有增加食欲和幫助消化的功能；且能行血活血促進血液循環，使心跳加快。所以吃辣椒後，常使人感到發熱，特別是在寒冷季節，適量進食辣椒，不僅可以抵禦風寒，預防傷風感冒，風濕病，腰腿痛等痹症。還具有防凍傷、脫髮和壞血病，夜盲症等功效。

辣麻雖過癮，吃多了也讓身體有點承受不了。吃麻辣時，可多吃些甜、酸、苦的食物。甜能遮蓋並干擾辣味，酸可以中和鹼性的辣椒素，「苦」味食物是油膩、麻辣的剋星。覺得太辣了，蘸點醋、喝碗冰涼的甜飲料、來塊涼爽的泡苦瓜或水果都很有效果。如果是在家做辣味菜，要儘量選滋陰、降燥、瀉熱的食物來搭配，如鴨肉、蝦、鯽魚、苦瓜、絲瓜、黃瓜等，也可以煮點清涼的綠豆粥、荷葉粥來降火消燥。願可愛的麻辣吃貨朋友們在麻辣多滋中盡情享樂，享受短暫人生的美好吧！

秘制 百年经典
年陈酿

# 第五篇　特料篇

眾所周知，川菜「以味見長，味多、味廣、味厚」，且以「一菜一格，百菜百味」、「鮮香淳濃，善用麻辣」為普天下之好吃客所追捧。其中之「善用麻辣」，尤為世界美食客所讚歎。所謂善用，川人除了把辣椒花椒玩得得心應手，十面生香外，還巧用不少四川特產的調輔料融於麻辣鮮香之中，生發出令人意想不到的美滋美味。

在四川有不少獨特植物原料，如：菜籽油、韭黃、韭菜花、豌豆尖、蒜苗、蒜薹、香菜、香蔥、子薑、獨蒜、芽菜、冬菜、榨菜、竹筍、竹蓀、松茸、泡菜，以及民間的鹽菜、乾豇豆、乾苕菜、水豆豉、鮓海椒等；亦有不少獨特動物原料，如：臘肉、香腸、漢陽雞、麻鴨、雅魚、江團、岩鯉、黃辣丁、仔鯰等；更有眾多獨特調輔料，這即是本篇所要揭示的川味奧秘。

所謂「獨」，即獨一無二，為四川所獨有，出川則無；所謂「特」，即為四川某地所特產，物以稀為貴，川菜川味離它不得，是廚房必備之品。不少川菜大廚和美食達人常到鄉野農家采風，總能在民間發現一些獨特食材與調輔料，正是這些獨特調輔料，方才促成了川菜川味「麻辣鮮香、醇濃多滋」的風味特色，豐富了川人「七滋八味」的吃情食趣。

過去，傳統川菜的調味料，無論在餐館還是家庭，品種不多但很講究調味料的出產地。像飯館裡的常用調味料不外乎就是：自貢井鹽、中壩、德陽、溫江、犀浦及成都的各種醬油，郫縣豆瓣和原紅豆瓣、甜麵醬、黃酒，閬中保寧醋、渠縣三匯醋，內江白糖、冰糖，西昌紅糖，潼川、永川及成都太和豆豉，漢源花椒及花椒油，二荊條紅辣椒及辣椒紅油，加上一些特產調味輔料：黃薑、子薑、香蔥，溫江獨蒜、彭州大蒜、新繁泡菜及泡紅辣椒、宜賓芽菜、資中冬菜、涪陵榨菜、宜賓小磨香油、五通橋豆腐乳、成都金玉軒和大足醪糟、富順香辣醬等，加上菜籽油、豌豆茨粉等，這些被稱為「川菜特色調味品」，起著決定川菜「色香味」是否傳統、正宗、道地的重要作用。郫縣豆瓣當是川菜最神奇的極富風味特色的調輔料，前文已做詳述，本篇不再囉嗦。

## 定位鹽糖醋

俗話說：山珍海味離不得鹽味，鹽為百味之王。通常食鹽主要有：海鹽、池鹽（湖鹽）、井鹽、岩鹽（礦鹽）。四川井鹽源遠流長，通過打井的方式抽取地下鹵水（天然形成或鹽礦注水後生成），製成的鹽就叫井鹽，生產井鹽的豎井就叫鹽井。在歷史上，四川省自貢市是以盛產井鹽著稱。自貢開採井鹽已有二千年的歷史。據記載，歷代鹽工在自貢先後鑽井一萬三千多口，有的井深達一千公尺，即使以平均三百公尺計，等於鑿穿了４００多座珠穆朗瑪峰。

早在戰國末年，秦蜀郡太守李冰（生卒年不詳）就已在成都平原開鑿鹽井，汲鹵煎鹽。當時的鹽井口徑較大，井壁易崩塌，且無任何保護措施，加之深度較淺，只能汲取淺層鹽鹵。北宋中期後，川南地區出現了卓筒井。卓筒井是一種小口深井，鑿井時，使用「一字型」鑽頭，採用衝擊方式舂碎岩石，注水或利用地下水，以竹筒將岩屑和水汲出。卓筒井的出現，標誌著中國古代深井鑽鑿工藝的成熟。此後，鹽井深度不斷增加。清道光十五年（１８３５年），四川自貢鹽區鑽出了當時世界上第一口超千米的深井——燊（音同深）海井。其次還有樂山五通橋、犍為等地的井鹽。故川人又稱井鹽為川鹽。

自貢井鹽系取深藏於地下近千米的鹽鹵熬製而成，其主要成分氯化鈉含量高達９９％以上，且具有色潔白、粒細小、無雜質、無異味、可溶強、味純正的特點，這是其他食鹽所遠不能及的。故而千百年來，四川食鹽多為井鹽。在川菜烹調中起到定味、增香、提鮮、化解異味的重要作用。香聞名於世的四川泡菜，若使用自貢井鹽既不生花，且所泡之菜鮮嫩如初、香美脆爽。這也是在四川以外不能泡出道地四川泡菜的主要原因之一。川菜之所以能百菜百味，川鹽實在是功居首位，可謂「川菜之魂」，離開川鹽而烹川菜，其菜肴自然就有幾分不正宗了。如此，這也是正規川菜菜譜都特別標明「川鹽」二字的緣由。

川菜烹調用糖，即指各類糖（白糖、紅糖、冰糖、飴糖等），以及蜂蜜和各種含糖分的調味品。但川菜烹調講究用四川內江白糖、冰糖和西昌紅糖，此產地的糖甜味更為純正，有特殊的調和滋味的作用，增加菜肴的鮮香味，緩和辣麻度，調節各味形成綜合柔美的口感的作用。

川菜運用各種糖調製甜味菜式，大都遵照甜而不膩、甜而不濃的原則，老一輩師傅就總結出「吃糖不帶甜」的實踐心得。經驗老道的大廚正是善於利用糖的獨有屬性來改變、影響菜肴的口味。所以，廚師在燒菜時大都要加點糖來提味，像家常菜中的乾燒魚、豆瓣魚、大蒜鯰魚，鹹鮮味中的紅燒什錦、罈子肉等，小吃裡的甜水麵、鐘水餃等，經過糖的調和莫不味勝一籌。

川菜中複製甜紅醬油的製作，也是深得用糖之奧妙，經過加紅糖、香料複製後的醬油，更加香鮮鹹甜、味道醇厚、色澤棕紅、香美汁濃，與紅油辣子調配，更是相得益彰，巧奪天工，既緩解了辣味的刺激，又使滋味更加豐富，味道醇美可口。像蒜泥白肉，紅油水餃、甜水麵等川味名肴，並不是因其原料出了名，而是其獨到的風味特色，其間複製紅醬油則功不可沒。川菜中還有些菜肴需要抹上糖色，除了上色，亦添加了些許甜味和鮮香味，像五花扣肉、紅燒蹄膀、鹹燒白、夾沙肉、甜皮鴨，再有燒烤類的叉燒、乾燒、烤鴨、烤鵝等。

川菜用酸，即指醋、醋精、酸梅及泡菜、泡椒的乳酸味道。酸味有除腥解膩、提鮮增香、促使原料中的鈣質分解的作用。使用中應把握酸而不澀、酸而不酷的原則。川菜多用中華四大名醋之一的四川保寧醋。保寧醋具有色澤棕紅、光澤無濁、汁液清醇、香味濃純、酸味柔和、不澀不腐的特點，是川菜烹調魚香味、糖醋味、荔枝味、酸辣味及涼拌菜和小吃的調味佳品。

川菜用酸的獨特之處，是用四川獨有的泡辣椒或泡菜的乳酸味來調製酸味菜肴。川菜味型中的糖醋、酸辣、荔枝、魚香、怪味等味型，都帶有不同程度的酸味，但調味料中醋酸味也最為爨味、蓋味，故此，即便是在調製糖醋味時，糖的用料也要明顯多於醋，反之便會「走味」。酸辣味亦是如此，醋過多則酸味偏重，味感澀口。因此調味配醋時要靈活謹慎掌握。像酸菜魚、泡椒墨魚仔、泡椒牛蛙等。

# 龍套薑蔥蒜

在飲食肴饌中，有了薑蔥蒜，香味占大半。這三樣調味輔料各含有奇特的辛味和芳香，可去除異味、殺惡菌，為菜肴提味增香。中國人對薑的認識和食用已有近三千年的歷史，早在戰國前就已食用。商湯時候我國第一位名廚出生的大宰相，被後人譽為「中華廚聖」的伊尹，就曾向商王講述「和之美者，陽樸之薑」。「和」在這裡指調味，據考證，商代「陽樸」是位於今日四川東北部。換句話說，那時華夏不僅產薑，且川薑已經是天下聞名。

生薑通常用來調味，調製成蘸料或作為配料。薑可用黃薑、白薑、老薑、子薑、嫩薑、薑牙、泡薑、醃薑、蜜薑等；亦可為薑塊、薑片、薑絲、薑末、薑粉、薑油、薑汁、薑水。四川德陽、新都都盛產生薑，俗稱「板薑」，川南宜賓、犍為、沐川的薑，更以其堅實飽滿、色白筋細、辛辣芳香而馳名。

薑，既可直接作小菜下飯，像泡子薑、豆瓣拌子薑、糖醋子薑等；亦可作輔料入肴，如子薑牛肉絲、子薑炒鴨脯、子薑爆兔丁、薑汁肘子、薑汁蹄花、薑汁熱窩雞等；還可直接醃、泡、漬、糟、醬或製成蜜餞，如薑糖、薑糖片等。川菜風味中還專有一款「薑汁風味」，且以薑為輔料的菜肴就多達百十餘款。

蔥，分為大蔥、小蔥及香蔥，其他也還有分為四季蔥、胡蔥和韭蔥等。蔥含有豐富的碳水化合物、蛋白質、維生素C、胡蘿蔔素、磷與硫化丙烯，具有獨特的辛辣芳香。四川特產的香蔥又叫小蔥、火蔥，以其蔥葉長而空心、色澤碧綠、蔥白細嫩、香氣濃鬱而著稱。因含有較多的芳香油，烹調加熱後會揮發出濃鬱的香味，故名香蔥。尤以川南自貢、宜賓的小香蔥品質最佳。川菜烹調中多用蔥調味合作菜肴裝飾，廣泛用於冷熱菜、湯菜和小吃的除腥、去膻、增香、提味，或體現肴饌風味。像蔥燒魚唇、蔥汁雞條、蔥燒魚卷、蔥燒牛筋、魚香肉絲等。涼菜大多都要用大蔥或香蔥，像蔥酥鯽魚、麻辣雞塊、紅油兔丁等，特別是四川人吃麵條幾乎都要放蔥，最有名的宜賓燃麵、擔擔麵，素椒雜醬麵等，如是沒有蔥花，那滋味就喪失了一半。

大蒜在日常飲食中的運用既廣泛又靈活，可單用、配用、混用，亦可用以作菜肴點綴裝飾；可整瓣或整顆用，亦或切成片、絲、末，剁為蒜泥，製成蒜汁、蒜水、蒜油等。大蒜在葷料中，尤其是海河鮮，多用來去除其腥味泥味，在禽畜肉類中用以除異味臊味，並以其特殊的辛辣芳香賦予食物獨特的風味。在中華各地烹飪中，人們巧用大蒜的獨有特性創製出很多美味佳肴。

但在川菜烹調中，卻偏愛四川特產的溫江獨蒜，又叫「獨頭蒜」、「獨獨蒜」。此蒜個大體圓、皮薄色白、芳香濃鬱、辣味濃烈、汁豐濃稠，是川菜調製蒜泥味的首選原料，也是用作燒菜類的重要調輔料，燒製成熟的獨蒜，色銀白、形態美、質軟糯、香濃回甜、口感甚佳。像川菜中的大蒜燒鯰魚、獨蒜燒仔鯰、蒜泥白肉、大蒜足魚、大蒜燒肥腸、蒜泥空心菜、蒜香蛤貝等，民間還有泡獨蒜、醃獨蒜、醬獨蒜、鹽獨蒜等。

## 四川泡菜

翻開《辭海》（上海辭書出版社 1989 年版）第一千零三十一頁，其泡菜條目記述：「蔬菜經淡鹽水浸漬而成的製品……不必複製就能食用。質脆，味香而微酸，稍帶辣味。四川泡菜最為著名。」

四川泡菜，一年中因時應季，一應根、莖、葉、藤、瓜、果等物，只要是能吃的皆一泡了之。尋常人家多是把紅海椒、子薑、青菜、蘿蔔、蘿蔔纓、豇豆、茄子、芹菜、大蒜、　頭、洋薑、蒜苔等統統泡進一罈。生活條件較好的則要講究些，單料專泡。像海椒、子薑、青菜、蘿蔔等都各泡其罈，家中有五六個泡菜罈亦是平常。

正月間，肥美豐嫩、翠綠多汁的青菜，大堆買來在屋簷下、院壩頭晾起，青菜曬蔫了，顏色也由綠變黃，皺皺巴巴的，便統統塞進泡菜罈裡。皺蔫的青菜經鹽水一泡，十天半月便又變得鮮嫩、香脆，就可以撈出來切碎，加乾辣椒、花椒熗炒；或把青菜幫撕成小條，用紅油、味精拌和；特別是夏天，悶熱心煩，大多人家都會用泡青菜來燒一大缽酸菜鮮胡豆瓣粉絲湯，那可是金黃清亮、酸香可口、饞死個人哩！酸菜魚就更是要靠泡青菜來提味增香了。到秋冬季節，家家戶戶都愛用泡了一年多兩年的老泡蘿蔔燉鴨。也就是酸蘿蔔老鴨湯。秋後，紅、白蘿蔔，青菜頭上市，又忙著洗、切、涼、曬再泡入罈。

泡泡菜，川鹽、辣椒、花椒、薑是不可少的基本調味料。正是這幾樣才賦予泡菜特有的風味。通常泡菜是把食材洗淨晾乾水分，或經切、剖加工處理的蔬果放入用川鹽、乾紅辣椒、花椒粒、白酒或醪糟汁、香料、冰糖及冷開水配製的溶液中浸泡。講究些的還要添加陳年泡菜鹽水。民間有句老話：「若要泡菜香，離不開陳年湯」。泡菜若要香美多滋，薑椒蒜芹也少不了。薑、蒜苔、辣椒、　頭、大蒜、芹菜都具有殺菌增香的功效，且各具芳香，為泡菜提鮮增香起到很大的作用。

泡得好的泡菜，一看泡菜罈子就知道。那罈壁是錚光發亮無一點污漬水痕，罈沿水新鮮乾淨無任何雜質。罈中的泡菜鹽水清透亮色，有的老鹽水甚至是自上輩傳留下來的。

川人的泡菜分為陳年泡菜和新鮮泡菜。陳年泡菜多用來烹調作調味輔料；新鮮泡菜仍需用老鹽水加新鹽水泡。一般鄉下都還是用罈子泡，城裡人多用玻璃缸泡點蓮花白、大白菜幫、青筍等，頭天泡第二天吃，成都人管這叫「洗澡泡菜」、「跳水泡菜」。新鮮泡菜不像老泡味厚，吃時，有的人愛添加紅油辣子、花椒粉、味精拌和，以求口感更爽更下飯。

川南地區，尤其是宜賓、自貢一帶尤喜泡菜的香脆和獨特的酸味，常在烹飪調味中輔以泡菜，像泡辣椒、泡子薑、泡老薑、泡小米辣椒、泡蘿蔔、泡青菜等，起到「畫龍點睛」的提味增香的妙用。尤其是烹燒河鮮，那泡菜的酸香美味成為川南河鮮風味制勝的秘笈。據說江上漁家之所以烹燒魚鮮無人能比，就全靠那船上的泡菜罈，漁家的泡菜那才叫味兒足，因為置於船頭的那個泡菜罈呀，從早到晚在船上隨江水而晃晃悠悠的，罈子裡的泡菜也隨之上下左右晃蕩，味道就自然而然的浸透到骨子裡。特別是「老梭邊」，也就是老泡菜，那風味味道，別說三江裡的河鮮，就是鱸魚、鯨魚也不得不服那個味。

在傳統川菜中，泡菜、泡椒、泡薑多作為調味輔料運用，獨成風味的菜肴並不多見。常有的像泡菜鮮貝、酸菜魷魚、泡菜魚、酸菜魚、泡菜白鱔、泡青菜燒魔芋，以及近十餘年出現的藿香泡菜鯽魚、泡蒜苔炒雞米、泡　頭爆羊肉、泡芹菜煸牛肉絲、泡菜燒牛蛙等。

## 永川豆豉

豆豉（音同世）是一種用黃豆或黑豆泡透蒸（煮）熟，發酵製成的食品。豆豉，為中華所始創，古稱「幽菽」，古時稱大豆為「菽」，幽菽是大豆煮熟後，經過幽閉發酵而成的意思。在唐代由鑒真和尚傳入日本，稱之為「納豆」。

永川豆豉算得上是是川菜老資格調味輔料，系原四川永川市（今重慶永川區）以優質黃豆為主要原料釀製的一種特色調味食品。永川以盛產豆豉而聞名，素有「豆豉之鄉」的美稱。

永川豆豉生產出現於明朝崇禎十七年（1644年）永川家庭作坊，距今已有300多年歷史。據當地民間傳說，永川豆豉的發明者是一位姓崔的女子。崔氏原是永川一富裕人家的小姐，飽讀詩書，容貌出眾，聰明能幹，賢良淑德。後因父親病逝家道破落，不得已跟丈夫在城東跳石河邊開起了小飯店。西元1644年（明朝崇禎十七年）的一天，崔氏帶著幾個孩子在小飯店裡蒸黃豆，黃豆剛剛起鍋，張獻忠的部隊打此路過，崔氏害怕官兵抓人搶豆，慌亂中將滿滿一筲箕黃豆倒於後院的柴草下，裝扮成醜陋的老太婆帶著孩子們從後門逃了出去。

半個月後崔氏回到茅屋，聞到後院一股奇香撲鼻，搬開柴草垛，發現黃燦燦的豆子變成了黑糊糊生黴發酵的「毛黴豆」。崔氏傷心地哭了起來，本想一氣之下扔掉「毛黴豆」，後來不捨，便撿出「毛黴豆」洗淨加鹽裝在罈子裡，以留著家人佐菜下飯用。

第二年開春的二三月間，崔氏試著將「毛黴豆」端到四方桌上。色澤晶瑩、光滑油黑，清香散粒，化渣回甜的「毛黴豆」，惹得家人爭相食之。一位路過跳石河的外地木材商人品嘗後，豎起大拇指讚不絕口，追問這道鮮美可口唇齒留香的菜叫什麼名字。崔氏不好意思說出「毛黴豆」，想到木材商人說吃了「毛黴豆」唇齒留香，崔氏急中生智便說是「豆齒」。永川豆豉的美名，就此在神州大地上傳開了。

打那以後，大凡到永川的各地客商，都要到跳石河吃崔氏店裡品嘗和買豆豉。崔氏亦將豆豉的製作方法毫無保留地告訴給四鄰鄉親。至1946年（民國三十五年），永川豆豉已發展到二十餘家作坊的製作規模，產品遠銷到上海。一九五0年後，以崔婆婆的後人為首的十三家醬園合作成立了永川醬園廠（複合醬園廠），豆豉至此成為永川的特產和一大產業。

永川豆豉為毛黴型傳統工藝釀製的豆豉，採用選豆、浸泡、蒸煮、製麴、拌合、發酵等程序，釀製出的豆豉質地柔和、光滑油黑、清香散粒、鮮香回甜、醬香濃鬱，故而成為川菜調味食用最為廣泛的調味輔料，像麻婆豆腐、回鍋肉、川北涼粉、米涼粉、涼粉鯽魚等川味經典菜肴，火鍋、麻辣燙、豆花蘸碟那就更離之不得。

## 潼川豆豉

清康熙九年（1670年）左右，有江西邱氏移民四川潼川府（今綿陽三臺縣），在縣城生產水豆豉零賣謀生。邱氏根據三臺的氣候和水質，改進生產加工技術，選用當地出產的，大小如花生仁的黑豆子，採用毛黴製麴生產工藝，釀製時不添加其他香料，全靠豆子本生發酵產生的豐富氨基酸和香味，釀造出色鮮味美、醇香四溢的豆豉，只要密封得好，豆豉可存放五、六年，品質香味不變，因產地潼川故而人稱「潼川豆豉」。

康熙十七年（1676年）潼川知府以此作貢品敬獻皇帝，得到讚賞而名噪京都，列為宮廷御用珍品，潼川豆豉遂名聞華夏。

邱氏「潼川豆豉」傳到第五代邱正順，鄭順號醬園年產豆豉20多萬斤，盈利甚豐，人稱邱百萬。後來邱家還把生意做到了成都，開了家鴻發長醬園。但覬覦者不乏，清道光十一年（西元1831年）潼川城內盧富順、馮樸齋兩家，先後從邱家重金挖出技師在東街開「德裕豐」醬園（今紅星社區），老西街開「長發洪」醬園（現釀造廠家屬樓），在與邱家競爭中，促使潼川豆豉的工藝水準得到了很大的提高。《三臺縣志》記載：「城中以大資本開設醬園者數10家，每年造豆豉極為殷盛，挑販絡繹不絕」。早有「潼川豆豉保寧醋，榮隆二昌出夏布……」，「出門三五里，忽聞異香飄。借問是何物？豆豉一大包」等民間歌謠傳唱。到民國三十九年（1945年）潼川城中生產潼川豆豉者已達四十五家。無奈民國年間軍閥混戰，局勢動盪，三臺縣的醬園亦死多生少，到１９３９年，縣城裡只剩十餘家了。過不久，因抗戰正盛，對豆豉的需求也猛增，到１９４５年，三臺生產豆豉的醬園又恢復到三十六家。至１９５６年，三臺縣城內二十六家醬園經公司合營，成立了三臺城關釀造總廠。

現今，三臺縣潼川豆豉的傳承人，是一位秀美纖巧的女士楊靜。若是在幾十年前，豆豉一類釀造作坊是容不下一位弱女子的，即便是女漢子也難以承受其繁重的體力活。現今在楊靜的廠子裡，雖說已經是標準化、流水線生產，但楊靜做得最好的還是傳統潼川豆豉。這種豆豉裝罈後要發酵達三年方才出售，當然其售價每斤要一百多元。在老廠房裡，曬席上鋪著滿滿的豆子發酵長出一片雪白毛絨，就像結了一地的霜，甚而還能看到毛絨上細微晶瑩的露珠。而出罈的潼川豆豉，不加任何香料、佐料，色澤黑褐、油潤光亮、顆粒飽滿、鹹鮮香甜、滋潤化渣。瞭解這一獨特川菜調味輔料的生產，你會感覺到，這裡面不僅僅釀造了一種特殊的美味，也釀出了歷史的酸甜苦辣故事來。

「潼川豆豉」因其自然發酵，後期不添加任何防腐劑而著稱，是現在少見的純天然食品。明朝的藥物學家李時珍著《本草綱目》中記載：常吃豆豉有助消化，減緩老化，增強腦力，提高肝臟解毒功能，防治高血壓等妙處。而作為調味輔料，潼川豆豉的風味是不可替代的，四川民間常把豆豉盛在碗裡，表面鋪上一層肉末或放一坨化豬油，再撒上蔥花、薑米、辣椒末，是哪個蒸籠蒸透，這便是想起都會饞死人的下飯佐餐小菜。七八月間，用新鮮青辣椒切成短節炒潼川豆豉，清鮮香辣，是夏天開胃佐餐的絕品小菜。潼川豆豉是川菜不可或缺的調味輔料，最能體現川菜風味，像豆豉魚、麻辣兔丁、鹽煎肉、鹹燒白、火鍋等，倘若沒有潼川豆豉，那就風味銳減。

# 資中冬尖

四川早有四大醃菜之說：冬菜、榨菜、芽菜、大頭菜。「冬尖」即為冬菜之極品。資中冬尖用當地特有的枇杷葉青菜（冬菜）的嫩尖經醃製、窖儲、發酵而成，不添加任何香料，經過數年窖藏，其色澤黃褐油亮、鮮香濃鬱、質地脆爽、香美回甜，曾一度成為清廷貢品，甚為慈禧所喜食。

據史料所記載，清康熙年間，資中人陳永禮對冬菜頗有了解，特別是對冬菜不加任何香料自然生香，在外地久負盛名極感興趣。通過多方造訪，他便請一位李姓技師在冬尖傳統加工製作的基礎上進行批量加工，並對原料菜有了特別的要求，須取枇杷葉、齊頭黃青菜的嫩尖為原料進行加工製作，使其菜質更加嫩脆，在一些關鍵加工環節上也進行了改進，為大批量生產細嫩冬尖提供了技術保證。同時出資在資州府沱江南岸（現水南鎮石膏小學）購地二十餘畝，買回一些土陶罈罐，建了工棚和曬壩，請幫工二十多名，開始了資中細嫩冬菜尖的大量生產，外加生產豆瓣醬和醬油、食醋，並結合自己的名字取名「資州興盛永醬園」，意在醬園和細嫩冬菜尖永遠興旺昌盛。開始將冬尖對外銷售，取名為「資州細嫩冬菜尖」，簡稱「資中冬尖」，其關鍵技術歷代一直秘不外傳。

光緒二十七年（1901年），駱成驤中狀元之後，托人在家鄉帶了兩擔冬尖上京，分贈同僚，大學士孫家鼎食後讚不絕口，題詩贊道：「枇杷青菜取其尖，巧製精醃有秘傳。調味佐餐冠廚膳，資州冬尖不虛傳」。於是更加美名高漲，連李蓮英都來索討，說是「老佛爺聞到香味了」。

資中冬尖原料選用十分講究，必須採用枇杷葉青菜的嫩尖為原料。這種青菜在處暑前後栽種，小雪至立春時採收，收穫時的葉子只能在１６公分以下。然後露天晾曬風乾，再用自貢井鹽醃製，之後窖藏，使其自然發酵，達到鮮香嫩脆爽的特點。所以四川人常說：只要一碗資中冬尖，整個屋子裡就會芳香繚繞。資中冬尖確實很香，如果你旅行袋裡放了兩包乘火車，在秦嶺以南還不明顯，可是一旦出了秦嶺，馬上就會芬芳四溢，滿車廂都是香的，有的人從外車廂走來無不發出驚奇的疑問：「啥東西這麼香喲！」

而南充冬菜雖與資中冬尖同屬一類，但在用料和製作發酵及其所產生的風味上都有很大不同。南充冬菜起始於道光年間，南充縣人張德興在縣城經營德興號醬園，製作冬菜，頗有名氣。南充冬菜大多選用箭杆菜，這種菜葉直立，呈箭杆型，經採摘、剖心、掛曬、夜露、日曬、雨淋、風吹、霜打，菜葉經受不住這等折磨而逐漸萎縮，從菜心裡生長出寸許嫩芽，然後將其剪下，按比例加鹽脫去苦水，添加了一些山椒和香辛料，裝入土陶罐內儲藏三年自然發酵而成。其成品冬菜，質地脆嫩、色澤黑褐、油潤光亮、鹹鮮清香、醬味濃厚。

冬菜、冬尖用途頗廣，用刀剁碎，可作餃子、包子、餛飩的餡兒；可作蒸肉、鹹燒白的底菜，可以調湯；還可以合著豬肉宰成碎米，加點料酒，炒成乾臊子，用以下飯、吃麵條，可口無比。川菜中多用冬菜、冬尖提味增鮮，體現風味特色，像鹹燒白、冬菜雞圓湯、冬菜鴨肝湯、冬菜豆芽湯、冬菜扣肉、冬尖包子等。

## 宜賓芽菜

清光緒年間，敘州（宜賓舊稱）近郊的農戶將青芥菜去葉剖絲，晾曬適度，拌入食鹽、紅糖，再加入香料配製裝罈醃儲而成。這便是早期的宜賓芽菜。芽菜是用芥菜的嫩莖劃成絲醃製而成，分鹹、甜兩種。鹹芽菜產於四川的南溪、瀘州、永川，創始於１８４１年；甜芽菜產於四川的宜賓，古稱「敘府芽菜」，創始於１９２１年。

宜賓芽菜在長期的發展過程中，在產地自然環境和人文因素的共同影響下，逐漸形成了自己獨特的風味：香、甜、脆、嫩、鮮，並得以代代相傳成為四川家喻戶曉的傳統醬醃菜。首先，宜賓芽菜的加工原料芥菜屬於小葉芥類，成熟後的根條柔嫩而富有彈力，為宜賓芽菜最佳的原料。其次，宜賓市氣候屬於中亞熱帶濕潤季風氣候，常年溫和濕潤。空氣和土壤環境中有豐富而適宜醃製發酵的微生物。這些大量的有益微生物在芽菜的醃製發酵過程中產生了宜賓芽菜獨特的風味。這讓我們想起宜賓市另外一個享負盛名的特產——五糧液，兩者之間有著異曲同工之妙。

宜賓芽菜要求色褐黃，潤澤發亮，根條均勻，氣味甜香，鹹淡適口，質嫩脆。無菜葉、老梗、怪味、黴變。鹹芽菜色青黃潤澤，根條均勻，質地嫩脆，鮮美味香，鹹淡適口。常用以作油酥鴨、燒白（扣肉）、燃麵、葉兒粑、包子等食品佐料，亦可作成其他葷素菜肴，且為熬湯所不可缺少的配料。其中經過精加工出品的「碎米芽菜」，以其品質上乘、方便實用而廣受市場青睞。

宜賓芽菜在川菜中食用廣泛，葷素皆宜，冷熱皆可，主要用用於提味增鮮，如乾煸、乾燒類菜式，也是蒸、炒、湯菜和麵食的好佐料。宜賓芽菜能與各類糧食、肉類、禽蛋、蔬菜製成多種精美的傳統麵點、菜肴，香鮮可口、回味綿長，在川菜中獨領風騷。近年來，隨著食品工業的發展，更將其引入速食麵、方便飯、罐頭、速凍食品以及滇、魯、京、粵菜種而逐漸形成芽菜系列，品種逾百，繁花似錦，像鹹燒白、乾燒魚、乾煸四季豆、芽菜碎米雞、芽菜炒蛋飯、擔擔麵、芽菜包、葉兒粑等。在川南風味菜肴中，芽菜系列就更豐富，甚而還有「芽菜全席」。

## 涪陵榨菜

涪陵地處川東地區（現歸屬重慶市），位於

長江支流的烏江河畔。在涪陵滿山遍野到處可見到一種奇特的綠色或紫紅色葉的蔬菜植物，因為它莖部有膨大凸起的乳狀疙瘩，顯得奇形怪狀。有的像圓球，有的像羊角，有的更像是小胖娃娃的臉，平滑光亮很是可愛。當地人稱之為「包包菜」、「疙瘩菜」、「娃娃菜」或「青菜頭」，並以其非凡的智慧，用它做成了世界「四大醃菜」之一的中國涪陵榨菜。

榨菜創始於１８９８年。主產於涪陵、萬州、忠縣、豐都、江北、巴縣、長壽等地。據涪陵當地史料記載，榨菜起源於涪陵城西邱壽安家。邱壽安，清光緒年間涪州城西洗墨溪下邱家院人，早年在湖北宜昌開設「榮生昌」醬園，兼營多種醃菜業務，家中雇有資中人鄧炳成負責乾醃菜的採辦整理和運輸。光緒二十四年（1898年），下邱家院一帶的青菜頭豐收，由於鄧炳成懂得自己家鄉「大頭菜」的加工技術，便與邱家婦女們商量，試著仿大頭菜全形醃製法，將青菜頭製成醃菜，依此法做出醃菜，鹹淡怡口、鮮美芳香、脆爽可口。「有客至，主婦置於席間，賓主皆讚美」。「翌年繼而製之，數達八十罈……」於是，鄧炳成成為涪陵榨菜的始創人。

當年，青菜頭醃菜製好後鄧炳成順便捎帶兩罈到宜昌供邱壽安嘗新。邱又用它待客，親友及同行一致為此菜的奇特，鮮香味美、脆爽可口所欽服，為其他醃菜所遠不及。邱頓生謀利之念，試著投放市場，銷售日漸興盛。邱壽安立馬趕回涪陵老家，精心策劃，擴建作坊，組織人工大量加工製作，並拜請鄧炳成為掌脈師，研究改進加工工藝，採用晾曬風乾脫水，以自貢井鹽、白酒、香料初醃後，用壓豆腐的木箱壓榨除去鹽水，並將此方法製成的醃菜製品取名為「榨菜」。

次年，邱壽安裝運八十罈到宜昌試銷，冠以「涪陵榨菜」這一新鮮奇特之名廣告於市，每罈榨菜重二十五公斤，售價大洋三十二元。未及半月即銷售一空，「榨菜」之名由此廣為傳播。邱家榨菜試銷成功贏利頗豐，隨即又令家中擴大生產，增加產量，每年榨菜遂達八百罈之多。為了長期獲利，並令其家人秘守加工方法，不許傳給外人。如配製香料便要到幾家藥店購買原料私秘配製，以防配方洩漏，就連菜頭晾曬風乾脫水，也都在自家院內栽樁扯索，製作加工時更是門戶緊閉，謝絕親朋參觀，如此達十六年之久。

邱壽安之弟邱漢章在上海開設行莊，1912年返家後見榨菜品種奇特、口味甚佳、有利可圖，便裝運八十罈榨菜到上海試銷，當時上海市民不知榨菜這種奇形怪狀的東西是什麼味道如何，並無人購買。邱漢章不愧是十里洋場磨練出來的精明商人，他大力宣傳，到處張貼廣告，還登報行銷；同時又根據上海人及外灘的洋人吃東西喜好驚喜的特點，很聰明地將大罈塊狀榨菜切成粗絲、大片，分裝成小包，附上食用說明，開包即可品嘗。然後派人在戲院、公共浴室、碼頭等公共場所銷售。有好奇者試嘗其味，香美、脆爽可口。於是口口相傳，未經一月便銷售一空。當時上海居民凡炒菜、燒菜、燉湯，大多都要添入少許榨菜，味極鮮美。有的竟以榨菜作為茶會小點款待上賓之用，或作為贈送友人的禮品。

1913年邱漢章又運了六百罈榨菜到上海銷售，依然很快銷售一空。到1914年，邱漢章在上海專門開設「道生恒」榨菜莊，以經營榨菜為主，兼營其他南貨，這便是中國第一家榨菜專賣店。1915年，「涪陵榨菜」榮獲巴拿馬萬國博覽會金獎，至此而聲名遠揚，成為享譽世界的中國名特產。1970年，在法國舉行的世界醬香菜評比會上，中國涪陵榨菜與德國甜酸甘藍、歐洲酸黃瓜並稱世界三大名醃菜。

現今的涪陵榨菜既是休閒旅遊小食品、又是開胃提神的佐餐小菜。川菜川味中多有採用，以提香增鮮。著名的青城白果燉雞，即用涪陵榨菜提味增香，不再另加鹽，民間尤為是鄉鎮人家也多用榨菜燉雞鴨、炒菜和燒菜。榨菜也多用於風味小吃，麵條臊子、包子餡心等，像雞絲豆腐腦、五香油茶等，川菜中的代表名菜即是榨菜肉絲。頗值一提的是榨菜韭黃湯，在燈紅酒綠，酒醉人酣的席宴上，喝一小碗榨菜韭黃湯，會頓覺人醒酒消、精氣神爽。

## 四川醪糟

醪糟，即用糯米蒸製、發酵的米酒，又叫「江米酒」。事實上，就是一種度數很低，未去糟滓的濁酒。因此，巴蜀百姓把日常煮飯用的大米稱為「飯米」，將糯米叫為「酒米」。「醪糟」儘管在《辭海》和《辭源》之類大部頭工具書中未留芳名，但它卻是千百年來巴蜀民間世代沿襲，極受寵愛之美食。

用糯米蒸製醪糟，在巴蜀人家，尤其是鄉村大媽大嫂們的拿手好戲。過去，醪糟是每個家庭的必備之物，大多城鄉人家都要做醪糟，尤其是春節前是必須要做的。大年初一，家家都要吃醪糟湯圓，平日裡還可吃點醪糟粉子打間或宵夜。有新生嬰兒要出世了，醪糟更是初為人母必不可少的。在城裡，即使家裡沒人做得來，也要請好手幫忙做，因為，女人生了小孩坐月子，醪糟紅糖蛋就是每日的早餐和間食。其間，還要用醪糟、花生或黃豆燉豬蹄給月母子吃，既補養身子，又確保乳汁豐富。老人們常說，醪糟、紅糖是補氣血的，雞蛋是補身子的，還能豐乳通奶，醪糟紅糖蛋既溫和又不燥火。於是，「坐月子吃醪糟蛋」，就成了巴蜀民間的生育食俗流傳至今。

醪糟粉子，是以醪糟而得名的一種風味小吃，兩者同出一宗，都是用糯米製成，粉子即包湯圓的糯米粉，捏成指頭大小塊，或是搓成圓形與醪糟同煮。粉子裡包有餡心的叫湯圓，無餡心的才叫粉子。由於醪糟具有濃鬱的酒香味，可活血舒筋、溫胃健脾、祛濕化痰、補血養顏，是老弱病體的佳好滋補飲食，尤宜老人、小孩和婦女產後滋養，也因此醪糟粉子數百年來，一直是巴蜀百姓最為喜愛的間食和民間小吃。

醪糟粉子，夏季大多涼吃，像冰醪糟，即是用冰粉、西瓜、醪糟組合，晶瑩剔透，紅白分明，酸酸甜甜，冰涼透心，略帶一點酒香，讓人的身心裡備感清涼。還有一種叫做「醉八仙」，也是用冰鎮醪糟粉子加多種水果製成，是夏季席桌上的最後一到甜品，既可清口，亦可解酒消醉。秋冬方是醪糟粉子當吃時節，通常有粉子醪糟、醪糟糍粑、醪糟湯圓、饊子醪糟、油條醪糟、鍋魁醪糟、醪糟雞蛋。

過去，雖然市面上有不少賣擔擔醪糟湯圓、醪糟雞蛋和粉子醪糟、醪糟糍粑的，但大多不單賣醪糟。醪糟專賣店就更是少見。只有成都一家叫「金玉軒」的醪糟最為有名氣，四川大足和大邑縣的醪糟也久負盛名。

醪糟除了是一種獨特的風味小吃外，在川菜烹調中也起著獨特的調味增香、體現風味的作用。像川菜中的紅燒肉、東坡肘子、粉蒸肉、醃製臘肉香腸都需要加醪糟。川菜中的香糟味型更是重用醪糟汁，以突出醪糟的醇香味，如：香糟雞條、香糟肉、香糟火腿、糟醉冬筍、糟醉白果等。

# 第六篇　烹調篇

所謂「烹調」，即是「烹」與「調」。「烹」，指對食物經過處理、加熱以使其至熟，達到適口和易於人體消化吸收；「調」，則指在加工食物的過程中賦予食物某種風味，通過調和「鹹甜酸辛苦」或「辣麻鹹甜酸」五個基礎味產生出百菜百味來，達到適口者珍、朵頤大快的飲食享受與樂趣。烹調與烹飪的區別在於：烹調是單指製作菜肴，烹飪則是包含菜肴和主食的整套飯菜製作。

烹調，講究菜肴屬性的和諧性。通常所說的菜肴屬性，即指菜肴原料的形狀、生熟的物理變化，加熱、調味的化學變化，達到「色香味形質器養」的美食境界。

「色」，包括主料與輔料、調味料的色澤配合、食料與滋汁的色澤搭配、以及菜肴裝盤色澤點綴的協調。

「香」包括能聞到的肉香、魚香、菜香、果香、調料的香味等。

「味」是菜肴特有的能聞到嘗到的鹹甜辣麻酸苦鮮香等味道。

「形」包括菜肴中的主料、輔料成熟的形狀，以及菜肴盛裝在容器中的狀態。

「質」包括菜肴利於咀嚼、消化的熟、嫩、脆、酥、軟、爛等的火候烹飪程度及營養成分。

而「器」即指盛裝菜肴的器皿的形狀和大小與菜肴的特點相適稱，器皿的質地、形狀和色彩與菜肴相匹配，整桌菜肴與多種器皿之間的形狀、大小、質地、色彩配置相互對應，即謂美食美器。

「養」，即是菜肴的營養品質、美口益身、飲食安全、滋身養體的作用。中華烹飪自古既講究生理味覺，即味感、口感、咀嚼的舒適，也注重心理味覺，即食趣、吃情、記憶的美感，從而使人們在烹調師調製的飲食之中得到物質與精神，生理和心理交融的滿足，這便是中國烹飪藝術精髓之所在。

瞭解了烹調的屬性，對於菜肴五味調和的美食觀及生理味覺和心理味覺的愉悅感就可以有具體的感悟。對大眾來說，烹，是一種快樂；調，是一種情趣；品，是一種愉悅；食，則是一種享受，更是一種深層的文化延伸和情感記憶。

## 烹愛調情 味美情濃

# 第六篇 烹調篇

烹飪是一種技藝，也是一種藝術。可能你或許沒有想到，在居家生活中，這一技藝所烹調出的美食美味，會滋潤著愛情、婚姻和親情昇華到藝術的境界。談戀愛時，「我愛你」三個字從嘴裡冒出來，那是一種特殊情感的表達；結了婚，「我愛你」就成了把做得香噴噴的飯菜，細品慢嘗大快朵頤，美味濃情牽腸掛肚。有人說，廚房是人一生的一個戰場，其中刀光鏟影交錯，辣麻酸甜繚繞，耗掉人很多寶貴的經歷和時光。可是，廚房也是釀造快樂，烹愛調情的樂園，從廚房中醞釀出的酸甜苦辣滋味，會在歲月中慢慢沉澱為生活最為樸實醇真的樂趣，人生最懷念的追憶。

在不同的廚房裡，有的是老公主廚，有的是老婆掌勺，也有的把家裡的廚房當成儲存間，一日三餐多在外隨便解決。有的甚而不時為該誰下廚爭得面紅耳赤、賭氣慪氣。如今，少有年輕主婦喜歡鑽進廚房圍著鍋檯轉了，她們是怕油燻煙烤敗了容顏，有的是不願把時間、精力花在燒菜做飯上。殊不知，燒菜做飯亦是一門七情六欲活色生香的藝術。在自己的家裡，每日不斷變換菜的花樣與味道，可以把庸常單調的小日子變得有滋有味，充滿情趣。再說，下廚也是一種心情釋放與精神寄託。下班回家，換上休閒衣服，系上圍裙，淘米蒸飯、擇菜洗菜、切菜配菜，一切準備妥當，哼著小曲，揮舞鏟勺，或煎炒燒悶，或急火成熟、慢火入味，很快就像變戲法一般，一道道色香味形俱佳的美味佳肴就展現在愛人和孩子眼前。愛的歡呼，情的開懷，蕩漾在幾十百把平方公尺的空間，滿足了胃口之欲，烹調出了家庭的和諧與快樂。故有人說，牽著孩子的女人最美麗，提著菜籃子的女人最幸福，此話倒也有理。

自古「君子遠庖廚」似乎給了大老爺們一個不下廚的理由。然而有一天，當聚會拜拜了、飯局也少了，焦頭爛額地在廚房裡，從漫無邊際的東拚西湊，臨灶窮翻菜譜，到以心意調配佐餐，一家大小吃得讚不絕口，狗歡貓叫……。於是，買菜、下廚、烹調、香風、美味，菜品隨人意，滋味隨心情，家庭恩愛與親情在其間演繹得五彩繽紛、浪漫多滋。方才明白，做得一手好飯菜的男人，才是女人心中的男神。

有道是文火煨親情，武火烹激情，既烹調了自己，又關愛了家人。若是再掌握了烹調中的些許秘笈，美味與親情就會得到意想不到的昇華。

飲食男女大都喜歡在吃喝中融入自己的願望與情感。而飲食與男女又是一個常品常新，滋味雋永的話題，不乏陰陽兩性的相映成趣，也不乏美食美味、美人美女的連袂交響，更不乏口酥心醉的綿綿回味。常言道：女人善廚，則俘獲了男人的心，讓他思家、戀家；男人善烹，則留住了女人的情，使她樂於享受愛家的溫馨。又道是：女人是蔥花，放在適當的菜肴裡，就有宜人的風味；蔥花雖香，卻不會搶味，只會添香；女人是湯，可調味，亦也調情；女人是鹽，無鹽不成味。而對川人來說，女人則是麻辣，辣姐麻妹，熱辣酥麻，陰陽並濟，耐品耐嘗，韻味無盡，盡可讓人骨酥皮軟，身心纏綿，那才是安逸舒服得很哩。所以四川的女人男人都喜愛烹調，因為他們都懂得起，愛情與婚姻之「核心」與「卯竅」，便就是「烹愛」和「調情」。

過去成都金錢板有一段子，叫麻辣滋味看四川：酸的酸，甜的甜，苦的鹹的不可言；要說其中千千萬，麻辣鮮香惹人饞！姑娘小夥肩並肩，蘿蔔青菜端上盤；綠的蔥杆紅的臉，白的蓮藕手裡穿；老頭大媽細細看，不是蛤蟆對上眼？東坡肘子嚼得勁，麻婆豆腐惹人饞，夫妻肺片大千雞，幾顆白菜泡開水，鹹辣酸甜泡菜罈，平凡味道不平凡；萬種滋味，百轉柔情、永駐在那天——地——間！

眾所周知，中華烹飪之精妙，川菜烹調之神奇，巴蜀人民獨創的烹調絕活，更是巧烹妙調出令世界趨之若鶩，神魂顛倒的美味佳肴來。這些獨特精妙之術，鮮為人知，少有人解，即便有也都是一知半解，亦或是道聽途說。多年來，市面上有關川菜烹調的書籍十分的浮濫，巧立名目、胡抄亂編，誤導世人。然而，要做出正宗的川菜，展現出道地之川味，能瞭解，甚或是把握好川菜烹調中的精妙技藝，只需一日三餐中不斷琢磨，那你一定會成為專業中的精英，業餘裡的金牌大師了。

## 五味調和 百味鮮香

美味是怎樣產生的呢？說來也很簡單，靠的就是調配。然而，面對「麻辣鹹甜酸」這五個基本味，要調出七滋八味，甚而是百菜百味，那就是相當的不簡單了。像成都人吃一碗麵條，講究點兒的要放十餘種調輔料，外地人是怎麼都搞不懂，不就是一碗麵條嗎，放點蔥、醬、醋不就得了。那成都人就會說：「你那啥子麵條哦，那是給住醫院的病人吃的哈，成都人吃麵條，就是吃調料、吃味道噻」。

不錯，吃味道就是美味享樂。以中國臺灣作家葉怡蘭的名言，則是：「真正的『享樂』不是短暫的炫惑聲色之娛，也不是一味金錢或地位的堆砌，而是需要認真的研究、深度的積累，得花些時間功夫，方能從心靈到視覺、聽覺、嗅覺、味覺、觸覺，每一種感官都真切、長久地感到的、喜悅與歡愉。」

那麼，所謂美味，也就是和腸娛胃、愉悅身心的食物味道。而食物的美滋美味又是一種工藝創造，甚而是一種情感佳作，是經廚師、家庭煮婦或男士巧烹妙調而出的。優秀者可達到「一般菜肴水準高，拿手好菜有幾招」的境地。而調製美味的精髓之點，乃如近人清末美食大家袁枚《隨園食單》所說：「使其味入於內，使其味溢於外」。也就是說：「有味使之出，無味使之入」。

烹調中把單一的五味經調配變化為複合味，也就是多滋多味，這就要運用烹飪原理和技藝，對主輔料、調味料的屬性與味性有精准地把握，烹調時火候的掌握、調料的配置，下料的順序等，方能調製出變化精微，味美可口的多種味道來。當然其間還有烹調者的經驗與感悟，俗話所說「心靈則手巧」。

川菜之烹調特點，就重在調味變化多樣，手法巧妙，構思怪異；既講究章法，又靈活多變，不拘一格。譬如麻辣味，要體現不同層次，不同風味口感的麻辣各味與口感，就要分別選用不同的辣椒、花椒及使用不同的形式。雖同樣是辣麻，但與其他調味料巧妙組合，就會產生不同的風味與口感來。同是麻辣風味經典的「麻婆豆腐」與「水煮肉片」，其風味與口感便是各有其特色。雖一樣的麻辣厚重，卻是「多滋」在不同的吃口感受上。因為其間在辣椒、花椒的運用上，烹調手法上便是各有其妙。譬如二者在辣麻的使用上，就有辣椒粉、郫縣豆瓣、刀口辣椒、花椒粉、刀口花椒等之區別。但在總體上，依然是濃淡相宜、辣而不燥、麻而不澀、突出主味、重在鮮香。

比如川菜中的荔枝味、糖醋味，都以鹽糖醋為基本調味料，但卻是風味口感各異。糖醋味菜肴，甜酸味濃、回味鹹鮮；而荔枝味則入口酸甜似荔枝，鹹鮮其中；同樣是荔枝味的「宮保雞丁」，卻又在微酸略甜的基礎上，增加了煳辣熗麻香味，吃來又是風味別樣，因此被稱為「小荔枝味」。但三者都是以鹹甜酸為基礎味，所用調料都有鹽糖醋和薑蔥蒜，宮保雞丁則添加了熗乾辣椒與花椒。其間的變化卯竅在於糖、醋的用量差別。像糖醋味，糖的用量偏大；荔枝味，則醋的用量側重，鹽起到協調中和二者的定味作用。

更值得一提的是怪味和魚香味，也是以鹽糖醋為地位，融辣麻鹹甜酸鮮香為一體，所用十餘種調味料，相互滲透、彼此共存，在品食中讓人感受到諸味齊揚、互不抵觸，雖繁複多樣，卻是風味和諧、味中有味，十分美口。故此，這才有了川菜「以味見長」、「味多、味廣」之說。尤其是川菜之複合味，更被食客們譽為中菜裡完美的「多部和聲交響樂」。

再說起始於一九八0年中期，盛於一九九0年代的成都串串香和麻辣燙，沒有誰料到會在一九九0年代末風靡華夏。「悠悠情味串串香；濃濃吃情麻辣燙……」一串串被竹簽串起的葷素，在火鍋裡一燙，幾分鐘後便是一陣鮮香撲鼻，美味纏舌……。「手提麻辣燙，滿街到處逛；鮮香誘人慌，美味讓人狂」，這便是美味之魅力。但是，無論有多少美味出現，其核心魅力還是：「鮮」和「香」。不管是「麻辣」、「椒麻」、「魚香」、「怪味」；還是回鍋、麻婆、水煮、宮保系列，有了「鮮」與「香」，就有了開篇所說的：美味與美質。

「鮮」很早就是古人烹調制味的核心，《老子》裡的「治大國若烹小鮮」之「鮮」，就是對魚鮮味的重視。美味中的「鮮」，並不是大瓢添加味精、雞晶，行家裡手主要通過對主輔料屬性的把握、火候的掌控、湯料的運用、調料的巧配妙搭來提鮮增香，換句話說則是烹調出自然和諧的鮮香。

美味中的「香」，則是嗅覺的感受與身體愉悅的反應，最能引發人的食欲吃情。在川菜二十七個複合味型中，單是帶有「香」字的，就有魚香、香辣、醬香、五香、甜香、糟香、煙香、蒜香、果香味型等。故而，無論使用麻辣鹹甜酸那種調料，都要體現鮮和香的口感，這是美味的主流。調製美味只要抓住「鮮」和「香」就能得心應手，而不是像現今一些江湖菜，只講大辣大麻，刺激口感，那倒真正在吃調料、尋刺激了，不是品美滋享美味。

## 川菜五味　活色生香

川菜，以「麻辣鹹甜酸」為主要的味，加之薑蔥蒜等調輔料，巧妙組合、精心配搭，調製出各種膾炙人口的美滋美味來。但反觀現今川菜餐館酒樓，廚房裡各種調味料和調輔料加上各種色素、香精、增鮮品等添加劑不下二三百種，其中三分之二都是粵菜海鮮類所用，以李錦記調味品居多。這正應了民間一句俗話：又費馬達又費電，脫了褲兒打屁，多此一舉。如此，所出品的川菜，無論美其名曰「新派、創新、融合」，自然也是不倫不類，使傳統正宗之川菜風味特色亦如川劇之「變臉」，雖花裡胡哨卻是面目全非了。

首先，川菜用鹽就十分講究，且自有獨特之處，烹調時除了直接使用川鹽作為菜肴的基礎味，還多以鹽醃、泡、釀或複製的鹹味調輔料，其鹽味都會變得豐富而醇和。同時，在烹調中亦用鹽之鹹味、香味來化合、協調麻辣酸甜苦諸味，從而生出「七滋八味」來。像調製家常、麻辣、魚香、怪味、煳辣、酸甜等，鹽所起到的作用是十分明顯的。

認識到了川鹽的獨特作用，再充分瞭解「辣麻鹹甜酸」五種味的「屬性」和靈活的運用後，加上善用巧用「辣椒五虎將，花椒三劍客，龍套薑蔥蒜，掌門鹽糖醋，麻辣無間道」等口訣，就能掌握川菜麻辣多滋的百變規律。換言之，即是辣椒中最為常用的二荊條、朝天椒、泡辣椒、小米辣、野山椒；花椒中的紅袍椒、青花椒、藤椒；加以薑蔥蒜客串，鹽糖醋定味，提鮮增香，再通過善用巧配、精烹妙調，麻辣無間道之風味魅力方可層層展現、味味入扣、款款誘人、道道饞口。

麻味的運用：麻味來自四川花椒，主要是漢源清溪紅椒的麻香味，有奇香、麻醉而舒服的口感。其他還可用茂汶花椒，金陽、江津的青花椒，洪雅、峨眉的藤椒油。運用花椒調味，除深諳各種不同花椒的特性外，著重點仍然是一個「香」字，需把握麻而不烈、麻而不苦、麻而不澀，幽香酥麻的原則，巧用妙調。川菜中運用花椒的技巧不難，重要的是選用好花椒，好花椒要符合幾個基本要求，分別為顆粒乾爽、顏色純濃、香氣豐富、黑子和雜質少。

花椒在實際運用中需依據菜肴原料、烹調方式，分為椒粒、椒碎、椒粉和花椒油，形態不同，烹調時釋放出的香麻味道也不一樣。以花椒粒入菜，首先是取其香，麻在其次，如熗炒類菜肴；而刀口狀的花椒是炕香後用刀剁碎，香麻味盡取，因此可以讓菜肴的香麻味極為濃鬱，如水煮類、椒麻味型類菜肴。

粉狀的花椒多半是成菜後撒在面上，直接取其香麻味，像麻婆豆腐。花椒粉更多的適用於涼拌菜和麵條、涼粉、酸辣粉等調味，再有便是調製成蘸碟沾食；通常還用鮮花椒煉製的花椒油，主要取其麻香味為菜肴增味添香，也有緩解菜肴的油膩感的效果。冷、熱菜，麵條都可用花椒油調味，主要還是取其香味，麻味相對較柔和。

青花椒是取青花椒的青香幽麻味和翠綠色澤，具有為菜品提色的效果，多用於涼菜或在起鍋前下入熱菜。而藤椒油的麻味較柔和，通常用在涼菜，直接拌合，熱菜的部分則是起鍋前加入。川菜中以花椒為主的味型有：椒鹽味型、椒麻味型，其他常用味型中的家常、麻辣、五香、煙香、陳皮、怪味、煳辣等都有不同程度的麻香味。

辣味的運用：包括胡椒、薑、蔥、蒜、咖喱、芥末等帶辛辣刺激性的味感。川菜烹調以辣椒為主要的辣味調料。多用二荊條、朝天椒、泡辣椒，近年亦常用小米辣、野山椒等。運用辣椒調味，尤為講究「香」，需掌握辣而不燥、辛而不烈、香辣宜口的原則，謹慎而巧妙地使用。川菜常用味型中的麻辣、香辣、煳辣、酸辣、甜辣，以及紅油、家常、魚香、怪味、薑汁、蒜泥、陳皮、芥末各味，都帶有不同程度的辣味。使用中也要根據菜品和風味的需要，選用乾辣椒或鮮辣椒、泡辣椒、剁椒、刀口辣椒、辣椒節、豆瓣醬、熟油辣子、辣椒紅油、辣椒粉等。

在實際烹調中，依據原料屬性和菜式特點，還分為：鮮椒、青椒、紅椒、泡椒、乾辣椒、辣椒粉、紅油辣子、辣豆瓣、香辣醬、糍粑辣椒、鮓海椒、辣椒油、辣椒醬等，還有近三十年加入川菜行列的小米辣、野山椒、黃椒、杭椒等。「辣味」有以紅油辣椒或乾辣椒為主的「香辣」，像「紅油耳片」、「紅油兔丁」、「香辣蟹」等；以辣椒花椒為特色的「麻辣」，代表菜品有「麻婆豆腐」、「夫妻肺片」、「水煮牛肉」、「麻辣牛肉乾」等；以豆瓣或香辣醬為調味料的「醬辣」，如「回鍋肉」、「鹽煎肉」、「豆瓣肘子」、「豆瓣魚」等；以泡紅辣椒為調味料的「泡辣或酸辣」，如「魚香肉絲」、「泡椒墨魚仔」、「泡椒牛蛙」，及近十年風行的泡野山椒風味菜肴；以油炸乾辣椒為特色的「煳辣、熗辣」，像「煳辣雞條」、「宮保雞丁」、「熗鍋魚」等；以小米椒、鮮青椒為輔料的「鮮辣」，如「小煎兔」、「青椒拌皮蛋」、「剁椒魚頭」、「燒椒拌白肉」等；以辣豆腐乳、醪糟為調輔料的「糟辣」，如「家常燒羊肉」、「粉蒸肉」、「腐乳燒蹄花」等；以辣椒粉或糍粑辣椒調拌的「乾辣」，像「乾拌肺片」、「乾拌牛肉」、「乾拌毛肚」等；還有輔以糖的「甜辣」，如「家常紅燒肉」、「乾燒鯽魚」、「大千乾燒魚」、以及小吃「甜水麵」、「鐘水餃」等。

鹹味的運用：是指鹽及各種含鹽分如醬油等的味道。鹹味是菜品的主味，是各種複合味道的基礎味。鹹味能提鮮增香、除腥去膻，還能突出原料本身的鮮香味道。俗話說：「無鹹不成味」就是此理。

由此可見，用什麼鹽對川菜烹調來說非常重要。像用於涼菜或味碟的川鹽，川人通常都不會直接用，而是要將川鹽入炒鍋，乾炒至微黃噴香，放冷後才拿來調拌涼菜或作味碟用。用鹽需掌握使用得當，尤其是素菜與湯菜，寧少勿多、寧淡勿鹹為好。在川鹽主產地之自貢菜，占得天獨厚之勢，在鹽的運用上更是出神入化，不同的原料和不同的烹飪方式，以及不同的菜式均用不同的鹽定味調味，同樣都是一個鹹，卻生發出不同的風味口感來。

甜味的運用：即指各類糖（白糖、紅糖、冰糖、飴糖等），以及蜂蜜和含糖分的調味品。但川菜烹飪講究用四川內江白糖、冰糖和西昌紅糖，這幾個產地的糖甜味更為純正，對滋味有特殊的調和作用，增加菜肴的鮮香味，緩和辣麻度，調節各味形成綜合柔美的口感的作用。川菜運用各種糖調製甜味菜式，大都遵照甜而不膩、甜而不濃的原則，老一輩師傅就總結出「吃糖不帶甜」的實踐經驗。經驗老道的大廚正是善於利用糖的獨有屬性來改變、影響菜肴的口味。所以，廚師在燒菜時大都要加點糖來提味，像家常菜中的乾燒魚、豆瓣魚、大蒜鯰魚，鹹鮮味中的紅燒什錦、罈子肉等，經過糖的調和莫不味勝一籌。

川菜中複製甜紅醬油的製作，也是深得其中之奧妙，經過複製後的醬油，更加鹹鮮回甜、味道醇厚、色澤棕紅、香美汁濃，與紅油辣子調配，更是相得益彰，巧奪天工，既緩解了辣味的刺激，又使滋味更加豐富，味道醇美可口。像蒜泥白肉、紅油水餃、甜水麵等川味名肴，並不是因其原料出了名，而是其獨到的風味特色，其間複製紅醬油則功不可沒。川菜中還有些菜肴需要抹上糖色，除了上色，亦添加了些許甜味和鮮香味，像五花扣肉、紅燒蹄膀、鹹燒白、夾沙肉、甜皮鴨，再有燒烤類的叉燒、乾燒、烤鴨、烤鵝等。

故而在烹調中將鹽糖醋與薑蔥蒜等調味料協

調使用，對增強菜肴風味有著不可估量的作用。川菜常用味型中的家常味、甜香味、糖醋、荔枝、魚香、怪味、鹹鮮、鹹甜味等，都有不同程度的甜味，視其風味所需恰當使用。行業之經驗談中有句諺語：「糖配鹽，味更鮮」。

酸味的運用：即指醋、醋精、酸梅及泡菜、泡椒的乳酸味道。酸味有除腥解膩、提鮮增香、促使原料中的鈣質分解的作用。使用中應把握酸而不澀、酸而不酷的原則。川菜多用四川保寧醋、泡辣椒或泡菜的乳酸味來調製酸味菜肴。川菜味型中的糖醋、酸辣、荔枝、魚香、怪味等味型，都帶有不同程度的酸味，但調味料中醋酸味也最為纍味、蓋味，故此，即便是在調製糖醋味時，糖的用料也要明顯多於醋，反之便會「走味」。酸辣味亦是如此，醋過多則酸味偏重、味感澀口。因此調味配醋時要靈活謹慎掌握。

川菜還尤為注重以湯調味，且湯的烹製方法也十分講究，所謂「川戲離不了幫腔，川菜少不了好湯」。例如製作清湯，需微火久吊，特別講求打沫、清湯的方法，成湯清澈見底，味極清鮮。其代表名菜便有開水白菜、竹蓀肝膏湯、雞豆花等；製做奶湯，則需旺火急煮，色白如乳，味濃醇而不膩。代表名菜如奶湯鮑魚、奶湯魚肚、奶湯大雜燴等。不同特點的湯對製作不同特點的菜肴起著重要的調鮮製香作用。eHV 川味坊四川美食網

千百年來無論是庖廚還是百姓人家，在一日三餐中不斷摸索，反復實踐，以善用辣椒、花椒、薑蔥蒜，巧用川鹽，總結出一套「善調辛香，妙配糖醋，七滋八味，和腸娛胃」的心得與妙法，調出數十種風味紛呈的不同味型來。

## 複合麻辣　調製奧秘

在中華菜系中，味型之說，為川菜所首創；

而味型之豐，又為川菜之特色；善於調味，則是川菜之精髓；以味悅人，恰是川菜風華天下之道。

看看川菜二十七個複合味，有的是在借鑒基礎上變通改良，形成自己的獨到風格，如醬香、茄汁等風味；有的則是川人或川廚所獨創，如魚香、怪味、家常、紅油、椒麻等。川人特別善用辣椒、花椒、胡椒、豆瓣醬、醋和糖來調味。近年來，在原有複合味的基礎上，川菜以海納百川，兼收並蓄的氣度，不斷創新，豐富和完善了川菜的風味特色。像在「家常味」中，就演化派生出了「泡椒家常」、「水豆豉家常」、「鮓海椒家常」、「剁椒家常」、「鮮辣椒家常」、「野山椒家常」、「青花椒家常」、「火鍋家常味」等；「麻辣味」，則演繹出「鮮椒麻辣味」、「孜然麻辣味」、「咖喱麻辣味」、「蠔油麻辣」等。也因此形成川菜多姿多彩，味多味廣的獨家風味特色。

若單就麻與辣或麻辣風味而言，調製這些麻辣複合味雖有一定的難度，但若掌握了它們基本的配搭及調製方法，多數人也能學得八九不離十。川中著名烹飪學者和專家胡廉泉老師就說過：與其學做菜，不如學調味，學好一種味型，便可作幾十上百道菜。此話甚為經典。筆者於此重點講述幾種麻與辣之複合味型的特點及調配方法，供川菜吃貨們及烹調愛好者賞析。麻辣味型前篇已有所介紹，故而此處不在贅述。

家常味：自古是「好吃不過家常菜」。家常味是川菜中最富於變化和最具親民色彩的常用味型。「家常」一詞，即「尋常習見，不煩遠求」，川菜以「家常」命味，又多了一層「居家常有」之意蘊，雖名曰家常，卻是風味非常。

家常味還有更深層次的獨特含義，它恐怕是川菜諸多味型中，最富感情色彩，最易挑動人們情感神經的人性化風味。當我們吃到某道熟悉的家常菜，就會情不自禁地勾起許多回憶，想起婆婆奶奶、母親父親在鍋檯邊、在簡陋的廚房裡操勞的身影；出差在外，亦會思想起妻子或丈夫在家中以滿桌的家常美味、溫馨笑容迎接你。這就是家常味總是那樣味美心田，讓人魂牽夢縈的「情味靈魂」。

川菜家常味的特點為菜肴色澤紅潤、鹹鮮微辣、味厚醇濃、老少適宜。此味在烹調中運用十分靈活，既為家常，也就隨家習常，故較為隨意，但其所用辣椒多以微辣為度，鹹鮮香濃、回味略甜、或略帶醋香，廣泛用於熱菜，以炒菜、燒菜、蒸菜居多。主要用郫縣豆瓣、原紅豆瓣、香辣醬、泡紅辣椒、川鹽、醬油、糖、醋，配以薑蔥蒜、料酒、醪糟汁及五香粉調味或適當香料調製，但要注意儘量多用豆瓣、少用鹽和醬油；亦可依據風味所需，酌量加原紅豆瓣或泡辣椒、火鍋料、泡菜、豆豉、甜麵醬等。烹飪中，豆瓣或其他辣椒料需要在油鍋中先炒出香味和顏色，以突出香辣味與色澤，其間，豆瓣需要剁細或是炒香摻湯取味後打掉豆瓣渣；其他為突出風味味道而酌量加用的糖醋、豆豉、泡菜、火鍋料、甜醬、花椒等，應儘量控制用量，不能產生較明顯的酸甜麻味與火鍋味。

家常味應用較廣，有以雞鴨鵝兔豬牛羊等家禽家畜為原料的菜式，海參、魷魚、淡水魚等海河鮮菜式，以及豆腐、魔芋等。川菜中經典家常菜肴有：麻婆豆腐、水煮牛肉、家常海參、回鍋肉、鹽煎肉、豆瓣全魚、大蒜鯰魚、泡椒墨魚仔、粉蒸肉、熱窩雞、熱窩肘子、魔芋燒鴨、青筍燒肥腸、蘿蔔燒牛肉、酸菜燒鴨血、牛肉燒米涼粉等；在小煎小炒、涼拌菜中亦有不少名菜佳肴，像螞蟻上樹、蘸水豆花、青椒芽菜炒碎肉、青椒肉絲、炒野雞紅、虎皮青椒、豆瓣拌鵝腸、椿芽拌白肉、折耳根拌萵筍等。

**紅油味：**川菜常用味型之一，多用於冷菜，即涼拌菜。特點：色澤紅亮、鹹鮮為主、回味略甜。以特製辣椒紅油，俗稱熟油辣子，與醬油、白糖、味精調製。有的可因菜式需要或個人口味，添加香醋、香油、蒜泥等。紅油味的辣味較麻辣味輕，重用紅油，少用或不用辣椒，突出辣香；白糖、味精則起到提鮮的作用，使紅油味濃鬱，鮮美回甜。辣椒紅油在川菜中多用於涼拌經加工煮熟軟的家禽家畜的內臟為主料的菜肴，也用於塊莖根類時蔬為主料的菜品。

調製高檔的紅油，大多用原紅豆瓣醬為主，加上適量的二荊條或朝天椒乾辣椒末、泡椒末、蔥薑末、用油「炒翻沙」待水汽消失，沉澱去渣。色澤豔紅、品質濃厚、帶有豆瓣的醬香味，比純辣椒紅油更紅亮香濃，味覺醇和，具有「上口不辣、回味辣」的特點，多用來涼拌蔥節、花生豆腐乾、鵝鴨腸、青筍絲折耳根等，以及炒、燒菜和湯菜、燉菜的蘸碟。

川菜的紅油用途很廣，幾乎遇辣味菜必放，涼菜中的紅油牛百葉、紅油耳片、紅油雞片、紅油肚絲、紅油毛肚、紅油筍片；熱菜中的紅油蝦仁、芹黃魚絲、紅油雞皮、紅油鴨掌；大菜中的扒燒紅油拆骨全雞、紅油去殼明蝦、紅油素什錦葷燒，以及小吃紅油蝦羹湯、紅油水餃、紅油抄手、紅油涼麵、甜水麵等。紅油類菜肴，還可以因料而異，適當地添加點花椒粉或花椒油。用於佐料還可以放少許糖和幾滴醋，但也要把握好「放糖不吃甜，放醋不吃酸」的原則。就紅油味而言，雖味道已經明標，然而內中仍藏有玄機。老道的川菜廚師視紅油如法寶，大凡烹製辣味菜肴，起鍋或多或少總要搭些紅油。

**煳辣味**：亦是川菜常用味型之一，廣泛用於熱菜、冷菜。因著重突出辣椒香辣特色，故又稱為香辣味。特點：香辣熗麻、鹹鮮多滋、回味略甜，熱菜則略帶酸甜。以川鹽、乾紅辣椒、花椒粒、醬油、香醋、白糖、味精、薑蔥蒜、料酒調製。

其香辣熗麻之味，是以乾紅辣椒短節與花椒粒，在熱油鍋中炸至顏色深棕紅，且不焦不糊不黑，香味嗆鼻為宜。

川菜中多用辣度適中、辣香濃醇的二荊條海椒節子，炸製時油溫不宜太高，亦不宜大火，否則還沒出香味就炸焦炸　了。通常要先放辣椒節子稍炸、再放花椒粒，如此才能盡得煳辣熗香。烹調時有以家禽家畜肉類為主料的或以時蔬為原料的菜品佳肴。像大家最為熟悉和喜愛的宮保雞丁，以及四川傳統名菜宮保腰塊、花椒雞丁、熗鍋魚、香辣蟹、香辣田螺、香辣龍蝦、燒拌冬筍、熗蓮花白、熗黃瓜條、熗綠豆芽，家戶人家的熗炒泡青菜、熗炒泡蘿蔔櫻等，在小吃中還有款熗鍋麵。

**鮮辣味：**鮮辣是川菜近幾年發展革新的嘗試，其魅力在流行冷菜「蘸水兔」中體現得淋漓盡致。做蘸水兔，煮兔是一個關鍵，兌製蘸水又是個卯竅。上乘的蘸水，需以新鮮的小米辣椒為主，切成圈兒後配搭切碎的青辣椒，前者主調味，後者主岔色，然後還要佐以醬油、紅油、青花椒油、香菜和芝麻醬、香油調和成的蘸碟。雖然極辣，卻有鮮椒獨特的清香鮮辣味感，加之兔肉皮白、質脆、柔嫩，確實是道好菜。宜賓李莊白肉亦是此風味特色，居家小菜中的鮮椒拌茄子、拌皮蛋最為常見。

調製鮮辣味，須用小米辣做主打調料，因為其他的辣椒辣度不夠，用之有優柔寡斷的感覺，少了鮮辣豪猛的氣質，這是其一；其二，必須不著煙火，把小米辣直接生椒改刀入饌，以保天然之風不泯不滅。至於其他的調味料，則可以根據具體口味搭配增減，沒有定則。代表菜品有跳水兔、李莊白肉、小煎兔、青椒拌皮蛋、剁椒魚頭、燒椒拌白肉、燒椒茄子等。

**香辣味：**「香辣」原本並不在川菜２７個複

合味型之列，是近二十年出現的一種麻辣味型。它集麻辣、煳辣、紅油、家常味為一體，多用紅油、香辣醬、辣椒粉、花椒粒、花椒粉等，乾辣椒即是二荊條辣椒和朝天椒混合使用，其辣度自然很濃烈，但亦很香口。同時，亦在調味過程中，用了大量的香料、花生、芝麻等，讓好吃嘴們在嘶嘶抽氣中，感受到一種複合的濃香鮮美。

「香辣」一詞，原本是川人追求吃香喝辣的一種境界，如前文所講，川人嗜辣，其意並不全在辣，而在香，也就是香辣，不香的辣，大多會嗤之以鼻。西元兩千年開始，餐飲市場為適應和追求食客追新好奇的食尚，將「香辣」演化為一種風味潮流。這一潮流的始作俑者，便是當年的「鐘氏香辣蟹」，以及其後以乾鍋形式出現的成都「光頭香辣蟹」，隨即一發不可收拾，由上海一餐飲老闆移植到浦東，風靡十里洋場、進而席捲北京等地。隨後又有人趁機開發推出了香辣小龍蝦、香辣田螺、香辣串串香，以及現今的香辣爬爬蝦、盆盆蝦，各式麻辣香鍋、乾鍋等。如是，「香辣」之味毫不客氣地顛覆大陸一九七0、八0、九0後的可愛吃貨們。香辣風味，或說香辣味型，也就名正言順地登堂入室了。

典型的香辣味要屬街頭的老式串串香、缽缽雞等。一盆燙好的原料，只需在以辣椒粉、花椒粉、熟芝麻、碎花生粒和五香粉、孜然粉拌合的乾味碟裡一蘸一裹，其辣、麻、香的味道和特色便突顯出來。在流行菜肴中，麻辣兔頭和香辣鴨唇，對這一味型的運用也運用得淋漓盡致。原本是邊角餘料的東西，在經過醃滷製作後，入鍋用上述調味料一炒，就變成想著看著都要流口水的美食美味。

**糟辣味**：所謂「糟辣」，亦是由市場和飲食男女催生出的川味新型風味。糟辣味有二種，一是採用鄉間特別是部分少數民族的糟辣椒和醃辣椒為主體風味，尤其是借鑒了貴州的糟辣椒。二是將家常味、糟香味、香辣味融合一體，即是以家常風味為基調，輔以香糟汁或醪糟調味，既突出香辣、有體現糟香和淡淡的酒香。

糟辣味的出現是因一九九0年代末，貴州花溪狗肉火鍋曾一度風行成都，糟辣味便在人們心中留下了獨特印象。近十餘年成天絞盡腦汁玩創新的廚師們，便開發出了這一風味，創製出糟辣鳳爪、糟辣肉蟹、糟辣黃辣丁、糟辣牛蛙、糟辣墨魚仔、糟辣田螺、糟辣鴨舌等新菜品，廣受讚譽。西元二000年後，川南河鮮大行其道，糟辣味更是被演繹的精彩紛呈。因為許多河鮮菜的主打調味料就是川南民間和雲南、貴州的糟辣椒。於是糟辣椒也很快變成了新寵，與雞鴨、魚肉、蝦蟹、泥鰍、鱔魚們組合成了無數美滋美味的流行新菜。

製作糟辣椒，需用肉質厚實、色紅，辣味純正且香的二荊條辣椒。將辣椒去蒂洗淨、晾乾水分後，剁成碎塊，邊剁邊翻動，使碎塊大小均勻，加上剁碎的薑末、蒜米，再用精鹽、白酒拌勻，裝罈密封醃製發酵即成。糟辣椒色澤鮮紅，香濃欲滴、香辣柔和、微酸略甜的風味特色，是目前四川特色火鍋的主要調料。但是除了火鍋，在街頭的小吃，如缽缽串串香、紅湯類冒菜中也有出色的表現。

**酸辣味：**亦是川菜常用味型之一。特點是酸香微辣、鹹鮮味濃。川菜中酸辣味分為熱菜和涼菜兩種，其調製自然有所區別。熱菜一種，其一多以川鹽、保寧醋、胡椒粉、薑米、料酒、味精調製，此種是突出胡椒和薑的辣味，多用於湯菜或烟辣湯羹等菜肴。像酸辣海參、酸辣腦花、酸辣蹄筋、酸辣蝦羹湯、酸辣蛋花湯等。

另一種即是以川鹽、醬油、香醋、郫縣豆瓣、或紅油辣椒、薑米、料酒調製；突出辣椒的辣味。有的還加進花椒粒或花椒粉，形成突出酸香的麻辣風味。如：酸辣鴨血、酸辣魚片、酸菜魚、酸辣豆花、酸辣粉。涼菜和小吃類酸辣味與第二種相似，像張涼粉、涼麵及小菜酸辣萵筍絲、酸辣蘿蔔絲等。二〇〇〇年起，還流行用泡山椒、泡紅椒、泡菜調製酸辣味，使之帶有與醋酸不一樣的乳酸香味，更為家常，頗受歡迎。然而無論何種方法調製酸辣味，都必須掌握以鹹味為基調，酸味為主體，辣助風味的原則，醋亦要突出酸香，辣也要香辣為妙。

**醬辣味：**其實嚴格來說就是家常味的改良版。所謂「醬辣」，便是辣中帶有濃鬱的醬香，或是集家常味與醬香味為一體，使其辣中溢出豆瓣醬、香辣醬、甜麵醬、豆豉醬、腐乳醬的風味。醬辣味主要用郫縣豆瓣或香辣醬，輔以甜麵醬、豆豉醬、腐乳醬；使用時豆瓣、豆豉必需剁細，放才得以出色、出味、出香。其特點：色澤紅豔、醬香濃鬱、鹹鮮微辣、回味略甜，像青椒醬爆鴨舌、回鍋肉、鹽煎肉、豆瓣鮮魚、豆瓣肘子等均屬醬辣風味。近十餘年來，各地調味品廠開發出五花八門的各式辣醬，嚴格說來，佐餐或作味碟是可以的，但多不宜直接用於烹飪菜肴。

川菜中還有一款涼拌名菜麻醬鳳尾，用川鹽、味精、白糖，芝麻醬、香油調合成麻醬濃汁，淋在生脆的萵筍尖上就是十分經典的麻醬鳳尾。不少川人喜歡再淋上辣椒紅油，於是這風味就變身為醬辣味，但此醬卻不是上述各醬，乃香味濃鬱的芝麻醬加香辣味，風味非同尋常，是淑女最愛之佳品。傳說中，彭麗媛和宋祖英、張也來四川，一人就要吃兩三份麻醬鳳尾。

**甜辣味：**「甜辣味」即「鹹甜味」和「香辣味」二者的複合味。以「甜」味和「辣」味相複合，輔以鮮香，各味相得益彰，是一個很美妙的複合味型。辣味有開胃、助消化的作用，而甜味又有緩和辣味的作用。

甜辣味的調製，要注意掌握好鹹、甜、辣、

鮮味各種調料的用量。在「鹹味」調料的用量上，應以菜肴回味帶鹹為好，主要起到定底味的作用，在「甜、辣」味調料的用量上，可根據菜肴的不同風味所需，加大或減少用量，以調節甜味、辣味的輕重度。在「甜味」調料的用量上，川菜調味一般不直接放糖，多以甜紅醬油或醪糟汁，調製時應以菜肴入口帶甜為佳，但切不可用量過大，使人有膩口之感。在「辣味」調料的用量上，以菜肴入口帶辣或微辣為宜，亦不可用量過多，容易使人有燥辣之感。

在「鮮味」調料的用量上，不可過多，只作為提鮮、調和諸味的作用。在調味方法上，應先以「鹹味」為基礎，先確定好菜肴的「鹹、甜」味、再以「辣」味補充複合或先以「鹹味」為基礎，確定好菜肴的「鹹、辣」味，再以「甜」味補充複合。最後，再以「鮮味」調料提鮮，以和諸味。這樣才能調出完美的「甜、辣」味，達到該味型的口味特點。

辣味主要來源於乾辣椒、辣椒紅油、辣椒粉、豆瓣醬、香辣醬醬、蒜茸辣醬、泡紅辣椒等辣味調味品。鹹味、鮮味主要來源於複合醬油、川鹽、味精及鮮湯。川菜中的甜辣味多以紅油辣子、甜紅醬油為主要調味料。像甜水麵、紅油水餃類。

**魚香味：**為川人所獨創，其獨特風味和吃魚不見魚的神妙為地球村全體飲食男女、老少饕客所嘆服。因源於民間獨具特色的烹魚調味方法，而成為雅俗共賞的美滋美味。可分為熱菜和涼菜兩種魚香味，其調製方法亦是各有獨到之處。特點是滋汁紅亮、辣而不燥、鹹甜酸辣齊揚、薑蔥蒜味濃鬱、口感舒適、回味悠長。

熱菜魚香味調料有泡紅辣椒去籽剁茸，或用郫縣豆瓣剁細，輔以川鹽、醬油、白糖、香醋、薑蒜米、蔥花；烹製魚香味，比如魚香肉絲，有幾個要領須切實把握好。一是泡紅辣椒應選用鮮嫩如初、質地脆健者，去籽剁茸；若用豆瓣更要宰細剁茸，薑、蒜剁為細米、蔥為小花，薑蔥蒜的芳香才易充分揮發溢出。

二是兌汁調味，鹽、糖、醋、醬油的用量比例很重要，鹽作底味既要給夠，又需考慮到泡椒或豆瓣所含的鹽分。待醬油、醋將鹽、糖融化後，最好先嘗一下，感覺鹹甜酸是否適宜，若偏鹹，則需再加適量糖、醋；若偏甜則要加點醋；反之若偏酸，由要適量加鹽和糖。

三是烹炒時用油適量，要能收汁亮油，又使成菜裝盤後無過多明油溢出，只能是油亮一線。這樣不僅味汁，還有薑、蒜米、辣椒茸、蔥花都能粘附在主料上，吃來才有辛香濃鬱的口感。

四是用火不宜太猛，油燒熱，把碼芡入味的肉絲下鍋快速炒散籽，即下薑蒜米、蔥花、泡椒茸或豆瓣煵香出味，下滋汁炒合，收汁亮油立馬起鍋裝盤。像魚香肉絲、魚香八塊雞、魚香碎滑肉、魚香肝片、魚香腰花、魚香茄餅、肝腰合炒、魚香烘蛋、魚香油菜苔、魚香厚皮菜、魚香青豆、魚香豆腐、魚香血旺等。

涼菜的魚香風味是從「碗裡激出來的」，即是出自百姓家的「激胡豆」、「激豌豆」。涼菜魚香味與熱菜不同，涼菜魚香調料不下鍋、不用芡，直接勾兌調和，更具原汁原味的口感，更為天然，使涼菜魚香味有著清醇鮮香的特點。但仍需把泡紅辣椒剁細剁茸，薑米製成細末、蒜剁成泥、蔥亦小花。兌味汁要先放鹽、糖、味精，再放醋、醬油使其溶解後下泡椒茸、薑米、蒜泥、蔥花調和均勻。涼菜要現吃現拌，最後淋點香油。若拌放時間長了則清鮮味淡化、芳香揮發，菜的質感也不好，多數情況下會讓食者的感官和口感留下失望與遺憾。

要烹出道地正宗的魚香味，是很不容易的，此味的神奇就在於精烹細調。不少老師傅年少事廚就學炒魚香肉絲，而今年逾花甲已為「大爺」，要他炒魚香肉絲也不敢拍心口擔保能十拿九穩。這也是為什麼自行業實施廚師定級考評以來，魚香肉絲就是技術考核之必考課目的原由。魚香肉絲是急火短炒、臨時兌汁、不過油、不換鍋、一鍋成菜，從生料下鍋到成菜裝盤不足一分鐘。魚香肝片、魚香腰花更是以秒計，沒有鍋灶上嫻熟的基本功、精堪的廚藝、豐富的經驗，尤其是對火侯把握，則很難達到成菜的風味特色標準。這就是「烹道」和「心道」。

**怪味：**怪味在川菜中屬家常風味，也就是說，它不僅具有家常風味的味道特點，且源自民間家戶人家，或過去走街串巷、擺攤設店的飲食小販，是他們玩出來的一種家常風味。「怪味」是指把各種調料的味道串在一起，吃到嘴裡的口感是麻辣鮮香鹹甜酸，味味俱全、十分美妙奇怪，故而稱為「怪味」。

怪味說怪，就怪在其肚量大、心胸廣、什麼料都可容、什麼味都能加；也怪在巧調鹽、糖、醋、醬油、紅油辣子和花椒，妙配蔥、薑、蒜與麻油，調兌出奇妙怪異、不倫不類的風味味道，使其味多、味廣、味厚、味濃，既融諸味於一體，又能從混合的味中品味到辣麻鹹甜酸鮮香多種滋味，充分體現了「五味調合，百味鮮香」的特色。

怪味有三怪：一怪是，打破常規把鹽、糖、醋、醬油、紅油辣椒、花椒粉、芝麻醬、香油、甚至薑、蔥、蒜這些川味家常風味的基本調味料差不多都用盡，這是用料怪。

二怪是，怪味雞也好，怪味兔也好，都是集辣、麻、鹹、甜、酸、鮮、香川味家常風味特色於一體，吃來就像是家常風味大全，這是風味怪。

三怪則是，怪味的特性也怪，只要是把辣、麻、鹹、甜、酸五個基本味搞定，隨你再添加啥子調輔料它都無所謂，其基礎風味，也就是那怪味始終突出鮮明。於是便有在其中加酥花生、芝麻粉或熟芝麻的，也有加油酥豆瓣、豆豉的，甚至還有加糟蛋、甜醬的，還有加蠔油、蝦醬、海鮮醬的。怪味則是廣而納之，以怪為怪、兼收並蓄、越加越怪，這是屬性怪。

怪味雖怪，但怪得卻是有板有眼、有卯有竅。要調製出怪味來，各種調味料用多少、先後順序怎麼投放、如何調兌、那也是十分講究有規有矩的。你以為反正是怪味哈，任意亂七八糟放調料，那就要小心一拌出來就被群起而攻之，連貓狗聞兩聞都不削的一顧扭頭一邊去。

怪味基本用於涼菜，因此就涼拌菜來講，應用一空碗，先放白糖、醋把糖解化，再放鹽、醬油使其融和，嘗嘗鹹甜酸三味均不均衡，然後再下紅油辣子與適量辣椒，紅油要多才顯滋潤、色澤紅亮；接著放花椒粉、味精，這樣辣麻鹹甜酸基本味就齊了，再嘗各味是否平衡和諧，不合適則酌情調兌，基本味調定後便可加芝麻醬、香油調和均勻。這是拌怪味雞塊、怪味雞絲或其他葷料的怪味味汁，拌時加蔥節或蔥絲，撒熟芝麻，但加花生仁就不大合適。拌怪味兔丁則不加芝麻醬，而要添加剁細的油酥豆瓣和豆豉茸，直接用紅油，拌時加蔥節及油酥花生。

調製怪味還有三點要注意：一需按順序下調料攪和均勻；二是辣椒粉、花椒及醋定得選用質優味正的；三是紅油一定要香辣紅亮。三味中有一味品質不好，整個風味特色就會受到很大影響。再是芝麻醬要先用香油或調合油解散調稀稠，再放進料汁中攪和均勻。把握好這幾點，怪味的風味特色就十拿九穩了。

**椒麻味**：椒麻味，風韻年華一兩千年，堪稱古老的神來之味。當初，也不知是哪位老仙人、老媽子腦殼那麼「爛」，居然想得出用蔥葉子和紅花椒鍘細剁茸來調味。如此奇思妙想竟成就了其在中華烹飪和飲食中之獨一無二的風味味型。

椒麻味，風味很獨特，製作不難，麻勁很足。以去籽去梗的乾紅花椒，灑些鹽水待軟化後再剁成茸，蔥葉切末斬成蔥茸，二者合一放香油（芝麻油或花生油）調成糊，使用時用鮮雞湯加鹽或醬油調和成味汁，澆在成品上便成。如：椒麻雞片、椒麻肚絲、椒麻鴨脯、椒麻蝦仁、椒麻鴨舌或鴨掌……，清鮮、麻香、爽口、開胃，夏令食用，風味更佳。

製作此肴，關於花椒和蔥葉的使用，需選用南路乾紅花椒和蔥葉，需剁製成細茸，否則不僅不能盡出其味，吃來沙口。XNW川味坊四川美食網椒麻味在川菜中，從家常小菜到筵宴大菜都無所不有，像：椒麻海參、椒麻鮑魚、椒麻北極貝、椒麻魚肚、椒麻雞片、椒麻腰片、椒麻兔花、椒麻肚子、椒麻鴨掌、椒麻鴨片、椒麻鳳爪、椒麻耳絲、椒麻桃仁等，說乾口水了都還不勝枚舉。

椒麻風味以麻、香、鹹、鮮，風味醇濃、韻味悠長為特色。其麻香亦與其他花椒菜式不同，因採用不經火炕的乾紅生花椒而獨樹一格。椒麻之麻，麻得纏綿委婉、舌尖微顫、味蕾昏厥；椒麻之香，香得似暈非醉、神情恍忽、周身舒坦。

像其代表菜「椒麻雞片」，選用白皮仔公雞，入湯鍋加薑、蔥、料酒煮熟撈起，放入涼白開水中漂涼，取出後搌開水分，取雞脯和雞腿肉切片裝擺入盤；乾紅生花椒（或鮮花椒）去籽、鮮蔥葉、川鹽混合鍘細剁茸盛入碗內，加醬油、味精、冷雞湯、芝麻油、調成椒麻汁淋在雞片上吃時拌和。此菜雞肉鮮嫩化渣、麻香濃鬱、鹹鮮醇厚，入口細嚼、唇舌酥麻滿口幽香，實為佐酒助餐之絕品。尤其是酒足飯飽後，倘倒吸一口冷風，那酥麻幽涼之氣直沁肺腑，盪氣迴腸；更有甚者來個飽嗝，那回流之麻香恐怕會繞口三日不絕。

以此法還可製作鴨掌、鴨腸、鳳爪、毛肚等。像鴨掌、雞腳需先醃漬去腥、煮熟、去掉筋骨，再放入碗中加薑、蔥、料酒、鮮湯入籠蒸約30分鐘，取出涼冷即可拌製。有的喜歡在椒麻味中添加紅油，這一吃法行業內叫為「椒麻搭紅」。但原椒麻味之特有味感就產生了變化，有些帶麻辣味了。

椒麻味多用於涼菜，熱菜過去所見不多。川菜大師肖見明創製了一款「碧綠椒麻桂魚」曾風靡食界，成為川菜名菜。其後餐飲酒樓亦爭相效法，相繼出現了椒麻鯽魚、椒麻魚頭、椒麻魚片、椒麻腰片等熱菜。除了椒麻、椒鹽這樣以花椒為主要調味料，以香麻為特色的味型菜式，還有單獨的花椒菜式，如：花椒雞丁、花椒帶魚、花椒鱔段、椒香魚排、椒香美蛙等。史正良大師的一款「椒香蚌仔」，形色素雅、美觀大氣，看似鹹鮮清淡，實則幽香暗浮、麻味其間。

經典椒麻味由於採用刀口乾花椒故麻味十分濃烈。現在的烹調中亦可改用鮮花椒，不僅麻味溫柔還帶有舒麻的幽香。若是用鮮花椒茸與鮮青椒細末調和，加入適量川鹽、海鮮醬、美極鮮、白糖等調製，則成海鮮椒麻味汁，可用來烹調海鮮類涼菜和熱菜，吃來又是風情別樣。

**豉椒味：**多為豆豉型、豉油型、豉汁型和豉醬型。豆豉型是直接以其入肴，如鹽煎肉，豆豉魚，豆豉酥魚、麻婆豆腐、麻辣兔丁、回鍋臘肉、豆豉雞、鹹燒白等；豉椒味多配以薑米、蒜米、蔥花、乾辣椒、鮮辣椒調味，如：豉汁盤龍鱔，豉汁排骨，豉汁文蛤、鮮貝等。

近十餘年間，純粹處於民間的紅苕豆豉與水豆豉，在川廚手中又成為新派川菜新寵，自成風味流派。像家戶人家用紅苕豆豉切碎，用菜油加蒜苗花炒，便是川人的一道家常名菜紅苕豆豉炒蒜苗，還有如紅苕豆豉炒回鍋肉、紅苕豆豉炒油渣、紅苕豆豉炒泡蘿蔔櫻等。比起紅苕豆豉來，水豆豉更有一種清香，可直接從罈中舀出下飯。

水豆豉紅黃油亮、滋潤飽滿、鹹辣鮮美、清香怡人。可用水豆豉燜花菜、四季豆、燒茄子等。新派川菜中的水豆豉系列菜肴有水豆豉拌兔丁、水豆豉拌鴨腸、水豆豉拌生花仁、水豆豉蒸魚、水豆豉爆仔兔、水豆豉焗牛蛙等，風味濃厚、吃口舒爽，一時間風靡市場，引得眾多食客樂吃不疲。

**泡椒味：**泡紅辣椒是用鮮紅二荊條辣椒或七星椒泡製而成的。色鮮紅、味鹹辣並具有獨特的乳酸味。在傳統川菜中，它起著味辣、增色、增香、提鮮壓異味、解膩的作用，是魚香味、家常味等味型的重要調味料。利用泡紅辣椒本身具有獨特的乳酸味和辣味，在泡薑的輔助下，將一種特殊的酸辣味發揮得淋漓盡致，風味別樣。

在傳統川菜中，泡菜、泡椒、泡薑的運用方式多互為調味輔料，獨成風味的菜肴並不多見。常有的像魚香肉絲、泡菜鮮貝、酸菜魷魚、泡菜魚、酸菜魚、泡菜白鱔、泡青菜燒魔芋，以及近十餘年出現的藿香泡菜鯽魚、泡椒墨魚仔、泡蒜苔炒雞米、泡蒸藍溜魚丁、泡 頭爆羊肉、泡芹菜煸牛肉絲、泡椒燒牛蛙等。

二000年後，一款「泡椒墨魚仔」和「泡腳鳳爪」使泡菜泡椒風味大行其道，成為川菜新的風味特色，倍受海內外食客稱道。尤為是「爽口老罈子」，那如柚子般大的罈裡居然泡有葷料，也就是除常見鮮蔬，還泡有豬耳、豬尾巴、鴨腸肝、兔耳朵、鴨腸腸等，再有是「菜根老罈子」，那雪白鮮嫩、香脆多滋、鹹辣酸甜的泡墨魚仔及泡魷魚、螺、蟹，真是人見人愛，誰吃誰歡。

**紅油蒜香味：**說到蒜，多數人對大蒜的印象都是瓣子蒜，然而四川地區有一種大蒜卻是完整一顆，掰不開的，稱為獨頭蒜，四川人喜歡叫它獨獨蒜。獨頭蒜最明顯的外觀特點為去皮膜後外形還是完整的一顆，色如象牙。獨頭蒜的特點是蒜味濃醇，蒜香濃鬱。川菜中多以獨頭蒜為主要風味調輔料，像名菜如大蒜燒鯰魚、大蒜燒肚條、蒜泥白肉、大蒜燒鱔魚、蒜燒黃辣丁、獨蒜燒牛蛙、大蒜燒蹄筋、蒜泥黃瓜等。

川菜烹調多取大蒜的辛辣蒜香味，用於燒菜、炒菜和涼菜，像涼菜則多是切成碎末或剁成蒜茸後，調製成味汁與主食材拌合。如「蒜泥白肉」，煮熟的肥多瘦少二刀豬肉，片成大片，在辛辣味濃厚的新鮮大蒜泥中調入複製醬油、紅油，製成紅油蒜香味汁，拌合香嫩肉片，吃來是口感滋潤、鮮香四溢，鹹甜微辣、蒜香怡口，讓人回味再三。燒菜中的獨蒜通常要先下油鍋稍炸出香後撈出，再與主料同燒，炒菜中的蒜末亦也要先下油鍋炒香出味。

**薑汁味：**川菜薑汁味，以薑味醇厚、辛辣芳香、鹹酸宜口為特色，並分有紅油薑汁、豆瓣薑汁、薑醋汁、薑蔥汁、薑椒汁、鮮椒薑汁等風味。若再把泡薑類和子薑類菜式包而括之，那川菜中的「薑汁味」菜品就數不勝數了。薑汁味應以薑末、川鹽、醬油、醋及香油調製，以薑醋味為主。薑醋相配相宜相和，醋能吸收、擴散、緩解薑之辛辣，使其辛香氣味能夠均衡持久；同時，薑醋相互浸透，亦淡化了醋之酸澀，使醋香、薑香融為一體，產生出柔美醇和的口感韻味。

涼菜薑汁味以鹹鮮適口為基準，重用薑醋，突出薑醋味，起到辛辣醇厚、芳香鮮美、鹹酸清爽、開胃健脾的口感效果。川人通常也愛在薑汁味中添加紅油，形成薑汁紅油味，在薑汁味中多了一層香辣滋味。調製時老薑去皮剁成細末，加適量醋和醬油（或少許鹽）浸泡定味，讓薑的味道充分溢出融和其中，浸泡一定時間後，嘗下味看酸度如何，若過酸，可補加適量醬油或鹽，然後下紅油、香油調和拌菜。像薑汁蹄花就是辛香醇濃、鹹酸可口、清爽不膩、軟糯帶勁的一道夏季美味佳肴。

熱菜薑汁味，川人習慣添加郫縣豆瓣，其用量依然以不壓薑醋味道為宜。薑要剁茸，豆瓣剁細後在熱油鍋中炒香至油呈鮮紅色，醋則在菜肴成熟起鍋前放入，以突出酸香味。像川菜名菜中的薑汁熱窩雞、薑汁熱窩肘等。

以上川菜風味味型，集中展現了傳統和新派川菜之「麻辣鮮香爽」的風味特色。近年來，為適應各地食客的口味需求，川菜之辣麻亦從乾料到鮮料，從本地物料到外來調味料，更加注重口味的清新、柔美、不是濃烈的大辣大麻；從原本就多樣的口感刺激，到追求更豐富的吃口和味感，並衍生出更多的複合辣味與麻味，使川菜之辣麻更加滋味豐富，味感豐美，像海鮮麻辣味、西菜麻辣味、麻辣日本料理等，更能使川菜迎合不同地區、不同人種、不同飲食習俗人群的美味喜好。

## 獨特功夫　技驚四座

在川菜中，常用的烹調技法細分有五十餘種，其中為川菜所獨有獨用、最能表現火候功夫和烹調技藝與風味特色的是小煎、小炒、乾煸、乾燒、家常燒和涼拌、炸收、熗炒等。

**小煎小炒**：從烹調科學上講，小煎小炒是保存食料營養成分最佳的一種烹調方式。因其成菜快速，原料的營養成分揮發損失較少。看其歸納為幾句話的要點就可明白，即急火短炒，不過油、不換鍋、臨時兌汁、一鍋成菜。急火短炒，是對火候的要求，而火候是兩個概念，火，指火力大小，油溫高低；候，則指時間長短；臨時兌汁，是指在原料下鍋前才勾兌滋汁；不過油，則是原料事先不用油溜一次、即生料下鍋；不換鍋，即指在一口鍋裡直接一次成菜。

這裡的要點有三，火力要大，行話說的「拿火色」，老師傅們則稱為「搶火菜」；時間短，通常不是以分鐘，而是以秒計；用油量准，不可炒製中途添加油或成菜後添加明油。小煎小炒的菜式，要求收汁亮油、油亮一線、入口滑嫩。這裡所指「油亮一線」，便是成菜在盤中所淌出的油僅有一線，也就是油少之意。如魚香肉絲、宮保雞丁、肝腰合炒等。並非像一些餐館裡的菜，炒時用油量大，起鍋時還要添加明油，原料浸泡在油中，用老廚師之話講便是亂整。

**乾煸：**又叫乾炒，乾煸是川菜常用的烹調技法，是將原料加工成比較粗的絲、條等形狀，不上漿、不掛糊、不勾芡，通過不同的火候煸炒至脫水成熟，菜肴乾香不見滋汁。所謂乾煸有人錯誤理解為不用油，直接把生料下鍋煸炒。乾煸用油是必須的，只是用量少而已。乾煸要用中火、熱油，時間稍長些，不斷煸炒至主料水乾亮油，再下調配料炒製乾香而成。炒製時一般還要放點糖，使口感醇厚，但用量不宜過多，以「放糖不帶甜」為度。

製作乾煸菜肴時，要根據原料進行不同的初加工，像牛肉絲、鱔絲等過火易老的原料，應先以溫火、少油，煸至水分基本揮發；而肥腸、魷魚等料則最好用中高火炸至緊皮、乾香後，烹入料酒或醪糟汁去腥回軟，再煸炒數分鐘，從而達到酥香化渣的口感。像乾煸鱔魚，若不把鱔魚事先過油脫水，直接乾煸，不僅耗費時間、且容易粘鍋、煸爛。乾煸菜肴有酥軟乾香的特點，如乾煸魷魚絲、乾煸鱔絲（片）、乾煸苦瓜、乾煸四季豆、虎皮青椒等。

乾煸動物性食料與植物食料，其成菜特點完全不同。前者酥軟乾香，質地柔軟；後者香脆、嫩爽；像乾煸茭白、冬筍、四季豆吃起口感就覺很脆嫩。乾煸的風味，則要依據原料的質地決定。像動物性原料，腥味較重，就要適量增加料酒、薑蔥蒜的用量，味宜重、宜厚，來壓抑原料的腥味，川菜中多用麻辣味和香辣、嗆辣味烹調。如乾煸牛肉絲、乾煸鱔魚絲、乾煸仔雞等。一些腥味不太重的原料，像乾煸豬肉絲，便多以鹹鮮味為主，味就不宜厚重，大多加點乾辣椒絲增加香味便可以了。但乾煸魷魚絲，則主要品食它的本味，乾煸時連辣椒絲都不放，純鹹鮮味。當然這只是川菜傳統做法，家庭烹調亦可酌情隨意。

而乾煸植物食料，如冬筍、四季豆、茭白、豇豆、茄子、青椒等，在鹹味的基礎上通常要加點肉末、芽菜，增加香味。家戶人家有的喜歡加點辣椒粉、花椒粉，吃來又是一個風味，像乾煸黃豆芽等。

**乾燒**：這是川菜烹燒的獨門絕技。所謂乾燒不是不用湯汁，而是充分利用食料自身的膠質，通過加熱，促使膠質從原料中分解出來，融合於湯料中，達到湯汁濃稠的一種烹飪手段。

乾燒之關鍵在於用火，根據材料質地的不同，用火的大小、時間長短均有所不同。質地較老韌的原料，如牛筋、蹄筋、鹿筋、魚翅等，烹製的時間就要長些，用湯（肉湯或高湯）的量也要大一些，且是小火煨燒至熟軟入味，滋汁只剩很少一點，讓湯味都濃縮到那最後的滋汁中。乾燒，其意指將鍋中烹燒原料的湯水大火燒沸，除盡浮油泡沫，再改由中小火把其水份燒乾，使滋汁濃稠，不勾芡汁而自然收汁亮油，使湯汁滲入原料或粘附上原料，成菜有油亮味濃的特點。如乾燒鹿筋、乾燒海參、乾燒魚翅等。

而乾燒魚類，像鯽魚、鯉魚、黃花魚、帶魚等，因魚肉細嫩，用火時間則不宜太長，湯水不宜過重，以淹過魚身為度。大火燒開後，改小火慢燒到湯濃汁稠，亮油即成。川菜傳統名菜「乾燒岩鯉」，即是通過慢燒，燒到自然收汁亮油，也就是汁快收乾、油亮出來即可。

像川菜中最為著名的傳統菜「乾燒岩鯉」。乾燒之道，秘笈有三。一、炸魚須用辣油，火要旺，控制好「搶火」時間，使魚皮縮緊而無破損、皮肉不離；二、㴲郫縣豆瓣要用火均勻，使其酥香油亮色紅；三、掌握好自然收汁是成菜畫龍點睛之作。名曰「乾燒」，實為「湯燒」，摻進鮮湯的多少要與湯汁受熱蒸發及魚體的吸水性相平衡，通常應淹過魚體；火候大小則要和魚肉致熟的狀態相一致，同時促使各種味汁能滲入魚肉中，又不至讓魚之膠原蛋白溶於湯汁而糊汁巴鍋。這就是乾燒訣竅。

**家常燒：**家常風味有多種理解，一是以郫縣豆瓣為主要調味料，也就是豆瓣風味。四川人家大凡燒菜，都喜歡用豆瓣，像蘿蔔燒牛肉、青筍燒肥腸、芋兒燒雞、魔芋燒鴨、豆瓣魚、麻婆豆腐，乃至燒米涼粉等。二是以泡菜泡椒為主要調料，也就是泡菜或泡椒風味，特別是在鄉村裡更是常用，因為泡菜泡椒家家都有，且是一絕。像酸菜魚、燒血旺、燒魔芋等。三是近幾年時興的用火鍋料燒，即是火鍋風味。現今超市裡各種火鍋料很多，燒起來也很方便。像火鍋雞、火鍋兔、火鍋肥腸、火鍋排骨等。

家常燒是先把油燒熱，然後下薑蔥炒香、再下豆瓣炒香出色，然後是泡菜泡椒炒香，有的喜歡加點花椒粒，再下湯熬煮幾分鐘，時間稍長點更好，以便味更濃，然後把料渣打出不要，接著下主料，燒開後打盡浮沫，再下其他調味料，改用中小火慢燒至熟軟入味，有的可適量勾點芡汁。

家常燒是用湯和下料，像家庭中燒一般的牛羊、豬排、蹄膀、鱔魚、雞鴨兔等，最好是將其砍成塊，洗淨後放入開水鍋中，煮開後打盡浮沫，關火，再把原料撈出來用冷水沖洗一下瀝乾，豆瓣等調料炒香色紅時，將原湯過濾入炒鍋中熬煮，打渣後再下原料，這就是充分利用原湯，使其保持原汁原味。其次，下料時，如筍子燒牛肉，要兩樣同時下鍋，牛肉熟軟了，筍子也就好了；若是蘿蔔(馬鈴薯)燒牛肉，或是青筍燒肥腸、芋兒燒雞類，應先下葷料，煮至半熟，再下素料，一般來說大凡蔬菜類都最好晚一些下，方可達到生熟同步。

**涼拌菜：**所謂涼拌菜，即是先把生料清洗乾淨，加工成丁、片、絲、條、塊等形狀，有的素菜類需要用開水稍汆一下，而葷料多是熟料，吃時加調味料拌和均勻入味。涼拌菜具有「化腐朽為神奇」的功效，其用料廣泛，從高檔食材到普通葷素，甚而是邊角餘料均可。還具有製作精細、味型多樣、調製隨意、變化靈活、品種豐富、風味濃鬱的特點。常用味型有：麻辣、紅油、椒麻、蒜泥、薑汁、怪味、酸辣、鮮椒、豆瓣、糖醋等多種味型。如：紅油雞片、麻辣兔丁、椒麻肚絲、薑汁菠菜、蒜泥白肉、麻醬鳳尾、涼拌三絲、豆瓣鵝腸、燒椒茄子、鮮椒拌皮蛋、糖醋蘿蔔絲等。

川菜涼拌菜最常見的，也是最具風味特色的是紅油、麻辣、椒麻、蒜泥、怪味、酸辣、薑汁七個味型，筆者將在下篇著重介紹著幾個風味調料的調製的秘訣，掌握了這幾個風味調料的調製，熟則生巧，得心應手，自然是心想事成，呵呵！那你的涼菜廚藝不是大師亦是名師級別了。

**炸收：**是冷菜的一種烹製發方法，顧名思義，就是先炸後收，所謂收，即把經炸製成半成品的原料，入鍋加調料、鮮湯，用中火慢燒，使之收汁亮油、色澤棕紅、酥軟入味。成菜具有色澤油亮、酥軟適口的特點。如陳皮兔丁、花椒鱔魚、麻辣肉乾、糖醋排骨等。

**熗炒：**在成都的餐館吃飯，點素菜（泛指清炒蔬菜）像白油菜、小白菜、藤藤菜（空心菜）、萵筍尖什麼的，服務員通常都會問一句：熗炒、蒜炒還是清炒？所謂熗炒，是將紅乾辣椒節子，待菜油熱得冒煙滾熱，先把乾辣椒節扔進鍋裡快速翻炒幾鍋鏟，再放幾粒花椒，熱鍋熱油熱辣椒、花椒激情遭遇，一股濃烈酣暢、略帶點焦香的辣味麻味撲面而來。此刻要眼明手快，不等辣椒花椒炸焦糊了，立馬將菜倒進去，大刀闊斧地翻炒幾鏟子。一陣劈劈啪啪如鞭炮爆裂似的脆響之後，放鹽，菜起鍋了。香辣味、熗麻味恰到好處地裹住菜身，濃淡相宜，香美宜口。

熗炒，通過將辣椒節、花椒粒通過熱油炒炸產生一種熗香煳辣的味道來。這是川菜烹調中的一種特殊方法。菜肴烹製中有煳辣鹹鮮味和煳辣荔枝味。像宮保雞丁、宮保大蝦、宮保銀鱈魚等宮保風味系列，就是煳辣（香辣）荔枝味。香辣雞塊、乾煸兔、乾煸牛蛙、香辣蝦、香辣田螺等都屬於香辣鹹鮮味。

巴蜀人家常用此法炒一些素菜，如熗黃瓜、熗蓮白、熗白菜、熗豆芽等。其中最為經典的還是家戶人家的熗炒泡蘿蔔櫻、蕹菜杆（空心菜莖）炒豆豉、泡豇豆炒肉渣（絞肉）。像前者，便是買來枇杷蘿蔔纓（大指拇粗帶葉莖杆的紅皮白蘿蔔），清洗淨後切成粗塊條，放進老泡菜鹽水中泡一夜，第二天便可撈出來，連莖杆一起切成碎顆，青蒜苗切成花，鍋置大火，放菜油燒熱，先下辣椒節稍炸，再下花椒粒炸香，倒入切碎的蘿蔔炒合幾下，放入蒜苗花炒香即成，泡蘿蔔鹹鮮微酸，熗辣微麻，十分可口下飯。有的還在裡面加點新鮮瘦肉末，那當然就比較有點檔次了哈。

蕹菜多半是將嫩尖、葉子摘下來吃，剩下的葉杆扔了可惜，便把老莖杆掐掉，切成碎節放少許鹽拌合、油鍋燒熱，放乾辣椒節、花椒粒炸香，再下豆豉炒酥，下蕹菜杆炒合即成；蕹菜杆脆嫩、豆豉酥香、熗辣微麻，鹹鮮香醇，真真是「搶搶吃，飯掃光」。別看這兩樣是家常小菜，那可是川人化腐朽為神奇的傑作，就這 熗炒一下，便成為無可比擬的美味佳肴，保管你一勺勺舀進飯碗中，吃得喜笑顏開像牡丹，肚皮鼓起彎不下腰來，只好大腹便便度方步了。

# 第七篇　秘笈篇

本篇將向各位食家及烹調達人揭示「味在四川」之奧妙，可視為集數代名師大廚經驗之談，亦可看做烹調之秘笈。所謂「秘笈」，即指川菜烹飪與調味中獨到、獨特之精妙技藝。其中一些是民間或幾代廚師經多年潛心悟道，一些是長久烹飪實踐所摸索，還有些則是廣采博集、移花接木，巧思妙手所得。

## 麻辣調料製作

川菜烹調中，常用的麻辣、或辣或麻的調味料體現了川菜獨具的風味特色和吃情誘惑。像紅油、熟油辣子、香辣醬、豆瓣醬、鮮椒醬、剁椒醬、麻辣醬、乾碟、蘸水以及複合醬油、蒜泥、薑汁的調製等。掌握這些麻辣調料的配製訣竅，對於烹調出道地川菜與風味吃情絕對是很關鍵的，有如身懷絕技，一亮相保准技驚四座、滿堂喝彩，你就可以隨時想出手就出手，風風火火歡鬧九州了咯！

### 辣椒紅油調製秘訣

紅油辣子，川人叫熟油辣子、紅油海椒。在四川民間，有家就有熟油辣子。但家裡的熟油辣子真正能達到色澤紅亮、辣而不燥、香味醇厚、回味綿長的其實並不太多。就其煉製法可以說有N種，但其間也有共同的要求和基本程序。分為選料、加工、配製、調味、儲存等。

乾紅辣椒通常是由鮮紅的朝天辣椒、二荊條辣椒晾曬成，用於熗炒各式葷素菜肴，但主要還是製做辣椒粉和紅油辣子。最適合用於煉製紅油的是：二荊條辣椒、子彈頭朝天椒及七星椒、小米辣；若要吃得辣，可選用朝天椒加小米辣，兩者辣味重、色澤紅，那就會辣得你七竅生煙跳蹦床；要吃得香，便用成都二荊條加七星椒，辣味適中、色澤紅亮，重在辣香，那會吃得你搖頭晃腦哼小調；若是既要辣又要香、色澤紅亮，則選用朝天椒、小米辣和二荊條混用，那就是又辣又香，舒爽可口。俗話說得好：常在鍋邊走，是肯定會兩手。但若是辣椒紅油都煉製不好，那你還操啥子川菜達人，超級吃貨呢？也就很難在味道江湖上混了哈！

#### 民間調製法

**製法一：**選用二荊條乾辣椒和乾朝天椒（子

彈頭辣椒），將其剪成短節子，鍋燒熱，放入少許菜油加熱，再倒進辣椒節，中小火炒至油亮、出香氣、出辣味，千萬不能炒糊炒焦；然後晾涼，再舂製成粗辣椒末，最好不要舂得太細，要不煎出的紅油易於渾油、難以清花亮色。

將粗辣椒末盛入容器中，加很少量的鹽、白糖、味精、五香粉，也可加適量熟芝麻，再用香油調濕；然後鍋燒熱，倒入菜籽油，中火燒至表面油泡散盡、略冒青煙關火，下蔥節、薑塊炸香至色焦黃，撈出不用，淋進辣椒粉中剛淹沒為止，然後攪勻；稍待片刻，等鍋中油溫略涼時再全部倒進辣椒中攪勻，加蓋存放二十四至四十八小時，晚間再攪動一兩次。這樣你的熟油辣子便會是既紅亮又香辣。如不願吃得太辣，可只用二荊條辣椒。煉製時一般儘量少用草果、八角、香葉等香料，太重的植物香料不僅影響香辣氣味，還帶有一絲草藥味。

乾脆再給你透露一個增香的訣竅。先用一小碗，放一大把花生仁、核桃仁用沸水浸泡幾分鐘撈出瀝盡水分，中火將鍋燒熱，倒入菜油，隨即放入花生仁、核桃仁，用小火油酥，不停地鏟動，待花生仁炸響、爆裂、鏟幾顆碰撞鍋邊，發出清脆聲即關火，將花生仁撈出，再放進薑蔥炸香，再淋燙辣椒粉。但千萬要注意，不可將花生核桃仁炸糊了，油就不能用了哈。這樣煉製出的辣椒紅油，那才叫個香哦！聞到就要流口水。如果再結合製法三煉製，那你的紅油辣椒，連川人都會驚歎你手法高明，跪求師傳傳授秘訣。

**製法二：**辣椒粉按前法準備好後，待鍋中菜油燒熱，在放蔥薑時，亦可投放些乾辣椒節和新鮮小米辣節子一起炸香出色，撈出不用，再按前述程式淋入辣椒粉中攪合均勻即可。這樣的熟油辣子，顏色更紅亮、辣度較高，且帶有煳辣香味。

**製法三：**鍋中菜油燒熟後放蔥薑炸香撈出，

改成微火，將市場上賣的紅油豆瓣（原紅豆瓣）事先剁細，加上剁茸的泡紅辣椒，倒入油鍋中翻炒，待出紅色、香氣撲鼻時，用細沙網將油濾出，豆瓣還可另用，然後按前述程序分兩次先後淋入辣椒粉中攪和。此種熟油辣子色澤紅亮，帶有一股醬香辣味，算是川菜中的高檔紅油。

**製法四：**選用朝天椒、二荊條，乾小米椒，三種辣椒按照4：4：2，或3：2：1的比例配製，以微火烘乾，搗成辣椒粉，再按方法一配料、製油，再淋進辣椒粉中攪合。這種熟油辣子，有朝天椒的紅潤、二荊條的香醇、小米椒的烈勁，入眼亮，入鼻香，入口之後辣味層層疊疊、十分過癮。

**特別提醒：**把乾紅辣椒剪成短節，和辣椒籽一起放入有少許熱油的鍋裡用文火慢炒時，炒至辣椒深紅嗆鼻為宜，就能達到酥香。若欠火，辣椒炒得半生、椒皮綿柔，不易搗成辣椒粉，且不辣不酥；炒過火了，辣椒會焦糊，發苦不辣，辣味溢出椒外，也就沒有香味了。辣椒炒製得當，辣味含於椒內、香於其間。接著把炒好的辣椒放在石舂窩裡反復地舂，直到乾辣椒變成辣椒粗粉，不能太細。雖說現今有了電動打磨機、攪拌機，既方便又快，但四川多數人家還是堅持用這種石窩手工舂製，這樣出來的辣椒粉粗細合適，特別香辣爽口。

配圖：圖184　圖說：煉製好的辣椒紅油通常要放24小時，方才色紅香醇。

**專業調製法**

專業川菜大廚對紅油，是很講究的，各有各的訣竅，有的很傳統、有的很新潮，這裡介紹幾種比較通用的方法。

**製法一：**朝天椒、二荊條、小米辣節子按前法配搭，少許熱油小火炒香晾冷，舂成粗粉盛入容器，加入用清水浸泡過的八角、草果、白蔻、香葉、花椒拌勻；大火將菜油煉熟後關火，下薑蔥、炸至微焦撈出，再下洋蔥塊、芹菜節、香菜炸出香味後撈出不用，主要是增加香味；待油溫降至六成熱，先倒入部分熱菜油將辣椒粉攪勻稀釋，待鍋中餘油溫度稍涼後，全部倒進辣椒中攪勻，放置兩三天就可以用來拌涼菜或麵條餃子抄手了。

**製法二：**儘量利用以前煉製的，紅油用完後剩下的辣椒腳子，將新鮮朝天椒和二荊條混合的辣椒粉倒入攪合均勻，再加點拍破去籽的草果、掰成小塊的桂皮、八角、拍破的核桃、老薑、蔥結再攪勻；菜籽油煉熟後，油溫降至六七成熱，舀進辣椒粉中，一邊攪動一邊淋油，蓋上蓋放置兩三天，即可用於涼菜和熱菜。

**特別提醒：**煉製紅油，辣椒的選用很關鍵，要用色紅、亮麗、新鮮、無黴變的當年乾紅辣椒，煉出的紅油才香辣醇濃。煉製紅油最好是川西壩子的黃菜籽油，其次是花生油，調和油雖說也可以，但煉製出來的紅油，總不如菜籽油和花生油香。用油比例約為辣椒粉與菜油1：3，煉製時，油溫很關鍵，油溫過高，辣椒會被燙成焦糊，不可再用；油溫過低，則辣椒不紅不香。

傳統煉製紅油一般都不用香料，頂多就用點老三樣：八角、草果、桂皮。後來，為了突出香味，便加了薑蔥、洋蔥、芹菜、香菜，以及核桃、花生、芝麻等，體現一種複合香味。其實，煉製紅油主要突出辣椒的辣與香，也就是自然本味的香辣，從辣椒和熟油中飄溢而出的那獨特的酥香、糊香、脂香、辣香……一聞到就誘人口水亂湧。若輔助香料用得太多太雜，香到是香，可濃鬱的植物香味往往會壓住辣椒本身的香辣味，這就有點像過去有老師傅常說的：脫了褲兒打屁，多此一舉。

## 泡椒紅油調製秘訣

烹製泡椒菜肴，除了要加泡紅辣椒節或泡子彈頭紅辣椒外，還要加攪碎的泡辣椒茸和泡椒紅油，才能風味十足、色澤紅亮。泡椒茸好做，但泡紅辣椒油就有點講究了。

先將泡辣椒節攪成茸，備好辣椒粉待用（３：１），花椒粒、八角、三奈、桂皮、白蔻清水浸泡透；鍋置火上燒熱，下菜油（比例約為１份辣椒，４份油）燒至油泡散盡，鍋離火，下薑蔥炸焦黃撈出，再放進泡紅辣椒茸、辣椒粉，小火翻炒至油色紅亮、放進花椒及香料翻炒至香味四溢時即可，晾冷後裝入容器，兩三天後就可用於拌菜和烹製泡椒風味菜肴了。

## 豆瓣紅油調製秘訣

豆瓣紅油是以色紅酯香、醬味濃鬱的正品郫縣豆瓣或原紅豆瓣為主料，經手工剁細或絞磨機製茸為原料，經加入菜籽油加熱燙漬而成。適用於家常味型的菜肴烹飪，或特色冷菜的拌製調味使用。

郫縣紅油豆瓣或原紅豆瓣５００克、菜籽油５００克；菜油入鍋燒至油泡散盡，微微冒煙，關火，下蔥節、拍破的薑塊炸香後撈出；將豆瓣醬茸入鍋再用小火反復炒到出色出香；將豆瓣連油一併裝入容器內，靜置４～６天，中途攪動兩三次，再將紅油濾出即可。特點：油色紅亮，醬酯香濃、微辣味醇。

**特別提醒：**亦可按上述紅油煉製法三製作豆瓣紅油，提取後的豆瓣酥茸，可另作炒菜、燒菜原料和蘸碟使用。

## 香辣醬調製秘訣

也叫辣椒醬。在巴蜀人家，辣椒醬是不可或缺的，猶如泡菜一般，或佐餐、或調味、或打蘸碟，甚或是夾饅頭、鍋魁、吃手攤子涼粉等，硬是好吃得很哩。筆者從兩歲起，只要吃飯，沒有一碟辣椒醬，就要哭著罷吃，這一習慣一直保持至今，老不悔改了。香辣醬也純粹是民間的，故而依各家口味，顯得是七滋八味、風味紛呈。

記得小時候放了暑假，便回到鄉下耍，也正是鄉裡人家收紅辣椒、做豆瓣醬或辣椒醬的時節。鄉裡人對辣椒真是非常有感情，沒菜時，辣椒就是主菜，有菜時，辣椒便是調料、佐料，尤其是是吃豆花。所以，摘紅辣椒、剁辣椒、做辣椒醬，就成了每年七八月間鄉裡人家的最主要、也是最熱鬧的大事，那段時間常常是每天要剁好幾個鐘頭的辣椒。小孩子跟著大人一起剁，圖個好耍，但卻不時用手去揩頭上臉上的汗水，這一雙小「辣手」，觸碰到哪兒，哪兒就會火辣辣、燒呼呼灼疼直鑽心。有時一不小心擦了下眼角的汗珠，那眼睛辣得硬是睜不開，滿院子就像瘋狗一樣亂跳蹦、亂叫喊。兒時在鄉下看著外婆做辣椒醬，吃著外婆做的辣椒醬，每次回城裡時外婆還會裝上一大罐，千叮嚀萬囑咐地要我小心別摔破了。至今，雖說外婆已經遠走高飛好幾十年，回不來了，可那情景、那滋味依然靜靜地躺在我心田深處……。

**製法一：**鮮紅辣椒去蒂、洗淨、晾乾水分，然後加薑米、蒜米和辣椒一起剁細，加適量鹽、生菜油調勻，裝入缸缽或罈子內密封醃製兩天，接著倒在盆中晾曬到表面呈灰白色時，再裝進缸缽，加花椒粉、胡椒粉、五香粉、少量白糖、白酒或醪糟汁，攪合均勻後，再加進生菜油，寧多勿少，然後密封醃製兩三天，一揭開蓋，那股香味喲，保管你口水滴到腳背上。另外，還可加水豆豉醬，鄉村多用水豆豉剁茸先用熱油炒香，再加進辣椒醬裡拌勻，風味更加濃鬱。若是在裡面加上曬發黴的胡豆瓣子，那就成了香辣豆瓣醬。

**製法二：**鄉裡人家還善用黃豆（或青豆）、花生做香辣黃豆醬與花生醬。鮮紅辣椒製法如上，黃豆則需先清水泡漲，入鍋煮熟，若是青豆則要先蒸熟，晾涼後剁成細茸，亦可用攪拌機攪成茸，新鮮芹菜去葉洗淨，用開水燙一下，撈出放入冷開水中漂涼瀝乾，切成碎粒；讓後將剁細的辣椒、黃豆茸、芹菜粒裝入盆中，加適量川鹽、八角粉、花椒粉、白酒、白糖，再加適量香油攪勻，最後倒進生菜油攪合均勻，裝入缸中醃漬一周後即可食用。

香辣花生醬，則用剁細的鮮紅辣椒（鮮青椒也可）、辣椒粉、油酥花生仁等製成。先將油酥花仁壓成碎末，然後鍋燒熱，下入菜油、化豬油燒熱後，下薑米、蒜米炒香，再放入辣椒粉炒香，然後加進鮮辣椒末、花生仁末，下適量川鹽炒和均勻，撒勺熟芝麻，起鍋盛入容器、再淋適量香油攪勻即可。

## 鮮椒醬調製秘訣

也叫生椒醬、剁椒醬，與香辣醬的做法及風味口感均有所不同。

**製法一：**新鮮二荊條辣椒、鮮小米辣，3：1的量，去蒂、洗淨、瀝乾水分後剁碎，大蒜去皮剁成蒜米、永川豆豉剁碎、冰糖敲成碎粒；將剁碎的辣椒入盆，加川鹽、蒜米、碎豆豉、花椒粉、十三香、冰糖渣、香油、生菜油，攪合均勻，醃漬一周即可食用，可用於直接佐餐、拌麵、蘸食饅頭等，亦可作蘸碟，用來炒菜、燒菜。口感鮮辣清香、風味濃醇。

**製法二：**新鮮小米辣、二金條青椒去蒂、洗淨、晾乾水分，剁成細末，裝入容器中加川鹽拌勻，醃漬約2小時；將醃漬好的辣椒末潷去汁水，再加進剁茸的泡辣椒、野山椒，薑米、蒜米、細蔥花、油酥豆豉碎末、白糖、香油、豆瓣紅油調拌攪合均勻即可。香辣可口、略帶酸香，可直接用於佐餐、吃拌麵、蘸食饅頭，亦可做沾碟、拌菜，如拌茄子、拌鵝鴨腸，燒血旺、魔芋及剁椒魚頭，風味絕佳。

**特別提醒：**在以上紅油辣子的基礎上，依據口味喜好，選用各式辣椒醬調製成紅油辣椒味碟，可用於搭配燉菜、湯菜，如燉肘子、燉蹄花、連鍋子、燉雞、燉鴨、清燉牛肉、羊肉，以及白水花菜、青菜頭、蘿蔔、冬瓜、豆腐等的蘸碟。當然，巴蜀人家，尤其是鄉村人家，最為講究的還是豆花蘸碟，調製與風味十分地精緻精美。

### 複合醬油調製秘訣

亦叫紅醬油、甜紅醬油，在川菜烹調中，複製紅醬油起到非常獨特的增色、增鮮、增香的作用，它不僅使菜肴、麵食等色澤豔麗，且鹹甜鮮香、味美醇濃，令人印象深刻、穿腸難忘，像炒回鍋肉、紅燒肉、粉蒸肉、拌蒜泥白肉，小吃甜水麵、鐘水餃等。

**調製法：**將至少兩瓶裝醬油，通常每瓶４５０克（醬香或酯香型、口蘑醬油都可）、紅糖約１００克、八角、三奈、草果、肉桂各少量或用五香料包一同入鍋，燒開後改用微火，保持微沸狀，以延長熬製時間，利於香味溢出，待醬油濃稠時，撈出香料，放適量味精，攪合均勻，晾涼後裝入容器，置於陰涼乾淨出即可。

### 花椒油調製秘訣

包括用紅花椒、青花椒和藤椒。通常將花椒粒盛入容器，待油溫降至五成熱，倒入花椒中浸泡出香麻味後，可撈出花椒粒不用，亦可浸在油中。具有花椒香麻、口感清爽，香味濃醇、麻味綿長的特點，多用於拌菜與吃麵條等。青花椒選用重慶四面山和四川金陽青花椒，藤椒則選用峨眉、洪雅出產，新鮮與乾製品花椒粒均可。

## 烹調小訣竅

●**烹調巧用水：**炒、煮蔬菜時，若加冷水會使菜變老硬，加開水則可使菜香鮮脆嫩。

熱水煮燉肉類，肉味鮮美；冷水煮燉則湯的肉味鮮香。一次加足水，肉美湯鮮，中途添加水美味大減，加冷水更是損湯敗味。

蒸魚須等水開了才入蒸籠，魚肉鮮汁不外溢，熟後魚肉香鮮有光澤。

豬肉不宜用水泡，肉的營養成分與鮮香成分會被溶於水中，通常可用淘米水洗淨，清水沖洗，擦乾水分待用。

●**烹調妙用油：**炒、燒、燜、燴葷菜宜用混合油（熟菜油或調和油與化豬油），素菜則宜用化豬油或雞油，炒燒素菜可適當加點牛油，燜燴素菜宜加少量雞油、奶油，這樣鮮香可口，營養豐富、孩子尤為喜歡吃。

用油要掌握「少則香，多則傷」的原則。通常是鍋燒熱後，先放些許油，端起鍋，沿邊旋轉幾圈，使油附著在鍋周圍，這樣炒鍋就光滑油亮，這就叫「炙鍋」，然後再把油倒出來，再重新放入油燒熱，倒進原料炒合，如此炒出的菜又油亮又香脆。

再有，通常炸過雞、魚和其他物料的油，往往留有原料的腥味或異味，在用於炒菜會影響菜肴的味道，但廢棄不用又是很大的浪費，可以將油燒熱，投放幾粒花椒、蔥結、薑片、茴香炸至焦黃撈出，這樣油就沒有異味了。

●**烹調巧用酒：**米飯如果煮夾生了，可在飯鍋中澆上兩三小勺米酒，蓋上蓋在蒸煮一會兒即可熟透。

炒冷飯或蛋炒飯，加點酒可使飯不結團且酥香；若是煎炒雞蛋、鴨蛋，滴幾滴酒，則蛋品松泡，香醇、無腥味。

做涼麵時，麵條若是結成團，可噴些米酒，麵條就會輕易都散開。

燒、燉牛肉或鴨子時可加一瓶啤酒，不僅奇香襲人、且鮮美柔嫩；燒燉魚類亦可用啤酒，則香濃味美。

●**烹調善用味精：**味精在菜肴中除了能增鮮提味，還能平和鹹味、緩和酸味、綜合甜味、減弱苦味，具有豐富菜肴風味的作用。根據這一特點，糖醋味、醋溜菜就不宜用味精；酸辣味用味精鮮味效果更加不明顯；涼拌菜時，應先用少量溫開水將味精溶化，再拌入菜中，方才鮮美可口；一些本身就含有豐富鮮味元素的食材，像雞蛋、菌菇、鮮貝等則不宜用味精，烹製海鮮如魚翅、鮑魚、海參類，則是大量使用高湯增鮮體香，不會使用味精、雞晶類增鮮劑。

●**烹調妙用醋：**食用醋酸而醇厚、香而柔和，是烹調中常用的調味品。醋在烹調中的用途很廣，可調和菜肴滋味，增加菜肴香味，去除異味；醋還可減少原料中維他命C的損失，促進食物中鈣磷鐵的溶解，增強菜肴的營養價值；調節和刺激食欲，促進消化液的分泌，有助於消化吸收。

在原料加工中像馬鈴薯、蓮藕、山芋、山藥、蘋果、香蕉等含有豐富澱粉類的食物，在加工清洗後，將其浸泡在醋水中，即可防止氧化所產生的「鏽色」，使原料保持新鮮顏色，像煮燉藕等容易變色的蔬菜時，稍加些醋，就可保持其潔白。

煮燉牛羊肉和肉質較韌硬的肉類或野禽畜肉時，加適量醋，可使肉質軟化、易於熟爛，酥軟入味，更顯柔嫩鮮香、咀嚼化渣。

烹調中，醋常和糖、鹽、味精或鮮湯等共同調味。像酸味與甜味則可相互減弱，過酸則可適量加糖以緩和酸味；過甜則適量的加些醋，以緩和甜味。

烹調菜肴，起鍋時滴入少量醋（以感覺不到酸味為宜），能使菜肴增香提鮮、減少油膩感。若菜肴味道過辣，加少許醋即可減弱辣味。

烹炒豆芽、馬鈴薯絲、藕片（丁）、白菜、青筍等瓜果蔬菜時，在原料下鍋翻炒幾下後，隨即烹入少許醋翻炒，繼而投放其他調輔料炒熟，這樣可使菜肴清香、脆爽。

●**烹調巧用蔥：**蔥、薑、蒜是非常普遍的香辛料，幾乎是有烹飪的地方就會用到蔥、薑、蒜，但能把蔥、薑、蒜用得名滿天下的也只有川菜，最著名的就是魚香味的菜肴，重用蔥、薑、蒜再調入酸香、微辣的調料就神奇的創造出魚香，顛覆了世界味蕾。

蔥在川菜中常用的有三種，大蔥，細香蔥及青蔥。四川地區特別喜愛細香蔥的清香和辛香味。蔥的使用通常分成兩部分——碧綠的蔥葉與白晢的蔥白，大蔥多用蔥白主要取其辛香味，也作為提色、增色之用。細香蔥葉長莖短，故而多用蔥葉，取其濃鬱的鮮蔥清香，並利用蔥葉之翠綠來為菜肴增色，誘發食欲。而青蔥的使用也很有趣，蔥白、蔥葉都用，蔥白下鍋爆香，蔥葉成菜後提香增色。

因蔥所具有的獨特辛香氣味，故在烹調中的運用十分講究。除了大蔥、小蔥、蔥白、蔥葉各有所用外，配料調味中亦也分為蔥結、蔥段、蔥節、蔥絲、蔥顆、蔥花、蔥茸、蔥水、蔥油等。且熱菜、涼菜各有不同的用法。行業中還總結出「生蔥熟蒜」的經驗。像蔥結，即將蔥挽成結，多用於滷菜、燉菜、蒸製菜肴去腥增香。蔥段，又叫馬蹄蔥，適用於作蔥燒菜、乾燒菜、又與薑片、料酒一道用於原料醃漬碼味。蔥節，多用於炒溜熗拌等菜式。蔥顆用於炒菜、涼拌菜類，像宮保雞丁、辣子肉丁、紅油兔丁等。蔥花，則多用於涼菜、湯菜及麵條調味。蔥葉茸，用於椒麻味調味或製蔥油。蔥絲，既能增香又點綴抬色，增強美觀，多用於京醬肉絲、脆皮魚等。

烹調時，蔥的投放也很講究，炒、爆、溜之類的菜式，因時間短、成菜快，蔥多在菜肴起鍋時放入，略炒即起鍋，這樣既脆嫩美觀、又有濃鬱的蔥香味。

燒悶菜肴類，烹調時間較長，但因選用大蔥之蔥白，且蔥節較粗長，故而需要較長時間煸炒才能充分是大蔥揮發出香味，但也只能煸炒至蔥色微黃。

●**這樣製湯，鮮香味美：**燉熬豬骨、蹄花、肘子、雞鴨、牛羊肉，要使湯味鮮香味美，應遵循四個步驟：

1、清洗乾淨，先用沸水稍煮，打盡浮沫，撈出再用清水沖洗。

2、將沖洗淨的原料放進大鍋中（最好是砂鍋或瓦煲），放蔥節、拍破的薑塊，料酒、加進所需的2／3冷水量，大火燒開，反復打盡浮沫，再將先前煮原料的水過濾入鍋中，若是燉牛羊肉或鴨子，可倒入一罐啤酒。

3、燒開後改為文火（湯面微微冒泡、沸而不騰）、加蓋慢煨緩熬。中途絕不可再加水，更不能加冷水。通常燉雞鴨約需2小時、豬骨、豬蹄、豬肘需2至3小時，牛羊肉需4小時。

4、燉至原料酥軟時，可將薑蔥撈出，放入鹹鮮榨菜，若是麻辣榨菜則要將表皮洗盡（整塊切成4至5片），可不再放鹽、胡椒粉等調味料，繼續燉一刻鐘即可。燉羊肉羊雜，可在燉熟軟後加少量鮮奶，這樣，不僅湯味鮮香，且肉食軟糯香美、形整不濫不垮，再根據口味搭配各式蘸碟。

●**怎樣巧用嫩肉粉：**嫩肉粉用來對一些粗老硬韌的肉類進行柔軟嫩化處理是一種最有效的方法。烹飪中使用嫩肉粉時，可先用溫水將粉末融化，然後將切好的肉塊、肉片、肉絲放入，拌和均勻後放置15至30分鐘即可直接烹飪。也可將嫩肉粉直接加進醬油或調味汁中，攪合均勻，放入肉料拌合，擱置15至30分鐘再烹飪。如果急於烹飪，可將融化了的嫩肉粉汁水與原料拌合，放進微波爐以小火微波加熱一分多鐘，即可烹煮了。

**●急火成熟，慢火入味：**烹調中用火是關鍵，對不同的原料和烹調方式都特別講究用不同的火候。像「急火成熟」，即指小煎小炒、滑溜等菜式，尤其是帶葉蔬菜類，像豌豆尖、萵筍尖、藤藤菜（空心菜）、菠菜等；既要保持其中的維生素、葉綠素等營養成分儘量少損失，又要保持本身的鮮嫩、翠綠，這就必須用急火快炒，鍋燒熱、下油燒至冒煙，倒入原料炒拌三兩下，熟透即調味起鍋裝盤。

炒葷菜類，如魚香肉絲、肝腰合炒、宮保雞丁、黃瓜肉片、蘑菇肉片等滑溜菜肴，在極短的時間內投放調輔料、調味料，翻炒起鍋，時間稍長原料即變綿軟，失其脆嫩口感，通常下鍋快速翻炒均是以秒計。如此菜肴方得以保持脆嫩鮮美、香醇可口。

慢火入味，多指燒燴燜的菜式，或是原料大塊、整只（條），以及腥味較重的動物性原料。烹製這類菜肴，通常是先用大火燒開，打去浮沫，再改用慢火（小火）燒燜，像紅燒牛、羊肉，紅燒蹄膀、燒雞鴨兔肉類。慢火慢燒，可以使原料本身的滋味溢出，又使調味料的滋味浸入原料中，兩者之味，一出一入，達到入味的效果。當然亦有例外，民間和行道中都有「急火豆腐慢火魚」之說，像燒麻婆豆腐、燒米涼粉等就要用急火，燒豆瓣魚、乾燒魚即需用慢火方能入味。

**●自然收汁菜肴的火候：**自然收汁菜肴是川菜獨特的烹飪技法之一。收汁，是指使菜肴湯汁濃稠粘附在原料上使其上味的方法，自然二字，即指不另加湯料、芡水，讓菜肴本身的湯汁自然濃稠，自然收汁多用在燒燴類或炸收、乾燒菜肴，像乾燒魚、乾燒蹄筋。炒爆溜類則是勾芡收汁，如麻婆豆腐、魚香肉絲、豆瓣魚等。

原料烹調收汁用火要經過大火－中火－小火三個過程，使湯汁水分充分揮發，讓味完全滲入原料中。通常是大火燒或炸原料，中火將調輔料煵炒出色出香，摻湯稍煮，或打去料渣，放入原料煮開後，改用小火煨㸆，待湯汁收乾即可。三種火力，起決定作用的是小火，收汁全程保持鍋中原料保持微沸狀態，才能入味、收汁亮油。

**●為啥鍋巴肉片的鍋巴不酥脆：**鍋巴肉片是一款集色香味聲於一肴的川菜名品。但要做到成菜發聲，鍋巴酥脆就需要真功夫。首先應選用色呈金黃，厚薄適度（4～5毫米），乾透的鍋巴塊。如沒乾透炸出的鍋巴就會綿軟；其次是炸鍋巴的油溫過低，鍋巴因此不鬆脆，吃起頂牙，再是炸好的鍋巴沒有及時上桌，由於溫度降低，以致肉片湯汁淋上去後不出聲。掌握好這三點，你的鍋巴肉片就十拿九穩了。

**●葷素乾煸菜肴的要領：**乾煸，亦是川菜烹調中的一個獨特技法，其含義即指將原料煸乾致脫水，達到酥軟甘香的口感。因其技術難度相應較高，故而行業內稱其為「火中取寶」。像川菜名菜中的乾煸鱔段、乾煸魷魚絲、乾煸牛肉絲、乾煸四季豆、乾煸冬筍、乾煸黃豆芽等。乾煸的關鍵技巧在於用火。

通常乾煸素菜類，像四季豆、冬筍、蘿蔔、茭白、豆芽、茄子等，因所含的水分較重，具有新鮮脆嫩的特質，因此需要先用大火滾油炸至表皮起皺、色略黃，然後留下少許餘油，再以小火煸炒至見油不見水，烹入少許醪糟汁、加冬菜末、瘦肉末、川鹽，繼續炒至乾香酥軟即成。

禽畜肉類，因所含水分適中，纖維質較多，富含蛋白質，有腥味的特點，像瘦豬肉、牛羊肉、兔肉、鱔魚等乾煸時，先以滾油熱鍋，再以小油量煸炒至水分基本揮發，烹入料酒去腥味，提鮮增香，再以小火煎炒數分鐘，使其乾香酥軟；最後以中火，加醪糟汁、豆瓣醬、醬油、糖、味精等調味料煸炒入味，起鍋撒上花椒粉即可。

**●煮製涼拌雞的竅門：**川菜涼菜中有不少深為吃貨們喜愛的涼拌雞，像白砍雞、棒棒雞、椒麻雞、紅油雞片、怪味雞塊、藤椒雞、缽缽雞等。但要把雞煮製得皮色黃白光潔、雞肉細嫩鮮美，這其間亦自有奧妙。

其一，宰殺清理後的雞需把粘附在表皮上的殘跡搓淨，行業中稱為「搓汗皮」。也就是泡在清水中用手輕輕搓去雞皮上的殘跡，沖洗乾淨後再入鍋烹煮。

其二，整雞熱水下鍋，放蔥節、拍破的薑塊、加料酒，以中火煮沸後打盡浮沫，煮15分鐘左右斷生為好。所謂斷生，即用牙籤插入雞腿或雞胸脯肉厚處，不見血水冒出為斷生成熟。這樣雞肉即鮮美，若煮的時間稍長，則雞肉便會顯老。

其三，雞煮熟後，在原湯汁中浸泡30分鐘左右，使其充分吸收水分，這樣雞肉方得以細嫩化渣，油潤光潔。再撈出搌乾表面水分、晾涼，快刀砍成條塊，便可拌製了。

**●怎樣讓肉丸味美嫩鮮：**肉圓（即肉丸子）是老人和小孩最為喜愛、適口與咀嚼和消化吸收的美食。但要做的鮮嫩香美亦需掌握一定的方法。製作豬肉丸子，要選用七分瘦、三分肥豬腿肉，剁成肉茸（或絞製）後加少許精鹽、料酒、蔥末、薑米、蛋清、一小勺雞油及少量清水，用筷子順時針快速攪和一、二分鐘，再加進少量稀釋的澱粉繼續攪拌，若有筋膜需挑出，攪至能成團的肉茸（放一點在水中能浮起為好）。

然後左手握團肉茸，擠成荔枝大小，右手用小勺刮入沸水鍋中稍煮凝固撈出待用；若是油炸肉丸，即刮入熱油鍋中炸至表皮金黃即撈出備用。其後即根據使用需要燒湯、煮肉圓，下配料、調好味即可。亦可在調製肉圓是加入適量剁成碎粒的芧菇或冬筍、蘿蔔、鮮藕與肉茸拌合，更是風味吃口別樣。雞肉、魚肉圓子亦可按此法製作。

雞肉需選用雞脯肉挑盡筋膜，魚肉則以鯉魚、烏魚等肉質細嫩無細刺的為佳。

**●如何煉製雞油：**在炒燒燜燴菜肴中，尤其是素菜類，適量加點雞油，會使菜肴風味格外香美怡口。那麼怎樣煉製好雞油呢？

家庭煉製雞油，通常是將生雞油過一下沸水，川菜行話叫「飛一水」，讓後晾乾水分、切成小塊，放入熱鍋中、加蔥結和薑塊小火煉製，待出油後，打去油渣涼冷即可。此種方法，尤須注意火候，溫度稍高，則油色黃褐、渾濁、鮮香大減。

另一種是把飛水後的生雞油切成小塊，放進鍋中加適量清水，放入蔥節、薑塊煮製，代水分揮發盡，雞油亮出，打掉油渣即成。此法煮製出的雞油，顏色清亮，類似沙拉油，但香味不足。

烹飪行業中不少大廚採用這樣的方法：把生雞油飛水後放進碗內，加拍破的薑塊、蔥節，然後密封，放入冒大氣的蒸鍋中蒸化，取出稍晾，挑去表面的油膜即可。這一蒸練出來的雞油，水分含量較高，鮮香味濃醇。當然還有其他專業煉製方法，因其較為複雜繁瑣，不太適宜家庭採用。

**●怎樣炒好糖色：**烹調中不少燒菜、滷菜、蒸菜等需要用糖色來加強其色調，增強菜肴視覺感染力和風味特色。像紅燒肉、鹹燒白、扣肉、紅滷汁、火鍋汁製作等。通常製糖色採用紅糖、白糖、冰糖其中之一，依據菜品風味需要選擇。在餐飲行業中，有用少量油燒熱將糖放入炒熔化，至棕紅色，再加少量熱水稀釋而成；亦有將水燒開，放入糖煮化至水乾變為棕紅色而成。較常用的是用油炒製，具體操作方式如後：

取１００克糖（紅糖、白糖、冰糖均可），２５０克開水，２０克菜油或沙拉油；炒鍋清洗擦淨，置於中小火上燒熱、下熟菜油和糖，用勺不停地翻炒，待糖開始熔化，由半透明變為淺黃色，並開始冒小泡時，用勺不停地順時針攪動，當糖完全融化、冒大泡，色澤變為棕紅時迅速摻進開水攪合均勻即可。治好的糖色，應當是醬紅色且粘稠適中。若火較大，或稍有怠慢，使糖色很快變成黑褐色，甚至產生焦味，就不可用了。

**●蒜泥增香的訣竅：**不少菜肴，尤其是涼拌菜都要用到蒜泥，一般都是臨用時，剝幾瓣蒜用刀背剁茸，這樣的蒜泥易於氧化、揮發而減弱其辛香味、失去光澤。餐飲行業中多用後面的方法製作蒜泥，不僅蒜味香濃、色澤油亮，且辛香氣不易揮發。

選用新鮮大蒜去皮，將石臼窩擦洗乾淨，先放薄薄一層精鹽，再放進蒜瓣，即可開始搗製。搗蒜時，應邊加蒜瓣邊加鹽（少量）、味精，直至搗成蒜茸，用小勺舀進容器內，調入適量的香油、薑蔥水，少量涼開水，然後順一個方向攪合蒜茸，使其與香油充分融合，直到看不到香油為止，再加少量涼開水將蒜泥稀釋解散即可。亦可用攪拌器，放進蒜瓣、精鹽、香油、薑蔥水極少量涼開水、攪拌2～3分鐘即可。這樣的蒜泥用於涼拌蒜泥白肉、蒜泥黃瓜、蒜泥肚絲、蒜泥蠶豆或紅油水餃，那味道就是好極了哈。

**●禽畜肉烹飪何時為佳：**生活中人們大多認為，家禽家畜，甚而一些野味，要現宰、現殺、現烹，方才味道鮮美，這是極大的誤識。宰殺時，動物處於本能的緊張和在宰殺時的掙扎所產生的痛苦，其肌肉與質地會出現原始性的保護性變異，且會釋放出自衛性有害毒素，這就是為什 宰殺後的禽畜肉食，肉質僵硬、堅韌，不易煮爛、難以咀嚼，需要經過一個「後熟」的演變，即在一定的時間內，經過物理、化學作用，食肉之自然鬆弛而質地柔軟、多汁、鮮美。

一般情況下宰殺後的家畜（豬牛羊兔等）肉食，應放置一段時間，通常夏季2小時（存放在冰箱更好），冬季需4小時，即可烹飪。雞鴨鵝及海河鮮等，宰殺後6小時烹飪為好。

**●怎樣燒魚才能魚形完美：**烹燒一般的魚鮮，重要的把握火候，即炸魚要用大火，燒魚用小火，收汁用中火；烹燒中儘量少翻動魚，魚身，翻面時動作要輕，切忌碰傷魚皮。當然專業廚師烹燒魚，尤其是乾燒，則講究及時旋動鍋，甚至燒製中途還要另換鍋，如此來保持魚形完美，不爛不垮。但關鍵還是燒魚時掌握好用火大小與時間長短，儘量避免魚體粘鍋。

**●炒回鍋肉為啥不起燈盞窩：**回鍋肉被譽為「川菜第一菜」。其風味特色之標準是：肥瘦相連、厚薄均勻、軟和適口、鹹鮮香濃、微辣回甜、醬香濃鬱、呈燈盞窩狀。尤為肉片是否呈現燈盞窩狀，反映出烹調者的技藝水準。其間有四個重要環節。

一是，選料要精。做一份正宗的回鍋肉，應選用皮薄膘厚、肥瘦相連的豬後腿座臀肉（俗稱二刀腿子肉），肥三成瘦二成，肥肉的厚度約兩指餘。由於這部分肉質細嫩，肥瘦相間適宜，爆炒時方能易於捲曲成「窩狀」。

二是，煮肉要適度。一般地講，肉類中保持適當水分，成菜後口感就鮮嫩脆爽；如果原料中水分流失過多，菜肴的口感就僵硬頂牙。煮回鍋肉就切忌久煮，否則瘦肉部分會因水分流失過多，變得緊縮老硬，幾失去鮮香細嫩口感，爆炒時又很難捲曲成窩形；且肉皮與肥肉部分，因久煮而軟糯粘爛、難以切成標準片張。

回鍋肉正確的煮法是，放入開水鍋中煮一刻鐘左右，至肉色發白，皮軟能掐得動，瘦肉部分剛斷紅（俗話說的七分熟），隨即撈起用涼水沖漂涼冷。

三是，切片厚薄要均勻，長度合適。通常要切出回鍋肉標準片張，應先修成5～6公分長、

4公分高的肉塊，再切成約3毫米（約兩個硬幣厚）的片塊。若切得太厚，爆炒時就不易收縮捲曲，太薄又容易炒焦。

四是，爆炒火候很關鍵，是能否起燈盞窩的關鍵所在。爆炒時應用大火、油多，油溫達80～100度（五六成熱），這時油溫不宜太高，肉片在均衡油溫中易於逐漸卷縮，脂肪溢油、瘦肉脫水而促使其纖維收縮，便形成燈盞窩形態，並飄逸出肉香味。此時可以將多餘的油滗出，留適量油，烹入料酒去腥增香，當水汽已乾、肉片吐油，隨即放入剁細的郫縣豆瓣煵炒至油現紅色，再下甜麵醬，改用小火炒和均勻，加少許白糖或甜紅醬油，調成中火，放進青蒜苗迅速炒斷生即可起鍋裝盤。尤為是爆炒的後期，瞬間火候的調控運用，方才能烹炒出一盤紅亮碧綠、濃香四溢、形似燈盞的道地回鍋肉。

**關鍵秘訣：**現今多用豬前夾的五花肉來烹炒回鍋肉。所謂前夾是指豬身兩側靠背脊上方的肉。五花肉因是肥瘦相間，更不易起燈盞窩。但現在的豬肉飼養時間短，皮質較薄且嫩，可採用生肉不經水煮，按上述標準切片，直接入熱油鍋中爆炒，則可呈現燈盞窩形，且肉質也較鮮嫩香美。另一種方法是把切好的生肉片放入熱鍋中加少量水，煮至水乾吐油，肉片卷縮，再按上述程式放進調料爆炒，也可炒出一盤道地回鍋肉來。

●**脆皮魚製作三步曲：**糖醋脆皮魚以其完整的造型，酥香的外皮，細嫩的肉質，獨特的風味在餐桌上經久不衰，深得人們的喜愛。但是，由於糖醋脆皮魚的製作技術要求高，操作有一定的難度，往往達不到要求。實務上的關鍵，在把握選料、調味、初加工的前提下，必須以下掌握製作的三步曲。

第一，刀工處理講技巧。因為製作此菜肴的魚一般體積較大，含水分較多，要達到花刀翻花一致，刀距相等，成型美觀的要求，必須講究刀工技巧。如700克左右的魚，刀距以3•3公分（寸距）為宜，先直刀後斜刀剞6～7刀，每片魚肉要深度一致，但不要傷到魚刺；然後再用精鹽、薑塊（拍破）、蔥段、料酒在魚的全身碼勻醃漬10分鐘左右，再進行下一步操作。

第二，上漿乾稀要均勻。魚碼味後，將魚用乾淨的布抹去水分，輕輕地撒上薄薄的一層乾細麵粉，再將乾麵粉調成漿汁，濃度以稠米湯狀為宜。上漿方法是用手提起魚尾，魚頭向下，讓漿汁從魚尾流下，並不斷旋轉魚身，使漿汁均勻地掛滿魚身。如果漿汁太稀，流淌太快，不易粘好；如果漿汁太濃，流淌不暢，漿汁易起坨，造成皮不脆。此菜肴的漿汁不能加雞蛋，因為用雞蛋調出的漿汁受熱後會不酥脆，淋上汁後會回軟，口感不好。

第三，油溫時間要控制。脆皮魚的特點就是魚皮酥脆。要達到這個要求，重點是掌握油溫和時間。如果油溫太低炸製時間長，魚皮發綿發柴；如果油溫過高炸製時間短，魚皮魚肉會外焦內生。正確的方法是，分兩次炸。第一步，定型。當油溫到七到八成（油溫190℃～210℃之間）時，一只手提魚尾，將魚頭浸入油鍋，另一只手持勺舀油，從上到下均勻地澆油；當魚身上的澱粉顏色由白變黃變硬時，再將整個魚浸入油鍋中炸；當魚全身由淺黃色變成金黃色時，減小火力，再將魚移到鍋邊待用。第二步，複炸。先將糖醋味汁調製好裝入碗中，再將油鍋火調大，待油溫升高到八到九成熱時（約220℃～230℃），速將魚投入油鍋中炸片刻，當魚色變成棕黃色後，撈入盤中，立刻將兌好的味汁澆上，在「呼啦」的聲音中上桌。

●**如何使蔬菜鮮嫩如初、不變色：**通常在烹炒蔬菜時，由於於空氣中的氧作怪，蔬菜容易變成較難看的褐色，影響人的吃情。因此行業中多採用三種方法來保持蔬菜不變色。

一是水寬湯沸將蔬菜下鍋先氽一下。一般綠葉蔬菜時間較短，根莖瓜類時間稍長（半分鐘即可），撈起晾涼再烹炒或燒製。

二是浸水隔氧。像馬鈴薯、蓮藕、山藥類、切成片或塊後浸在涼水中隔絕氧氣作怪。烹製時再撈出、瀝乾水分下鍋。

三是蔬菜在過了沸水後淋上少許熟油，使之與空氣隔絕，達到保鮮保色的效果。

關鍵秘訣：一些像四季豆、萵筍、青豆、馬鈴薯絲、藕片等，在沖洗淨後，加少許鹽拌合，放入微波爐中火加熱3～5秒鐘，再下鍋烹炒，既易熟又可保持其鮮嫩如初、色美香脆的口感。

**●泡菜、拌菜三要訣：**四川泡菜，是聞名天下的風味美食，辣酸甜鹹、芳香脆嫩、鮮美多滋，是餐座上畫龍點睛之佳作。四川人家除了泡有陳年老泡菜外，一日三餐所吃的泡菜，則叫做「洗澡泡菜」，指將新鮮蔬菜加工成小樣，亦如洗個澡、沖過淋浴般，頭天泡進鹽水罐裡，第二天即可吃，鮮嫩如初、香脆味美，極其爽口。但要泡好亦也不簡單，至少有兩個環節很重要。

1、若要泡菜香，離不開陳年湯。瓶瓶罐罐中新調兌的泡菜鹽水，因為沒有乳酸桿菌，故而只有鹹味，沒有香味，最好加進一些乳酸桿菌豐富的老泡菜鹽水，便可使其酸香濃醇。

2、若要泡菜味道好，薑椒蒜芹少不了。調兌泡菜新鹽水最好用礦泉水加四川自貢特產的「泡菜鹽」，同時輔以嫩薑片、新鮮二金條紅辣椒、蒜薹、　頭、芹菜杆，即可增香提鮮。還可殺菌保潔。

經驗豐富的泡菜師傅，在泡製「洗澡泡菜」時，總少不了要加適量的白酒、醪糟汁、紅糖（冰糖）、花椒、茴香、三奈等香料，不僅能大大增加泡菜的香美風味，還能抑制腐敗菌的滋生，保持鹽水不生花、不變味。

3、醃拌蔬菜，味美可口。通常在涼拌三絲、青筍絲，以及像蓮花白、紅白蘿蔔、青菜頭、甜椒、黃瓜等涼菜時，先洗淨，切成所需的絲、片、條、丁，用少許鹽醃漬十來分鐘，然後用涼白開水沖洗，使勁擠乾水分，在拌合或淋上所需的調味料、或紅油、麻辣、糖醋等。既保持鮮嫩脆爽、有味美多滋。

醃製泡菜時，罈中若是容易生花，就是讓人最頭疼的問題，一是使泡菜難看，二是讓泡菜變味。有些廚師會在罈中灑入白酒，這樣做能滅掉一些「花」，但不持久，十天半月後又是一層，而且放多了酒，泡菜會有股糟氣。川人的秘訣就是在罈中埋入鮮竹筍，別看這小小不起眼的一根，進罈後再多的花，多半七八天就沒了，兩三根竹筍，就可保鹽水半年不生花。當然，必須是新鮮的竹筍。

另外，泡菜的製作其實是「蔬菜＋鹽水」的發酵過程，溫度很關鍵，最適宜的溫度為20℃，溫度高了，發酵過快，泡菜就容易發酸、生花；溫度低了，發酵太慢，泡菜不易入味。罈子一般是放在陰涼、避光、通風處保存。泡菜一定要接地氣才好吃，家住樓層上的，可用一個大盆裝上土，澆透了水之後再將泡菜罈放在上面，定期澆水別讓泥土乾透，就像栽養盆景一樣，雖然麻煩一點，但泡出的菜又香又脆，罈中也不易生花。

# 第八篇　麻辣名菜篇

在川菜名菜佳肴中，廣為人知，頗受世界食家熱捧的經典名菜，大多都是或辣或麻，要麼麻辣並重的家常菜肴。常言道：好菜民間、好味家常，又有道：好吃不過家常菜。不僅如此，源於民間、興於民間的這些家常菜還蘊涵著諸多淳樸感人的佳話軼事，與其風味味道一樣令人心醉神迷。本篇將重點介紹川菜中膾食人口的家常風味名肴、麻辣風味名菜。讓川菜達人、川味吃貨們更能有滋有味地品享，有章有法地盡興烹調。其核心是要掌握原料與調輔料的選擇、初加工、烹製的用火要求、下料的順序等幾個步驟，方能達到味驚四座、穿腸難忘、常吃常想的烹調技藝境界。若能再弄清楚川菜中的幾個基本的概念，那麼，你的廚藝便「會當淩絕頂，一覽眾山小」了。

# 傳統正宗 烹調真經

中華各地菜系，都有傳統、正宗、精品之說，然而，一直以來，在川菜中，無論行業還是市場，人們對傳統、正宗和精品的認識，總是說不清、道不明，概念模糊、認知混亂，甚而避而不談、視而不見。通常所言之「傳統」與「正宗」，說到的不外乎就是回鍋肉、麻婆豆腐、魚香肉絲、宮保雞丁等老牌名菜，然而，這些只能稱為傳統菜品。

所謂「傳統」，是千百年來在烹調演進中所形成之成菜理念與思維。中國人做菜，同樣講究的是「天時地利人和」。「天時」，即季節時令，「地利」意為地方風物特產和原生態生長、養殖的食材，「人和」，便是烹調者的烹飪調味之道與烹調意識和情感。換句話講，烹與調，味和道，當是不同的概念，「烹」即是加熱制熟，「調」是調和治味；而「味」是一種感知，「道」是一種方法。

如此，烹調和味道，須當是「道法自然，自然而然」。即是遵循天地人之自然規律、自然現象、自然法則，以及隨之而產生，因地理環境不同與人體生理機能變化的需求，而取材自然，烹調自然，飲食自然。從而符合人體在自然環境變化中的食欲、風味、口感、生理健康等需要。華夏之大家，即儒家、佛家和道家，將烹調和飲食昇華成為一種境界、一種哲學和文化，像儒家《呂氏春秋》所說「時令之和、性味之和、葷素之和」，以及「有味使之出，無味使之入」等理念，便是「傳統」的概念和內涵。峨眉山佛家名肴雪魔芋，青城山道家名肴白果燉雞，均是循這一理念，這即是「傳統」烹調之道。

在普通人的生活中，相信我們絕大多數人，都難以忘懷並不時留戀母親、婆婆或奶奶做的飯菜，像豆花、臘肉、豆瓣、豆腐乳等，這是因為，她們自然而然地遵循了「天時地利人和」的傳統烹調意識，並在「人和」之烹道裡，注入了他們對兒女和親人的愛情，如此而成為我們生命中一道獨特的，無以替代、難以超越的「情肴」。

再說「正宗」，這是一個相對的概念。就川菜而言，其歷史與文化即是四川移民史和移民文化的結晶。川菜因此形成「一菜一格，百菜百味」的特徵，並在「海納百川，兼收並蓄」中，在原有基礎上甲南北食材與名菜，而自成一格。近現代川菜奠基人藍光鑒亦說：「正宗川味，是集南北烹調高手所製的地方名菜，融匯於川味之中，又以川人最喜食的味道出之」，這便是「正宗川菜」。脫離了這一觀念，無論你怎樣地「融合」、「創新」，都難以稱其為「正宗」川菜，乾燒魚翅、酸辣海參、泡椒墨魚仔等即是其中之經典。那種視「麻辣」為川菜「正宗」，或以「麻辣」代表川菜之「正宗」，皆是膚淺之見、知其然而不知其所以然。

再說「精品」，在市場上不難見到一些打著「精品川菜」旗號的酒樓，「精品」二字就意味著「高檔」。但什麼是精品，從老闆到廚師都很難講清楚。但凡提到精品，便是燕鮑翅參、山珍野味、豪華包房、金盞銀筷。實話實說，這些個珍稀食材，放到任何一個烹技在身的人手裡，都可以做成高檔菜肴。然而，烹技並不等同於烹藝，且烹藝之所在，也不取決於食材的高檔，相反，能化腐朽為神奇者，方能稱為烹藝和大師。

烹藝高超的廚師，常能將一些尋常食材，甚或是邊角餘料、廢棄不用的食材，加工製作成佳肴。像泡菜、熗炒蘿蔔櫻、青椒豆豉炒蕹菜杆、油渣炒蓮白、夫妻肺片、燒雜燴、肝腰合炒、炒雜雜、燒雜燴、豆瓣鴨腸、燒血旺等都是百吃不厭的經典美肴。魚香肉絲、宮保雞丁既然能隨楊利偉飄香太空，回鍋肉、麻婆豆腐也一樣能成為精品，甚至是極品。已故川菜大師劉建成、曾國華1980年在美國紐約川菜館「榮樂園」，精心推出的魚香八塊雞、脆皮魚、麻婆豆腐等經典傳統川菜一炮走紅，儘管賣出天價，亦讓美國政要、聯合國高官、社會名流及美食大家，被正宗川菜的風味魅力所折服。二〇〇〇年，川菜大師肖見明在香港之烹藝表演，其擔擔麵和麻婆豆腐賣出了天價，依然供不應求，即是此理。

流覽川菜川味，不難發現很多菜肴、味型、風味、烹調方法及不少的名菜，都是民間或烹調者因襲傳統之道，恪守正宗之法，道法自然的結果。一代代大師名廚，無不是承襲和遵循這樣的「傳統」、「正宗」之理念，創製出一款款令人歎為觀止、美不勝品的精品川菜來。從樟茶鴨子、開水白菜、乾燒魚翅、雞豆花，到怪味、魚香、煳辣荔枝味、糟辣醬香味等，因有「烹道」和「味道」所在，即便「偶成」，也當是「道法自然」之成果，順其自然，則自然而然，成為享譽百年的精品佳肴。

## 香辣回鍋肉

回鍋肉源於川人祭祀神祖，起於那人類史上規模罕見的移民大潮——湖廣填四川。據考，清朝初年遷徙到四川的移民為追念故土先人，每逢初二、十六便要備酒、割肉、殺雞，祭神祭祖。肉須割豬坐臀肉，俗稱「刀頭肉」，雞則大雄雞。神祖忌生，得先把刀頭肉稍煮斷生方可作供品。祭祀後再把肉切片回鍋熬煎，配上時蔬及家中自製調料炒合，如是便稱其為熬鍋肉、回鍋肉。

被巴蜀人民視為「川菜第一菜」的回鍋肉，有傳統蒜苗回鍋肉、川東旱蒸回鍋肉（不煮，乾蒸後切片回鍋）、林派回鍋肉、廣漢連山回鍋肉幾個風味流派。香辣回鍋肉，集川東旱蒸回鍋肉和林派回鍋肉之特點，更顯香辣多滋、醬香回甜、滋潤爽口，鹹鮮微辣、醬香濃鬱的風味口感中多了蒜香，熗辣香及糟香的風味，滋味格外悠長，佐酒助餐大快朵頤。

**原料：**豬後腿肉或前夾五花肉４００克，郫縣豆瓣１００克（亦可用富順香辣醬），甜麵醬１０克，乾紅辣椒兩只切成短節，花椒十餘粒、大蒜兩瓣切成薄片，醬油１０克，醪糟汁６克，熟菜油與化豬油共５０克，青蒜苗１００克，白杆部分拍破，蔥葉切成馬耳朵寸節。

**烹製：**將豬肉刮洗乾淨，放入熱水鍋中煮至肉半熟皮軟，以筷子能奪破豬皮為宜，撈出涼冷，亦或放冰箱冷透，取出切成約７公分長、５公分寬、０．３公分厚的片，

炒鍋大火燒熱，下混合油（菜油、化豬油）燒至六成熱，下乾辣椒節、花椒、蒜片炒香，不可炒　，放入肉片翻炒至吐油，肉片呈燈盞窩（卷縮）狀時，將肉鏟至一邊，將多餘的油瀝去，下剁茸的郫縣豆瓣或香辣醬、甜麵醬炒勻，將肉片混炒使其調料均勻地粘附在肉片上，再下甜紅醬油、醪糟汁炒勻，最後放青蒜苗炒合幾下即可起鍋裝盤。

**特色：**成菜色澤紅亮、肉片滋潤、肥而不膩，香辣多滋、鹹鮮微甜、醬香濃鬱，略帶熗辣糟香。

**關鍵秘訣：**煮肉斷生即可，忌煮熟軟；下乾辣椒、花椒、蒜片炒時宜用中火，下肉片爆炒用大火，炒豆瓣和甜麵醬時以中火為宜；輔料青蒜苗和鮮青椒最佳、亦可用大蔥或蒜薹、韭菜花切成寸節，方能成此美味。若用青椒或蒜薹可在切成寸節後撒點微鹽拌勻，先放進微波爐用中火熱幾秒，既可斷生亦可保持色澤新鮮、質地脆嫩，再按程序下進肉中合炒。喜歡的話，加點豆豉也可。煮肉的湯可用以煮白菜、蘿蔔、冬瓜等蔬菜。

## 連山回鍋肉

廣漢「連山回鍋肉」，是連山供銷社飲食店廚師代昌明兄弟在傳統回鍋肉基礎上，通過精心研究，取其精華，在烹炒和調味上進行了改進，以片張大塊，滋味濃醇而得名「連山回鍋肉」。「連山回鍋肉」肉片大且薄、肥而不膩、瘦而不材、微辣回甜、醬香濃鬱、色澤紅亮、吃口舒爽，是色香味形俱全的經典家常美味。成為雅俗共賞的一道新派回鍋肉名菜。

連山回鍋肉最強悍的是它的視覺衝擊力——

長達近半尺，寬可三寸有餘，卻又可薄如綿紙。那一張張的醬紅肉片，逶迤卷伏在大磁片中，完全摒棄了尋常回鍋肉那婀娜秀美，尤顯粗曠豪放。飲食男女吃起來，亦如梁山好漢李逵、林沖，孫二娘般大碗喝酒、大塊吃肉的豪情壯舉，連山回鍋肉簡直就是綠林好漢們之經典佳肴。不過要一口吃完這一片大肉，是需要有猛男豪哥氣概的。那些平日裡較溫文爾雅，且櫻桃小口的美眉淑女，一小口一小口地吃，那一頓飯恐怕也只能吃完一片了。最好一片肉分兩次吃下，否則那紅亮香濃的肉油會順著你的嘴角流下來。

連山回鍋肉的主配料除了蒜苗、青椒、郫縣豆瓣、永川豆豉、甜麵醬之外，還有一樣不可少的東西——煎炸鍋魁。連山回鍋肉的配料亦因時應季而定，可以是蒜苗、青椒、蒜薹、鹽白菜、乾豇豆，甚而泡菜，但鍋魁是必須配的，它是連山回鍋肉的一大風味特色。豬肉炒好了，起鍋前放進煎炸好的菱形塊鍋盔，合轉起鍋。吃的時候，一片大肉包塊三角形的鍋魁同嚼，滋潤乾香的肉和酥脆的鍋魁，軟脆相間，紅油流溢，加之蒜苗香豔，青椒鮮辣，口感之爽難以言表。

**原料：**豬後腿二刀肉５００克，蒜苗５０克，大青椒１００克，大紅椒５０克，剁茸的郫縣豆瓣或原紅豆瓣５０克，甜麵醬１０克，醬油２５克，醪糟汁２５克，混合油（熟菜油、化豬油）５０克，川鹽５克，白麵鍋魁半個，花椒、生薑、料酒、白糖適量。

**烹製：**豬肉洗淨，在開水鍋中稍煮一下，放薑蔥、花椒、料酒，將肉煮至七分熟撈出晾涼，再放進冰箱冷藏成形，然後取出切成約２０公分長的大片；蒜苗洗淨切成５公分長的寸節，大青椒、大紅椒均切成塊，鍋魁劃開成兩半切成菱形塊。

炒鍋上火，放入混合油燒熱至略冒煙，先下鍋魁稍炸後撈出，再下肉片爆炒至微卷縮，下郫縣豆瓣、花椒炒出顏色，隨後放醬油、甜麵醬、甜紅醬油、白糖稍炒和，再下青紅椒、蒜苗炒斷生，放入鍋魁炒合即可裝盤整起。

**特色：**色澤豔麗、肉片大張、油而不膩、瘦而不綿、鮮香微辣、醬香濃鬱、鍋魁酥脆、吃口超爽，佐酒助餐妙不可言。

## 生爆鹽煎肉

又稱為「鹽煎肉」，所謂「生爆」，即指去皮豬肉切片直接下鍋爆炒，不經水煮。因其與回鍋肉在烹製和風味上均有諸多相似，故川人將其與回鍋肉共稱為風味情肴兄妹花。此菜系用去皮鮮豬肉加郫縣豆瓣、潼川豆豉，輔以蒜苗或青椒等作料爆炒而成，成菜色澤紅潤，滋味香濃，鹹鮮微辣，油潤可口。

**原料：**去皮豬後腿肉或前夾五花肉250克，青蒜苗或鮮青椒100克，郫縣豆瓣30克，潼川或成都太和豆豉5克，川鹽1克，化豬油75克。

**烹製：**將豬肉切成5公分長、2．5公分寬的薄片，豆瓣、豆豉剁茸，蒜苗切成寸節，青椒破開去籽切成短節。

炒鍋大火燒熱，下化豬油燒至七成熱、放入肉片炒散開，待水汽揮發盡，下川鹽炒至肉片卷縮吐油，即下豆瓣、豆豉炒至油色紅亮，再放蒜苗或青椒與肉片炒和均勻、斷生，香味撲鼻即可起鍋裝盤。

**特色：**色澤紅亮、滋味濃厚、鹹香微辣、滋潤爽口。

**關鍵秘訣：**此菜不加醬油、甜麵醬，爆炒肉片不宜炒得太乾焦，以免不滋潤而影響吃口。

## 麻婆豆腐

是川菜中久享盛譽的傳統名肴，距今已有150餘年歷史。相傳晚清時期成都萬福橋頭，一陳姓夫婦開了家小菜便飯鋪，其妻掌灶，為過往挑夫自帶的菜油加工豆腐，經她用自製辣椒粉、花椒粉及豆豉調味，再將挑夫們自買的豬肉或牛肉同燒成麻辣鮮香燙的風味，大受讚美。據說陳妻臉上有幾顆麻子，故而人們戲稱為「麻婆豆腐」。百多年間，麻婆豆腐幾經變易，但其傳統烹調技藝仍為陳氏嫡傳，後經專業廚師提煉使其更為風味濃鬱，形成「麻辣鮮香酥嫩燙渾」之風味特色。

「麻」：即漢源紅袍貢椒炕乾，打磨成細粉，方能麻而舒涼、香沁入脾；「辣」，麻婆豆腐必用成都龍潭寺二荊條乾紅辣椒，剪成短節炒香舂細，才得香辣醇濃，盪氣迴腸；「鮮」一應主輔料新鮮質優，鮮湯篤燒，則鮮美純厚；「香」，成菜後，豆腐無石膏或鏽水之味，諸味齊揚，味香美；「酥」為新鮮上好黃牛肉去筋膜，剁成肉末入鍋煵至酥香滋潤；「嫩」，特指豆腐成菜細嫩、形整、色麗、入味；「燙」則是成菜上桌紅油亮麗，豆腐滾燙，燙則諸味活躍，風味濃鬱；最後是「渾（音念捆）」，即成菜之豆腐不垮不爛、四四方方、形態完好；此外還有個「活」字，著重強調一份麻婆豆腐，要看的到蒜苗的青綠鮮活，聞得到蒜苗的清香，在麻辣鮮香酥嫩燙中品味到一份鮮活味。

**原料**：石膏豆腐４００克，鮮牛肉７５克，青蒜苗１５克，郫縣豆瓣１０克，辣椒粉５克，永川豆豉５克，花椒粉２克，醬油１０克，川鹽４克，味精１克，太白粉水１５克，薑米１０克，蒜米１０克，肉湯１２０克，熟菜油１００克。

**烹製**：先把豆腐切成2公分見方的小塊，放入沸水鍋中，下少許川鹽，稍煮片刻撈出瀝乾水分；牛肉剁成碎末、蒜苗切成花，豆瓣、豆豉剁茸，薑蒜剁成碎米。

炒鍋大火燒熱，下熟菜油（經煉熟的菜油）燒至六成熱，放入牛肉碎末煵炒至酥香，下豆瓣、豆豉茸炒出香味、下薑蒜米炒香，然後下辣椒粉炒至油色紅亮，摻入肉湯燒開，放進豆腐（以湯剛淹沒豆腐為宜），然後改用中小火燒至鍋中冒大泡時，下入醬油推勻，放味精推轉，用太白粉水勾芡使其收汁亮油裹住豆腐，最後下蒜苗花推轉，若發現豆腐滋汁較稀，可再次適量勾芡汁，推勻後即可起鍋裝盤，撒上花椒粉即可。

**特色**：在雪白細嫩的豆腐上、點綴著棕紅色的牛肉酥臊，清幽蒜苗、紅亮滋汁，視之如玉鑲琥珀，聞之則濃香撲鼻、麻辣撲面，集麻辣鮮香酥嫩燙渾於一肴，成為川菜麻辣風味的經典菜肴。

**關鍵秘訣：**麻婆豆腐已成為一種家常風味流派，用此法可以做出麻婆豆腐燒肥腸、麻婆豆腐蟹、麻婆豆腐扇貝、麻婆豆腐蝦、麻婆豆腐牛蛙、麻婆豆腐燒牛腩、麻婆豆腐鮑魚、麻婆豆腐海參等千姿百味般的麻婆風味系列佳肴。但所配的輔料當事先煮熟，燒製豆腐時加進去同燒則可。

## 水煮牛肉

水煮牛肉大約於千多年前北宋慶歷年間，起源自四川自貢地區榮縣、富順采滷製鹽的鹽工生活三餐。自貢從東漢就已有規模的產鹽，其數萬頭牛每日勞作，場景十分壯觀。而每年從采場上換下的體弱老牛也多達萬頭，若遇上瘟疫那更是成批的牛被淘汰。如此，當時的自貢是街短牛肉多。而被丟棄的病牛或牛雜，通常就成了那些衣不敝體、食不裹腹、勞作繁重、生活艱難的鹽工們的主食。他們通常燒一大鍋清水，以鹽、乾辣椒、花椒熬味，把牛肉牛雜煮熟，或手撕或切片佐酒助飯。牛肉纖維多、營養好、能有效補充體能，大辣大麻的味道則可生熱禦寒，再說既省錢又實際。鹽工們就把這種他們賴以生存的牛肉稱為「水煮牛肉」。後來為飯館所採用，在烹調上作了很大的改進完善，因菜肴中的牛肉片不是用油炒製，而是在湯汁中燙熟，故仍沿用「水煮牛肉」這一叫法。

水煮牛肉雖說是川菜麻辣風味的典型代表，但水煮牛肉這道菜卻是「在菜不在肉」的，也就是說，水煮牛肉不僅要牛肉的滑嫩香美，還要吃到輔菜的清香脆爽，在麻辣風味中去感受芹菜、蒜苗、萵筍尖的清脆香美與本味，深入細膩地去感受牛肉和蔬菜中的鹹鮮香濃、麻辣多滋。

**原料：**牛腰柳肉２００克，青蒜苗、萵筍尖、芹菜各１００克，薑米５克，蒜米５克，郫縣豆瓣１００克，乾紅辣椒１０克，漢源花椒３克，川鹽４克，醬油１０克，肉湯５００克，料酒５克，太白粉水６０克，味精１克，混合油１５０克。

**烹製：**將牛肉橫筋切成長４公分、寬２．２公分、厚0・2公分的肉片，蒜苗、芹菜切成10公分長的段，萵筍尖切成片。

炒鍋大火燒熱、下混合油（熟菜油和化豬油以2：1混合）少許，燒熱後下乾紅辣椒節炸至稍變色，下花椒稍炸起鍋，在案板上用刀鍘成細末待用。

鍋燒熱，再下混合油燒熱後放進蒜苗、芹菜、筍尖炒斷生加川鹽少許炒勻，起鍋裝入大碗中墊底。

炒鍋再大火燒熱，下混合油50克燒至四成熱，放郫縣豆瓣炒香出色，加薑蒜米炒香，摻進肉湯燒開出味後，打去料渣，加川鹽少許、醬油合勻，牛肉片用料酒、川鹽少許、太白粉水拌和均勻後，抖撒下入湯鍋中，用筷子撥散開，待牛肉片伸展熟透，湯汁濃稠後，下味精，起鍋舀在盛菜的大碗上，把鍘細的辣椒花椒末撒上，鍋中下混合油燒至七成熱，迅速淋在上面，隨即吱吱聲四起，麻辣香風漫卷，朵頤蠢蠢欲動。

**特色：**成菜後的水煮牛肉應是色澤紅豔、香辣四溢、湯汁濃醇、牛肉滑嫩、蔬菜脆爽，形成水煮牛肉辣麻鮮香、脆嫩爽的整體風味特色和口感效果。水煮牛肉是川菜麻辣風味的典型代表，有詩贊曰：「麻辣鮮香燙，味濃溢四方，片片肉伸展，滑嫩滋味長。」

**關鍵秘訣：**也可用豬五花肉，稱為水煮肉片。甚而還成為一種風味與烹調特色，而演繹出水煮系列佳肴，像水煮腰片、水煮腦花、水煮鴨腸、水煮毛肚、水煮黃喉、水煮泥鰍、水煮黃臘丁、水煮燒白、水煮魚片、水煮雞片、水煮鱔魚、水煮牛蛙、水煮肥腸、水煮螃蟹、水煮琵琶蝦等風味美肴。當然，因應不同質感的食材在「水煮」中要達到水煮的風味特色和口感要求，烹製中就有不同的處理需要。像豬腰、腦花等質脆柔嫩的食料，需要先進行焯水處理，不能生料直接「水煮」，這樣口感才會脆爽；一些綿韌食材如肥腸、牛筋類需事先加工熟軟再入鍋「水煮」，魚片、雞片、泥鰍、黃臘丁、牛蛙等可直接「水煮」；燒白扣肉類可直接放在炒製好的蔬菜上，澆水煮滋汁，撒上刀口辣椒、花椒，淋上熱油即可。

## 魚香肉絲

魚香肉絲以其色澤優雅、油亮一線、鹹辣酸甜、魚香濃鬱的風味口感，以及吃魚不見魚的妙味神韻讓天下食客為之折服。魚香味是川人沿習民間烹魚之法，而創作之味覺藝術經典傑作。民間借用烹魚之術來炒燒素菜，使其吃來多滋多味更能助餐。這樣，逐漸就有了魚香茄子、魚香油菜苔、魚香厚皮菜、魚香青豆、魚香豆腐、魚香血旺等魚香風味家常菜。其後，飯館飯鋪也採用此一做法，便有了魚香肉絲、魚香碎滑肉、魚香肝片、魚香腰花等魚香風味葷菜。如今，魚香味已成川菜複合味型中最具個性和風味色彩，也是受眾面最廣的一款經典味型。其所涉及之食材也幾乎是天上飛的、地下跑的、水裡遊的、土頭長的、海中生的無所不用，一概魚而香之。魚香菜品在川菜中早已逾百款。但魚香肉絲始終是一款味美價廉的家常名菜。

**原料：**肥瘦豬肉２００克，冬筍（亦可用青筍）５０克，水發木耳５０克，蔥花２５克，蒜米１５克，薑米１０克，泡紅辣椒２０克，醋１０克，川鹽2克，醬油1克，白糖１０克，太白粉水２５克，肉湯２５克，混合油６０克。

**烹製：**選肥三瘦七的豬肉切成１０公分長、０．３公分粗的肉絲，冬筍（萵筍）、木耳切成絲，泡紅辣椒剁茸。

把肉絲放入碗內，加川鹽少許、太白粉水２０克拌和均勻，另取一碗放川鹽、白糖、醋、醬油、肉湯、太白粉水調和成滋汁備用。

炒鍋大火燒熱、下混合油燒熱、放入肉絲快速炒散開泛白，下泡辣椒茸、薑蒜米炒香、再下冬筍木耳絲、蔥花炒勻，隨即倒入滋汁翻炒幾下收汁亮油即起鍋裝盤。

**特色：**色澤紅亮、散籽亮油，肉絲滑嫩爽口、鹹甜酸辣齊揚，薑蔥蒜香醇濃、魚香風味濃鬱。

**關鍵秘訣：**魚香肉絲是急火短炒、臨時兌汁、不過油、不換鍋、一鍋成菜，從生料下鍋到成菜裝盤不足分鐘。魚香肝片、魚香腰花更是以秒計，故而把握火候是關鍵所在。有幾個要領須切實把握好。

一是泡紅辣椒應選用鮮嫩如初、質地脆健者，去籽剁茸；若用紅油豆瓣更要宰細剁茸，薑、蒜剁為細米、蔥為小花，薑蔥蒜的芳香才易充分揮發溢出。

二是兌汁調味，鹽、糖、醋、醬油的用量比例很重要，鹽作底味既要給夠，又需考慮到泡椒或豆瓣所含的鹽分，調好後最好嘗一下鹹甜酸是否和諧。

三是烹炒時用油適量，要能收汁亮油，又使成菜裝盤後無過多明油溢出，只能是油亮一線。這樣不僅味汁，且薑、蒜米、辣椒茸、蔥花都能粘附在主料上，吃來才有辛香濃鬱的口感。

四是用火不宜太猛，油燒熱，把碼芡製味的肉絲下鍋快速炒散籽，即下薑蒜米蔥花、椒茸熗香出味，下滋汁炒合，收汁亮油立馬起鍋裝盤。魚香味用途很廣泛，羊肉、雞肉、兔肉以及蔬菜等均可巧烹妙調，魚而香之。

## 宮保雞丁

宮保雞丁這款風味名肴，成菜色澤豔麗而不張揚，菜式秀美暗吐芳香，風味多滋五味和諧，口感舒暢回味悠長；既作閑食伴聊齋，亦為佳肴佐酒釀。宮保雞丁源於貴州糟辣爆炒，傳至齊魯成青椒醬爆，盛於巴蜀煳辣煎炒。三款宮保雞丁不僅是丁保楨一生一世始與終的見證，亦是他人生仕途之寫照。

宮保雞丁的色香味充分展現了川菜以味見長，味多、味廣、味厚的烹調之道。由於採用了乾辣椒、花椒熗炒，而產生辣麻煳香味；巧用鹽糖醋，使其鹹甜酸滋味平衡；再取薑蔥蒜之辛香滲入諸味之中，使成菜色澤棕紅亮麗、煳辣酸甜宜口、鹹鮮香濃味悠、雞丁滑嫩鮮美、花仁酥香脆爽，在味感和吃口上形成鮮明而柔和的口感層次與效果。

**原料：**仔公雞胸脯肉或雞腿肉２５０克，油酥花仁５０克，乾紅辣椒２０克，花椒１０餘粒，紅醬油２０克，白醬油１５克，醋８克，白糖５克，蔥顆１０克，薑片、蒜片各５克，川鹽１克，味精０·５克，料酒１０克，太白粉水２５克，肉湯５０克，化豬油８０克。

**烹製：**將雞脯肉或雞腿肉用刀拍鬆，挑去筋膜，剖成０·３公分見方的十字花紋，再切成１·７公分見方的肉丁，放入碗內加川鹽少許、紅醬油１０克、太白粉水３０克、料酒１０克拌和均勻；乾辣椒去籽切成短節，蔥切為1公分短節；另用一碗放入川鹽、白糖、紅醬油、醋、料酒、味精、肉湯、太白粉水調勻、兌成滋汁。

炒鍋大火燒熱，下菜油燒至六成熱，放入乾辣椒炸成棕紅，旋即下花椒、雞丁炒散開，加進薑蒜片、蔥節炒香，烹入滋汁炒勻，下油酥花仁翻鏟幾下隨即起鍋裝盤。

**特色：**成菜色澤棕紅、散籽亮油、香辣酸甜、滑嫩爽口、鮮荔枝味濃鬱，為佐酒之絕品佳肴。

**關鍵秘訣：**宮保雞丁這款獨具一格的風味特色菜被界定為川菜複合味中之煳辣味型，因其酸甜特點，又劃為煳辣荔枝味（亦稱小荔枝味），有別於以鍋巴肉片為代表的大荔枝味。調味中鹽糖醋的用量比是關鍵，尤其是用鹽適當可使其底味充足，再者，糖、醋較難直接中和，只有通過鹽調合，方能使兩者和諧相融，產生出宜人爽口的酸甜味道。若鹽少，則底味不夠，酸味噤口。這便是宮保雞丁調味之關鍵所在。宮保雞丁在川菜中已成為一種風味系列，行業中稱為「宮保菜式」，衍生出有如：宮保腰花、宮保牛蛙、宮保鱔花、宮保蝦仁、宮保鮮貝、宮保銀鱈魚等經典佳肴。亦可用豬背柳肉炒製成宮保肉丁。

## 棒棒雞

源自四川樂山地區的風味小吃。早期樂山漢陽（今劃為眉山市）雞肥美細嫩，雞的品質與肉感獨佔其優，故而成為人們口中的美味佳肴，世人稱之為「漢陽雞」。樂山也因漢陽雞而出了一連串的美味雞肴，從棒棒雞、白宰雞、怪味雞、篼篼雞、油淋雞到近幾年的缽缽雞、百味雞等，款款香美、個個美口，棒棒雞便是漢陽壩上的一款風味名食。

當地小販將煮熟的雞先用木棒敲打捶鬆散，再把刀擱在雞塊上用木棒敲打刀背，一棒下去不偏不依，斬下的雞塊大小、厚薄既均勻又成形；宰成小塊後的雞，皮朝上放入瓦缽中整齊碼好，然後倒進用、川鹽、醬油、白糖、油辣子、花椒粉、紅油加上煮雞的湯調兌好的調味汁，撒上熟芝麻。這樣，瓦缽內便是湯汁紅亮、辣麻刺鼻、鮮香撲面，雞塊皮黃肉白、細嫩香美。缽缸周邊則擺放著雞頭和雞腳，煞有氣勢、十分誘人招客。

雞拌好後，小販手端瓦缽在河岸邊、船舶間、碼頭上，或走街串巷悠悠揚揚地叫賣起來：「雞——肉，兩份！」「雞——肉……」。食者以塊以個計價，豐儉由己。這這種麻辣雞塊，對那些久呆航船寂莫無聊的商客，船工來說真是擋不住的誘惑，是絕好的休閒佐酒的美味。對遊人及當地人尤其是婦女小孩，亦也是價廉味美的閑吃零食。當你用筷子夾上一塊雞肉，在紅亮湯汁中蕩幾下蘸滿味汁，還沒進口，那辣麻鮮香就已撲面直竄，讓你口水亂湧。吃到口中，先是鹹鮮香濃、辣麻多滋，再是雞肉嫩爽、口感悠長，頓是胃口大開，朵頤大快，吃了一塊想二塊，最後不得已放下了筷子都還唏嘘唏嘘依戀不舍。起初，人們習慣性地稱其為「麻辣雞塊」或「紅油雞塊」，後看到小販用木棒敲刀斬雞十分有情趣，獨具一格，便戲稱為「棒棒雞」。

**原料：**嫩公雞約２５０克，二荊條乾辣椒與朝天干辣椒粉椒混合煉製的紅油辣椒１５克，芝麻醬5克，白糖3克，醋2克，口蘑醬油２５克，漢源花椒粉3克，味精1克，熟芝麻2克（或油酥花仁），芝麻油2克，蔥顆１０克，雞湯１５克。

**烹製：**通常是把雞宰殺後除盡毛渣，然後剖腹去內臟，清洗淨，用細麻繩捆纏雞翅、雞腿，使煮雞時雞肉緊紮；在雞腿、雞脯肉厚實之處用竹簽插些許小孔，以利水分和熱度滲透；煮雞時水以淹過雞身為度，放拍破的薑塊、蔥結，水燒熱時下雞，燒沸後打盡浮沫，把火候控制在水開而不沸，微微咕嚕冒泡為宜。煮的過程中還要將雞翻個身，煮好後撈起晾冷，這樣煮出的雞皮色黃亮、不破不裂、皮肉骨相連，然後用砍刀宰成小塊或粗條就可以拌製了。

用蔥節墊底、將宰好的雞整齊均勻的擺放好，另用一碗，放入芝麻醬、雞湯、醬油、白糖、味精調散融合後，再加進熟油辣子、香醋、芝麻油、花椒粉調和均勻淋在雞肉上，再淋上適量紅油、撒上熟芝麻或油酥花仁即可。

**特色：**雞塊皮黃肉白、細嫩香美、色澤豔紅、麻辣多滋、鮮香撲鼻，為閑吃、佐酒之絕品。

**關鍵秘訣：**雞不宜煮得太軟，否則宰時易垮爛且口感較差，以剛煮熟為好。可按此法拌成紅油雞片，將雞脯和雞腿淨肉片成片即可，若是要拌成棒棒雞絲，則將雞脯和雞腿淨肉拍松、手撕成粗條、大蔥切成蔥絲即可。雞片即是將去骨雞肉片成片即可。

## 怪味雞塊

怪味，源自民間家戶人家，或過去走街串巷、擺攤設店的飲食小販，是他們玩出來的一種家常風味。怪味說怪，就怪在其肚量大、心胸廣、什麼料都可容、什麼味都能加；也怪在巧調鹽、糖、醋、醬油、紅油辣子和花椒，妙配蔥、薑、蒜與麻油，調兌出奇妙怪異、不倫不類的風味味道，使其味多、味廣、味厚、味濃，既融諸味於一體，又能從混合的味中品味到辣麻鹹甜酸鮮香多種滋味，充分體現了「五味調合，百味鮮香」的特色。

怪味有三怪，一怪是，打破常規把鹽、糖、醋、醬油、紅油辣椒、花椒粉、芝麻醬、香油，甚至薑、蔥、蒜這些川味家常風味的基本調味料差不多都用盡，這是用料怪。

二怪是，怪味雞也好，怪味兔也好，都是集辣、麻、鹹、甜、酸、鮮、香川味家常風味特色於一體，吃來像是家常風味大全，這是風味怪。

三怪則是，怪味的特性也怪，只要是把辣、麻、鹹、甜、酸五個基本味搞定，隨你再添加啥子調輔料它都無所謂，其基礎風味，也就是那怪味始終突出鮮明。於是有在其中加酥花生、芝麻粉或熟芝麻的，也有加油酥豆瓣、豆豉的，甚至還有加糟蛋、甜醬的。怪味則是以怪為怪、兼收並蓄、越加越怪，這是屬性怪。

怪味雖怪，但怪得卻是有板有眼、有卯有竅。要調製出怪味來，各種調味料用多少？先後順序怎麼投放？如何調兌？那也是十分講究有規有矩的。

**原料：**嫩公雞一只約250克，蔥節30克，熟芝麻7克，白糖6克，漢源花椒粉2克，醋8克，醬油50克，紅醬油10克，辣椒紅油10克，芝麻醬25克，芝麻油15克，味精5克。

**烹製：**整雞經清洗後按前款「棒棒雞」製法煮至熟後，用涼水漂冷，宰成4公分長、3公分寬的斜方塊。大蔥切成粗顆放入盤中。將切好的雞塊雞皮朝上擺放齊整，亦可擺放成其他花樣形狀。

另用一碗、放芝麻醬、白糖、味精，再放進醬油、醋將其調散溶解後，放花椒粉、紅醬油、辣椒紅油、芝麻油調和均勻，可先嘗其味、鹹鮮麻辣甜酸香是否平衡，然後均勻地淋在雞塊上，撒上熟芝麻即可。亦可加油酥花仁於蔥顆上，再擺放雞塊。

**特色：**色澤紅豔、雞肉細嫩、鹹甜麻辣酸鮮香，滋味豐厚濃醇、味感特別悠長，最適合閑吃閑品、佐酒聊天。

**關鍵秘訣：**調製怪味還有三點要注意，一需按順序下調料攪和均勻；二是辣椒粉、花椒及醋定得選用質優味正的；三是紅油一定要香辣紅亮。三味中有一味品質不好，整個風味特色就會受到很大影響。再是芝麻醬要先用香油或調合油解散調稀稠，再放進料汁中攪和均勻。把握好這幾點，怪味的風味特色就十拿九穩了。

用此法拌兔丁（加適量豆豉）、拌花仁豆腐乾均是上品絕美佳肴。

## 紅油兔丁

早先，移民入川定居的滿人和回民，在蜀地吃不上他們喜愛的綿羊肉，本地山羊肉又因膻味重吃不慣。但川西平原盛產家兔，在牛肉供應緊張的時候，兔肉便成為回民的日常肉食之一。回族民眾在兔肉的烹調上也逐漸形成了獨特的風格，像風乾兔、香滷兔、油淋兔等。涼拌兔丁則是四川回民民間的一款經典風味小吃。

回民涼拌兔丁與現在的有所不同，拌時多用鹽而少用醬油，不用郫縣豆瓣只用紅油辣子、花椒粉、豆豉顆粒，加白糖、蔥節、撒熟芝麻。拌好之兔丁無湯無汁，塊塊乾酥有味，麻辣鹹甜、醬香濃醇、鮮嫩舒爽的風味口感，成為一款廣受喜愛的民間風味小吃。並演繹出了「紅油兔丁」、「怪味兔丁」、「麻辣兔塊」等名品。一九九0年代後，在成都要算「二姐兔丁」和「紅星兔丁」最為有名，至今仍受熱捧。

**原料：**剖殺洗淨，去頭去腳的淨兔肉約250克，油酥花仁50克，蔥顆25克，郫縣豆瓣10克，辣椒紅油30克，漢源花椒粉10克，永川豆豉15克，口蘑醬油10克，白糖10克，芝麻油5克，熟芝麻0.5克，味精1克，川鹽1克，蒜泥水10克。

**烹製：**大火將清水燒開，放進兔肉、下蔥結、拍破的薑塊、料酒將兔肉煮熟（約20分鐘），撈出後用涼水沖洗漂冷，擦乾水氣，將兔肉切成指頭大小的丁，盛入碗缽內。

炒鍋燒熱，下菜油燒至三成熱，將剁細的郫縣豆瓣放入鍋中熗香、加進剁細的豆豉炒香成醬起鍋待用。

依次在兔丁碗中加進川鹽、味精、蔥顆、辣椒紅油、豆瓣豆豉醬、醬油、熟芝麻、白糖、蒜水、芝麻油、花椒粉拌和均勻，撒上油酥花仁再淋點紅油即可裝盤請吃。

**特色：**兔丁色澤醬紅、油亮滋潤、辣麻香醇、醬香濃鬱、兔肉鮮嫩、入口化渣，無絲毫草腥味，十分可口，既是佐酒佳食，又是閑吃美味。

**關鍵秘訣：**亦可先用一碗缽，將豆瓣豆豉醬，紅油辣子、醬油、川鹽、白糖、味精、花椒粉、蒜水、香油調成滋汁，再倒進兔丁，加蔥顆拌和均勻，最後撒上油酥花生仁裝盤。

## 蒜泥白肉

從滿族移民風俗吃白肉演化而成的涼拌白肉，以其香辣鹹鮮、蒜香濃鬱之風味，肥而不膩、瘦而化渣的口感，成為佐酒助餐、風味獨到且經濟實惠一款家常名菜。

蒜泥白肉看似調味料不多，僅辣椒紅油、複合醬油、蒜泥三樣，但其製料、調味都很是精道。醬油，過去多用成都太和醬油或窩油，也有用中壩或德陽的口蘑醬油。要把醬油加紅糖、香料、香菌（香菇），重新熬製成拌白肉專用的複合醬油。再就是紅油辣子，需得又紅又辣、辣而不燥、香辣濃厚。蒜泥則用溫江特產之獨頭香蒜，用時在蒜泥中加少許鹽和味精，舂成蒜泥，加少許冷湯攪勻，這樣蒜味特別香濃。放調料時需趁白肉熱乎依次澆上醬油、紅油和蒜泥，盤中即呈現出白裡透紅，醬香、辣香、蒜香混為一體的濃滋美味，直撲口鼻。

**原料：**豬後腿肉250克，蒜泥20克，複製醬油（或甜紅醬油）30克，辣椒紅油25克，味精2克。

**烹製：**將豬肉刮洗淨，放入熱水鍋中煮至皮軟肉熟，關掉火讓肉在原湯中浸泡20分鐘。取出後，片成肥瘦肉相連的薄片，再橫切一刀裝入盤內。將複製醬油、紅油辣子調成滋汁，淋在肉片上，澆上蒜泥即可。

**特色：**以其香辣鹹鮮、蒜香濃鬱之風味，肥而不膩、瘦而化渣的口感，成為最佳佐酒助餐、滋味悠長的菜肴。

**關鍵秘訣：**可依時令季節添加些時令鮮蔬墊底，如用香椿或折耳根拌的「椿芽拌白肉」、「折耳根拌白肉」。春冬兩季，青翠碧綠的萵筍出來了，以青筍片為輔料，用「毛毛鹽」醃脆斷生，放在白肉碗中墊底，澆上調味料拌吃，其他還有用黃瓜片、綠豆芽等與白肉同拌的，但都需先撒點鹽碼好味。如此葷素搭配、口感佳、營養好，何樂而不為之。

## 豆瓣全魚

三十年前，川菜傳統名菜中有款「豆瓣活魚」，通常只有老牌吃貨才懂得起，也只有很少的大爺級老師傅會做。這魚烹好後端上桌嘴還在張，尾也在擺，令人驚訝不已。這當算是川菜中的一道絕活。其卯竅在於廚師製味，也就是把薑蔥蒜米、剁細的郫縣豆瓣、泡海椒茸炒酥香、油亮紅色，掺湯熬味的同時，另一人便在殺魚清理，一斤半左右的鯉魚，不敲頭、不摳腮，刮鱗清理內臟必須快速，前後不超過40秒；然後抓住魚頭魚尾，廚師便將鍋中滾燙味汁反復不停地澆淋在魚身上，但不可淋到魚頭魚尾，魚肉燙熟了，擺放在盤中，廚師快速下芡汁調和，舀在魚身上，撒上蔥花立即上桌，總共不到5分鐘。上桌的魚頭尾還在擺動，故而叫「豆瓣活魚」。吃完魚，客人一般還要求用剩下的魚頭燒湯，魚尾和滋汁燒豆腐，這就是資格吃貨。後來這門絕技失了傳，方才以「豆瓣鮮魚」或「豆瓣全魚」替而代之。

豆瓣全魚是鄉風鄉味十分濃鬱的一款家常名菜，可以是豆瓣鯽魚或鯉魚、草魚、鱖魚、黃花魚等，現今餐館酒樓中多用草魚或鯉魚。豆瓣全魚體現了郫縣豆瓣和泡紅辣椒的風味特色，透過紅亮豔麗的色調，鹹辣酸甜滿屋生香，鮮嫩魚肉裹上豐厚味汁，吃來是口不嫌忙，舌不嫌累，佐酒助餐，超級爽美。

**原料：**活草魚一尾約750克，郫縣豆瓣50克，薑米15克，蒜米30克，蔥花30克，醬油10克，白糖20克，醋15克，料酒25克，太白粉水15克，川鹽2克，肉湯300克，熟菜油500克（約耗150克）。

**烹製：**將淨魚魚身兩側用刀各輕劃七八刀（約0.5公分），抹上料酒、川鹽（1克）碼味。炒鍋燒熱，下熟菜油燒至七成熱，放入魚身兩面稍炸撈出，鍋內留油約75克，放入剁茸的郫縣豆瓣、薑蒜米炒至油紅色亮、香味濃鬱時摻進肉湯，將魚放入，湯量以剛齊魚身為宜；滾沸後改為小火，加醬油、白糖、川鹽，待魚燒熟入味後，把魚撈入盤中，鍋內滋汁用太白粉水勾好芡汁，放醋調和均勻，芡汁不乾不稀亮油時，舀起澆在魚身上，撒上蔥花即可。

**特點：**色澤紅亮豔麗、魚肉細嫩鮮美、鹹辣酸甜濃醇、風味綿長爽口。

**關鍵秘訣：**需將豆瓣剁細，在三四成油溫中炒香、亮色、方能入味。亦可將魚碼好味後大火蒸熟，在鍋中按程序燒好滋汁，直接澆在魚上。但蒸魚的時間是關鍵，時間不夠，則魚未熟，反之魚肉變老。

## 荷葉粉蒸肉

荷葉粉蒸肉，是一款「時令之和，性味之和」的經典菜肴，鹹鮮微辣、滋味豐厚、油潤不膩、美口爽身，尤其是荷葉的清香沁人心脾，讓人胃爽心清，是夏日不可多得的佳饌美肴。

川味粉蒸肉調味用料一般是郫縣豆瓣、紅醬油、醪糟汁、紅豆腐乳汁、紅糖汁、薑米、椒麻（蔥葉與生花椒剁茸），先把這些調味料調拌在一起，帶皮五花豬肉切成１２公分長、３公分寬、５毫米厚的片放進調料盆中拌勻，再撒入五香米粉拌和。肉拌好後嘗嘗味是否合適，然後擺放入碗。按川人的習俗還要加些時令輔料，如新鮮豌豆、南瓜、紅苕、馬鈴薯、芋兒等，這些輔料也要用拌肉的餘料調拌上味，擺放好肉及輔料即可入籠或蒸鍋。第二個步驟則當是「火候」，粉蒸肉一般需大火蒸約三小時方才香軟不爛、滋糯美口。

**原料：**豬前夾五花肉５００克，鮮荷葉四張，鮮青豆５０克，豆腐乳汁１０克，醪糟汁１５克，郫縣豆瓣２５克，紅糖１５克，甜麵醬１５克，薑米７克，蔥花７克，花椒１０餘粒，五香米粉１２５克。

烹製：將洗淨的五花肉切成約５公分長、３公分寬、０．３公分厚的片，約２４片，放入盆內待用。

炒鍋燒熱，下菜油燒至三成熱，放入剁茸的郫縣豆瓣煵炒出香時鏟出，盆內肉片中依次下醬油、煵酥的豆瓣、甜麵醬、醪糟汁、腐乳汁、紅糖碎末、薑米、細蔥花、五香米粉、青豆反復拌和均勻，使米粉均勻地粘裹在肉片上。

荷葉用清水洗淨、放入開水中燙一下，然後擦乾水分，用刀劃成邊長１３公分的等邊三角形共２４片，在荷葉上先放一片肉，肉上放幾粒拌好味的青豆，再蓋上一片肉把荷葉順包對裹起來，荷葉包口朝下依次擺放在蒸碗中，不用其他輔料墊底，大火蒸約三小時，取出翻扣於盤中即可。

特色：吃時將荷葉撕開，肉色紅潤、油亮香濃，七滋八味，讓人饞得失魂落魄。

**關鍵秘訣：**也可依此法不用荷葉，直接用小竹蒸籠或碗裝，大火蒸製，亦可按此法粉蒸肥腸、粉蒸排骨、粉蒸蹄花、粉蒸牛蛙、粉蒸鳳爪等。

## 小籠蒸牛肉

小籠蒸牛肉不僅新穎獨特，且當街大灶大鍋，小竹籠立在蒸鍋上，一如塔林，十分壯觀，熱氣騰騰，香風四溢，很是誘人；籠中牛肉色澤金黃油亮、濃香妙味撲鼻，吃到嘴裡麻辣鹹甜、滋味豐厚、柔嫩軟和、入口化渣，口感異常美妙。在四川鄉鎮及成都一些小街上，你老遠就可看見街面門前大灶大鍋上，幾十個重重疊疊似塔林般的，雲霧繚繞的小籠蒸牛肉，使過往行人無不放緩腳步，頗感新鮮好奇。那蒸騰飄逸地熱氣，香美濃鬱的氣味，更讓人胃腸蠕動垂涎欲滴，非飽餐一頓方可心安！無論你是獨食獨享，還是做東請客，花費不多卻美味盡啖，吃來是軟糯滋潤、辣麻香濃、鹹甜多滋、美口舒心，倘是酌點小酒，細品慢咽、悠嘗閑嚼，你必定會忘乎所以，不知身在何方。

尤為是成都治德號小籠蒸牛肉的這一生動誘人的場景，幾十年來，無疑已成為一道生動誘人的市井風情。１９８１年過大年，原籍四川的張大千在臺灣宴請張學良及夫人趙一荻等，十六樣菜肴中，就有「籠籠粉蒸牛肉」。臺灣那時沒有成都這種小竹籠，大千在海外就改用一般大蒸籠。粉子則用玉米粉拌合牛肉上蒸。不過，大千一生仍然很懷念成都治德號的小籠蒸牛肉。

**原料：**黃牛肉５００克，五香米粉７５克，郫縣豆瓣２０克，醬油５０克，薑米１５克，辣椒粉１０克，花椒粉２５克，醪糟汁１００克，蒜泥１０克，香菜５０克，細蔥花２５克，生菜油２５克。

**烹製：**先將牛肉挑去筋膜，橫著肉紋切成５公分長、３公分寬、０．３公分厚的小片，盛入盆內，放入剁細煵酥的郫縣豆瓣，醬油、生菜油、醪糟汁、薑米、五香米粉拌和均勻。

接著分為１０份裝入１０個小竹蒸籠內，旺火蒸熟軟（約３０分鐘），如若牛肉質地較老則需蒸一個小時。然後將竹籠端離鍋口，每格下面墊一瓷盤，撒上辣椒粉、花椒粉、蒜泥、蔥花、香菜即可。

**特色：**色澤金紅、牛肉細嫩、軟糯適口、麻辣鮮香、滋味濃厚、回味悠長。

**關鍵秘訣：**若是家裡烹製，可用幾個小碗盛裝，放入蒸鍋蒸約５０分鐘，肉質較老則需蒸一個半小時。亦可用此法製做小籠蒸羊肉、蒸肥腸、小籠粉蒸雞、小籠粉蒸兔、粉蒸刨花豬肉等。

## 椒麻雞片

椒麻雞片是傳統川菜經典菜肴，椒麻風味，為川菜所獨有，追根朔源恐怕也有千多年的風味史，以麻、香、鹹、鮮風味醇濃、韻味悠長為特色。其麻香亦與其他花椒菜式不同，因採用生花椒而獨樹一格。椒麻之麻，麻得纏綿委婉、舌尖微顫、味蕾昏厥；椒麻之香，香得似暈非醉、神恍魂忽、周身舒坦，倘倒吸一口冷風，那酥麻幽涼之氣直沁肺腑，盪氣迴腸；更有甚者來個飽嗝，那回流之麻香恐怕會繞口三日不絕。

**原料：**嫩公雞1只約1250克，漢源紅袍花椒40餘粒、醬油30克、川鹽3克、蔥葉75克、薑茸10克、味精2克、雞湯50克、芝麻油25克。

**烹製：**清洗乾淨的雞放進開水鍋中煮熟撈出，用冷開水漂涼，撈出搌乾水；取雞脯肉和雞腿肉，片成4公分長，1.5公分寬的薄片，擺盤造型。

將花椒去籽與鮮蔥葉、川鹽混合鍘成極細的「蔥椒茸」盛入一小碗內，加薑茸、醬油、味精、芝麻油、冷雞湯（或肉湯），調成椒麻滋汁，淋在雞片上即可。

**特色：**色澤清爽、看似淡雅、暗藏麻風，雞肉柔糯帶勁、滋味幽麻清醇、鮮香味爽悠長。

**關鍵秘訣：**花椒務必要鍘成細末，否則既影響感官，又有損吃口。亦可在椒麻味中添加辣椒紅油，行業內叫為「椒麻搭紅」。但椒麻味就轉變為麻辣味了。

## 大蒜燒鯰魚

在傳統川菜中河鮮菜肴佔有相當的數量，且不凡名品佳肴，像清蒸江團、砂鍋雅魚、豆瓣全魚、乾燒岩鯉、脆皮魚、水煮魚、酸菜魚等不勝枚舉。而最具名聲的還是成都帶江草堂的鄒鰱魚（應為鯰魚，因川話鯰、鰱不分，加上此為店名故延用。），也就是大蒜燒鯰魚，四川民間俗稱鯰魚為鯰巴郎。但川話中「鯰」、「鰱」的讀音分不清，所以多數人將錯就錯的書寫為「鰱魚」。

鯰魚是四川河鮮優質食用魚種之一，素以無鱗、魚身有粘液、肉質細嫩鮮美、體無細刺而受到川人喜愛。至今在成渝高速龍泉高洞至內江段，路邊一排排氣派醒目的鯰魚餐館已成為一道高速公路靚麗景觀。這些餐館沿襲成都「帶江草堂鄒鰱魚」的習慣均以姓冠名：周鰱魚、高鰱魚、王鰱魚、胖哥鰱魚、麼妹鰱魚及大姐鰱魚等，更多以「正宗」、「資格」、「老號」、「野生」、「道地」標其品質，實在是讓人眼花亂難辨真偽。儘管如此仍是車水馬龍吃情盛旺，其中尤以大蒜燒鯰魚、泡菜鯰魚為熱點。

半個多世紀來，張大千、郭沫若、陳毅等無數中外名人，無不對此美味讚賞有加。大蒜燒鯰魚能被中外文人雅士、藝術名流品出詩情畫意來，這在川菜美味佳饌中實不多見。而那些生活在潺潺小河中的魚兒們，倘能感悟到自身能被知已知味者詩畫般的烹調與品賞，想必也甘願鞠躬盡萃，雖死猶生吧。

**原料：**仔鯰魚5尾約７５０克，溫江獨蒜１００克，郫縣豆瓣４０克，白糖１０克，醋１０克，薑米５克，蔥花１５克，醬油３０克，太白粉水５克，料酒４０克，川鹽２克，肉湯４００克，熟菜油１００克。

烹製：將鯰魚魚背橫劃2至3刀，勿斬斷，抹上川鹽、料酒；郫縣豆瓣剁茸。

炒鍋燒熱，下熟菜油燒至七成熱，放入剝皮獨蒜稍炸後撈出，再放入豆瓣、薑米炒出香味，摻進肉湯，放進鰱魚、料酒、獨蒜、白糖、醬油，改為小火燒至蒜軟魚入味時，將鯰魚輕撥入盤內，再將鍋中滋汁放入醋、蔥花，用太白粉水勾芡，至濃稠時澆在魚身上即成。

特色：此法烹魚，既能使魚肉入味，又滋味鮮美，魚肉細嫩、色澤紅亮、濃香撲鼻、辣甜微酸、蒜香濃鬱、口感悠長。

**關鍵秘訣：**亦可按此法燒草魚、鯽魚、鯉魚、黃花魚；若添加泡椒、泡青菜（切碎炒香）即可烹燒黃辣丁、泥鰍、牛蛙等。剩下的滋汁可回燒豆腐或米涼粉，亦可作調味料拌麵條，堪稱天下絕味。

## 江湖經典　獨門絕技

江湖菜大多發源與城郊、鄉野，地處交通要道、車馬驛站，是長途客運與貨車司機小憩打尖的去處。旅途勞頓加上饑腸轆轆，吃著一頓麻辣鮮香的美味，自會廣為流傳。像來鳳鎮的來鳳魚、南川縣的燒雞公、綦江縣的白渡魚、歌樂山的辣子雞、太安鎮的太安魚、津福鎮的酸菜魚、南山的泉水雞、白市驛的辣子田螺、兩路口的水煮魚、大足縣的郵亭鯽魚……等。

江湖菜的發明者多為民間野廚，隱於江湖，調味獨到不依規距。由於偏於一隅，資源有限，故多半調料自製加就地取材。雖然條件簡陋，卻能因地制宜道法自然，這恰恰暗合天理，巧奪真味。江湖廚師大多只料理一道菜，數年、數十年精進技藝，到後來揮灑自如日臻化境，將一道家常菜烹調得色香味俱全，從而名噪江湖。

### 水煮魚

水煮魚為一九八0年代中期，正當川菜餐飲市場復甦之際，山城重慶之各路餐飲豪傑、散落江湖的廚界高手躍躍欲試、摩拳擦掌，一手握鐵勺、一手拿鋼刀，在重慶渝北區大展拳腳，鬧得個雞歡魚躍，人歡狗叫。幾乎是一天一款，目不暇接的新奇怪菜接二連三地推出，讓人膛目結舌。這一狂轟濫炸般的異菜、怪菜，不講規矩、不講格調、藐視傳統，佔據南岸山頭，自發形成江湖野菜一條街，那硬是山下山上車流如潮流、人頭攢動。辣子雞、水煮魚、泉水魚、泉水雞、潑辣魚等，那漫山遍野的麻辣香風，把草木石頭都熏得是神情恍惚。然而令人大跌眼鏡的是，一九九0年代初，辣子雞、水煮魚卻意想不到地風靡大半個中國，尤其在北京、上海，硬把大中華的兒女們吃得、麻辣得癲癲狂狂。

一大盆金燦紅亮的油湯，上面密密麻麻擠成一團的紅辣椒，雪白細嫩的肥魚片，湯汁中暗自歡跳的紅花椒，一大桌人圍在一起，就像上了毒癮，手臂伸縮、竹筷揮舞、個個都被麻辣得受不了，更忘不了，麻辣得舌頭伸出老長，大張著嘴像那啥的一樣直哈氣。水煮魚、水煮魚，簡直就成了那時間人們生活中的絕對主題。從此，炎黃子孫們真正見識了川菜江湖菜的英氣豪情。

水煮魚確是川菜中一款經典魚肴，源自自貢水煮牛肉的烹法與風味演變而來。取其味濃、味厚之特點，集大麻大辣於一肴，其麻辣鮮香燙嫩爽之口感，使人之味蕾窮於應付，卻又樂吃不疲，讓人一嘗鍾情、穿腸難忘。之後則又演繹出風味品質更勝一籌的「沸騰魚」來。

**原料：**鮮魚一尾約７５０克（草魚、烏魚、鱖魚均可），黃豆芽約２００克，雞蛋清1個，太白粉５０克，熟菜油２００克，子彈頭乾辣椒１００克，漢源紅袍花椒２５克，郫縣豆瓣３０克，泡紅辣椒茸２０克，薑米１５克，蒜米１０克，胡椒粉１０克，青蒜苗節３５克，芹菜節３５克，香蔥花２０克，川鹽５克，雞晶２０克，料酒１５克，香油１５克，肉湯５００克，胡椒粉。

**烹製：**將魚殺好洗淨，剁下頭尾，魚身片成魚肉片（魚塊），剩下的魚頭砍成兩半、魚脊排砍成幾塊。將魚片用少許鹽、料酒、太白粉、清蛋白拌和均勻、醃漬5分鐘（魚頭尾及魚排另裝盤，用同樣的方法醃製）。

接著炒鍋燒熱，下少許熟菜油燒至七成熱，將豆芽、蒜苗、芹菜炒至斷生裝入碗缽墊底，鍋擦乾淨燒熱後另下菜油燒熱，放入乾辣椒節和花椒炒出熗辣香味鏟出備用；將其中一部分（約1／3熗乾辣椒和花椒鍘成粗末（刀口辣椒）備用。

炒鍋再次燒熱，下菜油燒至三成熱，下郫縣豆瓣、泡椒茸炒至出色噴香，下薑米蒜米炒香、摻進肉湯，下雞晶、川鹽、胡椒粉，放入魚頭魚脊排燒熟，撈出放進碗缽中的蔬菜上，再把碼好味的魚片擺放在碗缽上面，灌入鍋中湯汁，撒上雞晶、刀口辣椒花椒、油酥乾辣椒節和花椒、熟芝麻、香油，香蔥花。

取乾淨鍋燒熱後下熟菜油、辣椒紅油燒至略冒油煙，快速淋在鋪滿乾辣椒花椒、刀口辣椒和魚片上，霎時間響聲四起、熱氣騰騰、香辣撲鼻，此菜即成。

**特色：**色澤紅亮豔麗、魚片白嫩爽口、麻辣鮮香燙爽、滋味豐厚醇濃，全面展現川東香辣酥麻的濃鬱風味特色。

**關鍵秘訣：**魚肉吃完後，可以把湯汁重新倒回鍋內，下豆腐或粉絲或魔芋、馬鈴薯、白菜、藕片等，就是水煮魚火鍋了。或者乾脆一開始就把煮好的魚放入電火鍋中，吃完魚後，直接開火燙涮就行了。

## 辣子雞

「大紅辣子亮滿盤，鮮辣誘人醉四方，雞丁酥嫩滋味美，顆顆佳肴椒中藏」。這段草根野詩算是對「辣子雞」的生動寫照。辣子雞出自重慶歌樂山一家鄉村路邊小店，其成菜大氣、紅亮誘人、麻辣濃烈、雞丁酥嫩的特色，成為沿線長途汽車司機們佐酒助餐、提味醒神的一道鄉土佳肴。其後迅速流傳開來，成為江湖菜之先鋒，情迷大江南北。

別看辣子雞出身低賤，但被餐館酒樓採用後身價倍增，因用料特別講究，故而風味便非同往昔。一般多選用山鄉家養仔公雞，烹食現殺，保其鮮嫩。在選用子彈頭朝天干辣椒、漢源紅袍花椒，經急火炸炒、精烹細調製成。此菜以上桌那大氣之勢、堆成小山丘般的油亮乾辣椒，色紅味烈、立馬刺激得人面紅耳赤，微汗直冒、口水翻滾，然而慢嚼細品，那雞丁非但不如想像中的那般凶辣，反是酥香可口，香美化渣，就連在辣椒堆中尋找雞丁，也充滿別樣情趣。眼神不好的大爺老太，恐怕還要拿著放大鏡才行。

更為有意思的是，辣子雞的風行，帶動了一系列類似的佳肴，幾乎款款都成為轟動一時的江湖流行美味。像是辣子小龍蝦、辣子田螺、香辣蝦等。

**原料：** 仔公雞一只或雞腿二支，乾紅辣椒節250克，漢源紅袍花椒25克，蔥節15克，熟芝麻適量，鹽2克，雞晶2克，料酒30克，菜油100克，薑蒜片各10克，白糖2克。

**烹製：** 將雞宰成手指頭見方的丁塊，放鹽和料酒拌勻醃漬3分鐘；炒鍋燒熱，下菜油燒至七八成熱，放進雞丁炸至外表酥黃撈出，瀝油備用。

鍋裡燒油至七成熱，倒入薑蒜片炒出香味，再放進乾辣椒節和花椒，翻炒至顏色深紅、香辣嗆鼻，但不可以炒焦炒糊，隨即倒入炸好的雞塊，炒和均勻，撒入蔥段、雞晶、白糖、熟芝麻炒勻後起鍋裝盤。

**特色：** 成菜大氣、色澤誘人、香辣刺激，雞丁酥嫩、麻辣多滋，為佐酒精品。

**關鍵秘訣：** 按此法還可烹炒辣子兔丁、辣子魚丁（魚丁需用川鹽、料酒、蛋清澱粉拌勻，下鍋炸至外皮金黃）。吃完雞丁，那滿盤香酥香辣的紅辣椒還可回鍋炒別的蔬菜，更可讓店家替你打磨成辣椒粉，帶回家拌菜、吃麵，絕對是巴適得很哈。

## 酸菜魚

酸菜魚始於重慶江津的江村漁船。據傳，漁夫將捕獲的大魚賣錢，往往將賣剩的小魚與江邊的農家換酸菜吃，漁夫將酸菜和鮮魚一鍋煮湯，想不到這湯的味道還真有些鮮美，於是一些雞毛小店便將其移植，供應南往北來的食客。酸菜魚流行於一九九0年代初，在大大小小的餐館都有其一席之地，重慶的廚師們又把它推向大江南北，酸菜魚可說是江湖川菜逐鹿長城內外的開路先鋒之一。

另一傳說是源自重慶市壁山縣來鳳鎮，此鎮位於成渝公路側，壁南河穿街而過，鮮魚產量多，烹魚高手輩出，有「來鳳小鎮鮮魚美」之譽，橋頭一小食店，乾脆以「鮮魚美」名店，由著名書法家楊宣庭提寫「鮮魚美」三字吊掛店前，既作市招，又是店名。它在推出「水煮魚」風靡數年之後，又推出「酸菜魚」，風味獨特，名聲不脛而走，全省各地紛紛仿製。一九八０年代末開始風靡成都，繼而挺進華北和江南，味掃大中華。

**原料：**草魚１條（１０００克左右），淺黃脆嫩的泡青菜幫２００克，泡紅辣椒１００克，泡野山椒２５克，泡薑３５克（薑片３克亦可），雞蛋清１個，混合油４０克，肉湯１２５０克，川鹽４克，雞晶３克，胡椒粉４克，料酒１５克，花椒１０粒，薑片３克，蒜瓣５０克，香油１５克。

**烹製：**將魚去鱗、鰓，剖腹去內臟、洗淨，用刀取下兩扇魚肉，把魚頭劈開，魚脊骨砍成塊，用川鹽、料酒、薑蔥醃漬１０分鐘；將魚肉斜刀片成０．５公分厚的大張魚片，加入精鹽、料酒、味精、雞蛋清拌勻，使魚片均勻地裹上一層蛋漿；泡青酸菜改成小片（亦可切成碎顆），泡辣椒、泡野山椒、泡薑、蒜一起剁成碎米。

將炒鍋置火上，放少許油燒熱，下剁碎的泡紅辣椒、泡野山椒、薑蒜米、花椒熗香炒紅，再放進酸菜炒香，掺入肉湯，並放進魚頭、魚脊骨一起熬煮１０分鐘，撇去湯面浮沫，滴入料酒去腥。放川鹽、胡椒粉、雞晶粉，隨即下碼好味的魚片播散開，燒約３～５分鐘，淋入香油、盛入碗缽、撒上蔥花即可。

**特色：**色澤金黃、湯汁靚麗、魚肉滑嫩、乳酸香濃、辣香怡口、鮮美開胃。尤其是疲乏不振、心胸悶煩時，品湯吃魚，定會讓你精神氣爽。

**關鍵秘訣：**酸菜魚通常是用草魚，肉比較肥嫩，烏魚、鯉魚、黃花魚也是很好的選擇。可以在酸菜魚湯汁中加入粉絲、豆芽、金針菇、豌豆尖等蔬菜；可用湯汁做餡料拌合細乾麵條，即是相當美味的酸菜魚湯麵，讓你終身難以忘懷。也可用酸菜魚湯當作鍋底，就是酸菜魚火鍋啦！

## 老媽蹄花

蹄花也叫豬蹄、豬腳。四川人尤愛吃豬蹄，吃的方式也很多，燉的、燒的、滷的、粉蒸的、涼拌的、熱拌的等，但尤以燉豬蹄最為川人所喜愛，像雪豆燉豬蹄、黃豆燉豬蹄、綠豆海帶燉豬蹄、青蒿燉豬蹄、醪糟花生燉豬蹄、砂鍋豬蹄煲等。二０００年前後，成都半邊橋街的廖老媽在子女們的慫恿下，把她最拿手的雪豆燉蹄花亮相市場。很快就被愛好「蒼蠅館子」和「鬼飲食」的好吃嘴們發現，像風一樣傳播開來。

生意興隆則吃情激憤，「老媽蹄花」的小二哥們也心情舒暢，格外殷勤，一有客人落座，若是男性立馬高喊一聲：「來只性感前蹄！」要是女性則高喊：「一只優秀前蹄！」逗得堂內坐的、街邊坐的吃客一陣歡笑，吃情食趣蕩漾其間。於是「一只優秀前蹄！」「一只性感前蹄！」，至今仍在蹄花專賣店流行。待到蹄花端上來時，一吃就欲罷不能，蹄花湯香鮮無比、由於熬出了豬蹄的膠質，故而特別濃稠，一勺喝下去身心都暖和了；忍不住挑下一大塊皮肉，在香辣味碟裡打個滾，送進口中，滑嫩軟糯，入口即化，味蕾與腸胃感到無比的愉悅；雪豆也是燉得酥爛，沙沙的、軟軟的，似乎連舌頭也要隨著那甘美香鮮的滋味輕快蕩漾，難怪生意打湧堂。

尤其是冬天去吃，熱騰騰的一大碗，軟而不爛，肥而不膩，滋糯香美，味道相當趕口。夏天後半夜，天涼了去吃蹄花的人亦也不遜白天。女士們同男性一樣，雖是深更半夜，一樣熱情高萬丈，尤其是美眉淑女都懂得起，吃蹄花好處多，美膚養顏，補益身體，吃完蹄花雪豆，再把湯一喝，那美滋滋的感覺真是不錯哈。

從烹飪專業角度看，老媽蹄花確也湯色濃白、鮮香味醇，蹄花滋糯、爛不離骨，雪豆酥沙、吃口美爽，配上油酥豆瓣或香辣醬味碟，吃來尤為滋潤爽口，還有加了剁碎的鮮青椒，辣中帶有一絲清香。尤其是吃到最後，用剩下的蹄花雪豆湯再上泡一碗白米老乾飯，伴著加了紅油的洗澡泡菜，海刨一大口飯，夾一撮泡菜，那吃得之舒服、之感動人，雖不說是腦滿腸肥，吃完了抹抹嘴，打個飽嗝也還是油爆爆的哈！加上那種環境，那種氛圍，吃的人不僅可吃出蹄花的千滋百味，萬般風情，更能吃出些許的感慨：原來美滋美味的生活可以是如此簡單，這般輕鬆愜意。

**原料：**肥胖白淨豬前蹄4只，請商家替你砍成8半或16塊，海帶絲300克、汶川雪豆250克（溫熱水泡發脹、也可用發脹的生花生、黃豆）、鹹鮮榨菜（無辣椒）150克、雞油10克、雞晶2克。

**烹製：**將豬蹄清洗淨，仔細刮去雜毛、腳趾間的老皮，不銹鋼鍋清水燒熱，下豬腳煮開、打去浮沫撈出，清水沖洗乾淨；另用砂鍋放進豬蹄、海帶絲、雪豆、薑塊、蔥節，將煮豬蹄的湯過濾到砂鍋中，如水不夠，再加水淹過豬蹄約10公分，大火燒開後反復打盡浮沫，改為小火煨燉約2小時，待雪豆軟和時，將榨菜切成厚片加進砂鍋中，淋進雞油繼續煨燉半小時，放入雞晶即可。

**味碟：**用一小碗，放入剁茸的油酥郫縣豆瓣（或直接用富順香辣醬）、紅油辣子、剁茸的鮮青椒、花椒油、香油、醬油（適量、不宜多）、蔥花拌合，舀入味碟中即可蘸用。

**特色：**湯汁濃白、鮮香濃醇，蹄花軟糯、滑嫩爽口，雪豆酥沙、細膩化渣，蘸食味碟，香辣鹹鮮、滋味豐厚、吃口極爽，中老年人吃肉喝湯，尤為怡口養生；女士品享亮膚健乳、美容養顏。

**關鍵秘訣：**燉蹄花的水須一次加足，若中途湯水不夠，只能添加滾開水，大火燒沸後再改為小火。煨燉時間不應超過三小時，否則蹄花將會燉得爛垮離骨，湯內不可再加鹽，放入榨菜即是提味增鮮，入碗可加香蔥花。

# 第九篇　小吃篇

四川小吃大多集中在成都，從各色小麵到抄手包餃，從糕團湯圓到席宴小點，從涼拌冷食到熱飲羹湯，從鍋煎油烙到蒸煮燒烤，堪稱花色品種琳琅滿目，辣麻酸甜味味俱全。君可見街頭巷尾、中心鬧市，或擺攤、或推車、或挑擔、或提籃、或小店。不管颳風下雨還是烈日炎炎。也不論數九寒天還是三伏酷暑，一年四季，從早到晚，那叫賣聲、叮噹聲此起彼伏，香風美味雲遊繚繞，吸引著那男女老少身不由己地前去品嘗，樂享吃情食趣。

# 千姿百味說小吃

天府蜀地，物產甚豐，五穀雜糧，蔬菜瓜果，五禽六畜，河鮮水產將人之一日三餐，零食閑吃，裝扮得千姿百味。尤其是以大米為主食的巴蜀，米製食品自然豐富多彩，花樣百出。除傳統的葉兒粑、凍糕、蒸饃、賴湯圓、珍珠圓子、蒸蒸糕、三合泥、油茶、油糕、粽子、醪糟粉子、糖油果子、三大炮、糍粑、米涼粉、米粉、涼麵之外，還有銀芽米餃、三鮮米餃、鳳凰玉餃、一品燒麥、鮮蝦玉盒、海參芙蓉包等多不勝舉的精美席點。

麥麵原本是北方人的主食，然而，在巴蜀各地雖僅把麵粉類食品作為零食小吃，卻是做得多姿多彩，百格百味。除了麵條、抄手、包子、餃子、油條、大餅外，四川的鍋魁是麵食小吃中一大特色，各式品種達二十餘款，且是有聲有色，有滋有味。麵食中尤以麵條為勝，巴蜀各地之麵條便是一地一格，一方一味，名品佳肴倍出。像擔擔麵、豆花麵、青菠麵、脆臊麵、海味麵、罐罐麵、怪味麵、雜醬麵、甜水麵、雞絲涼麵、宜賓燃麵、鋪蓋麵、奶湯麵、什錦煨麵、紅油素麵、泡椒牛肉麵、香辣排骨麵、火鍋肥腸麵、金絲麵、銀絲麵、蕎麵、豌豆扯麵等。巴蜀的麵條向來注重「味、湯、餡」的製作與風味，並以此形成獨自之特色。

四川小吃在雜糧蔬果中亦也品種豐富，在禽畜肉類中也是可圈可點。像夫妻肺片、紅油兔丁、棒棒雞、缽缽雞、火邊子牛肉、燈影牛肉、小籠蒸牛肉、燒鴨子、麻辣兔頭、老媽蹄花等無不展現出川菜「一菜一格、百菜百味」的烹調與風味特色。

舊時有成都竹枝詞把花會、燈會及小吃勝景亦寫得生動活潑，妙趣橫生，詞曰：「青羊花市景無邊，柳綠桃紅更媚然。縱覽難窮千里目，來春多辦買樓錢。」「出門久逛累弓鞋，三姑六姨連袂來。最喜手拉甜水麵，邊嚼邊擺坐當街。」一再看燈會，亦有詞曰：「呼朋共踏錦江春，帽影鞭絲絕點塵。滿地繁華天不夜，居然同作月中人。」「豆花涼粉妙調和，日日擔從市上過。生小女兒偏嗜辣，紅油滿碗不嫌多。」各位你看，巴蜀小吃千姿百味萬種風情，不是盡在其間！

川人「尚滋味」、「好辛香」，在小吃調味技藝上更顯精到。各式小吃中常見味型有麻辣、紅油、椒麻、家常、鹹鮮、蒜泥、芥末、糖醋、鹹甜、香甜、怪味等味型。一種味型又可細分，譬如辣味，就可細分香辣、鮮辣、麻辣、酸辣、煳辣、魚香辣、紅油辣、甜辣……小吃還格外講究烹調方法，根據小吃特點，分別選擇蒸、煮、煎、炸、烤、烙、燒、炒、燴、烘、醃、漬等多種烹製方法。

成都小吃還具有很強的休閒性、娛樂性，也有很明顯的季節性、時令性、節氣性。春夏秋冬，因時應市，品種繁多，花樣奪目。春暖花開，清明前後有春捲、艾蒿饃、三大炮等；夏日炎炎，酷暑之季，有綠豆羹、冰粉、涼糍粑、涼粉、涼麵、涼糕、冷淡杯等；金秋時節，天高氣爽，燒鴨子、蓮米羹、蜜汁釀藕等又悄然上市；寒冬臘月，陰風冷雨，羊肉湯鍋、羊肉火鍋、蘿蔔牛肉湯鍋、油茶、茶湯及粉子醪糟等糯米食品又成為食尚。當然，更多的小吃是四季興旺，晝夜不收，像串串香、缽缽雞等。

在成都，到了「小吃街、小吃城」只逛不吃，那非得有「坐懷而不亂」的高深定力不可。像成都春熙路龍抄手總店、武侯祠錦里「好吃街」、寬窄巷子小吃、文殊坊小吃街、順興老茶館小吃城等，其實都是成都市民間小吃的縮影。尤其是在成都沙灣順興老茶館，一碗蓋碗花茶，一套組合小吃，品香茗、嘗小吃，觀川戲、賞變臉、吐火、滾燈，聽相聲、散打，那才是成都人悠閒生活的精粹。

# 麻辣小吃DIY

本篇將集中介紹四川小吃中獨具風味特色的麻辣風味經典小吃，不僅讓你感悟和享受其間的美滋美味，亦能親手嘗試，體驗DIY之快樂與獨特風味，這種休閒雅趣的生活不是人人都能盡情品享到的。

## 龍抄手

抄手，北方稱餛飩，華南、廣東一帶叫雲吞、包麵。巴蜀之人依其包法與形狀而稱為抄手。但「抄手」之名的傳說很多，不少川人也搞不清「抄手」之含義。像是有說類似人將雙手包抄在胸前一般，故而幽默形象地稱為抄手；另又說，餛飩皮薄易熟，抄手之間就已煮熟；最有趣的是民間對「龍抄手」的解讀，說是安史之亂，明皇「南狩」成都，思食餛飩。可當地廚師不知餛飩什麼形狀，手足無措，後見明皇負手踱步，急中生智，將餛飩製成雙手交合之形狀，美其名曰「龍抄手」，唐明皇聞之大喜，遂重獎廚師。

龍抄手於1941年開業在成都悅來場，一九五0年代初遷至新集場，一九六0年代後方遷到春熙路至今。初建店時，主創辦人張武光與幾位股東在當時的「濃花茶園」商議開店之事，借用茶園之「濃」字，取其諧音為「龍」，藉以寓意開店吉祥，生意興隆，代代相傳。如是，一個著名餐飲品牌就此應運而生。

「龍抄手」的幾位股東十分注重抄手的品質和特色。餛飩自唐宋以來就很是注重皮薄精製，講究湯清餡細。於是便廣泛吸取南北名家餛飩的經驗，用雞、鴨、豬蹄及棒骨吊製成白濃香鮮的原湯；採用上等肥瘦豬淨肉調製成細嫩香美的餡料；麵皮加蛋清，手工細搓慢柔，擀製成薄似紙、細如綢之半透明狀，使其柔韌爽滑、湯汁清澈、餡心細嫩。風味特色上除清湯、原湯、燉雞抄手外，還有紅油、酸辣、海味抄手。由於龍抄手品質精道，風味獨特，加之價廉味美，很快便脫穎而出，在川西壩子傳揚開來。

現今位於成都繁華春熙路之龍抄手總店，雖說是西南地區規模最大的小吃餐廳，品種幾乎囊括了四川大部分名小吃，以小吃套餐而聞名、生意十分興隆。但食話實說，成都人是不會去光顧的，那幾乎就是家旅遊餐廳，拿成都人的話來說就是：專門麻外省人的哈！

龍抄手分為原湯、清湯、燉雞、海味、酸辣和紅油幾種風味，普遍受川人喜愛的還是酸辣味與紅油味。

**紅油抄手**

**原料：**精白麵粉５００克，也可直接買抄手皮５００克，去皮豬腿肉５００克，紅油辣子５０克，紅醬油５０克，花椒粉６克，味精５克，胡椒粉５克，棒骨或肉湯１５００克，雞蛋２個，薑汁２５克、川鹽１５克，細澱粉５０克。

**製作：**麵粉加入雞蛋一個，清水約２００克和勻，用手揉搓，再用拳頭反復擂壓成麵胚，用濕紗布蓋上放置一刻鐘。再用擀麵杖反復推壓幾遍後，擀製成極薄的麵皮，鋪疊多層麵皮在一起後，用快刀切成７．５公分見方的抄手皮，待用。

將肥瘦豬肉洗淨後用絞肉機絞成細茸，放入缸缽內，加薑汁、胡椒粉、雞蛋清、適量清水，反復攪拌成飽和狀的肉茸糊，即成抄手餡料。

取抄手皮一張，置於左手掌上、右手用竹片或西餐刀挑適量餡料於皮心，包成菱形即成。

抄手包完後下進開水鍋待抄手煮至浮起，摻入少量冷水，再燒開後炒手即已熟透。

煮抄手時，將碗內放入醬油、紅醬油、紅油辣椒、花椒粉、骨頭湯，舀進煮熟的抄手，一般每碗１０個，撒上熟芝麻即可。

**風味：**色澤紅亮豔麗、辣麻鹹鮮味厚、餡嫩皮柔爽口。

**關鍵秘訣：**若是酸辣抄手，即在紅油抄手基礎上，不放紅醬油、花椒粉，另加香醋、芝麻油、蔥花即成。

## 鐘水餃

成都鐘水餃，最初是在北門草市街、文武路一帶，有個推木製小車沿街叫賣的水餃。1931年成都發生戰亂，胖子鐘的水餃車車在兵亂中拖垮了。於是他乾脆在暑襪北三街租了間鋪面開了水餃店，請人取名為「協森茂」。不久又移到近旁的荔枝巷。先前食客們都稱為「鐘水餃」，其後便叫之為「荔枝巷鐘水餃」。

開了店後，鐘胖子一個人忙不過來，就把在給別人幫廚的堂兄鐘燮林請來主廚。兄弟二人十分注重風味品質，當時賣的還是紅油水餃和清湯水餃。尤其是紅油水餃已成招牌，鐘燮林來後做了些改進，用雙流東山「二荊條」乾辣椒、川西壩子菜籽油煉製成紅油辣子；用成都太和醬油加香菇、百草、紅糖煉製成複製甜紅醬油，用溫江柳城獨蒜製成蒜泥汁；此三樣調味料便成為鐘水餃風味制勝的法寶，使其水餃鹹辣甜並重，醬香、蒜香濃鬱，加上芝麻更是鮮美香醇，多滋多味。

餃子皮則用上等精白麵粉，手工擀製成薄透柔韌的麵皮，精選淨豬肉調製成細嫩肉餡；一兩麵團包成十個形如月牙的花邊餃，使其皮薄、餡豐、汁濃，柔軟細嫩，淋上調料，多滋多味，齒頰留香。再佐以椒鹽酥餅，風味更是獨特。

和一般的紅油水餃不同，鐘水餃誘惑人的並不僅是川人一貫喜好的麻辣口味，也不是餃子的餡料和個頭，其考究的做法和獨特的風味口感成為鐘水餃的獨門絕活。尤其是新鮮出鍋的水餃，在紅紅的蘸料中打幾個滾，頓時香氣四溢，令人食指大動……。有食客稱道：「紅油的絕對比白味的有吃頭，皮筋道、餡鮮美，尤其那個微辣帶甜、蒜香濃醇，甚至可以直接端起來喝的佐料，香美可口得很，簡直找不出那家能超越它！」當然，食話實說，現今的鐘水餃店早已是徒有虛名了。

**原料：**特級麵粉250克，豬腿去皮肉250克，紅油辣椒75克，複製紅醬油100克，川鹽2克，花椒1．5克，蒜泥50克，薑汁15克，胡椒粉1克，味精1克，芝麻油50克。

**製作：**豬肉洗淨挑去筋膜，用刀背捶茸（亦可用絞肉機加川鹽、清水少許攪茸），裝入缸缽中再加入薑汁和花椒水（花椒用開水浸泡）、胡椒粉、適量紅醬油，用手攪拌至水分全部被肉茸吸收後成餡料。

麵粉加清水120克和勻、糅合成軟麵胚，放置10分鐘，搓成長條、分成適量的劑子（約100個），用小擀麵杖擀製成小圓皮，分別跳入餡料、捏成半月形水餃生胚。

將水較放進開水鍋中煮熟，中途可摻兩次冷水，使其熟透；舀入碗中（每碗約10個），澆上複製紅醬油、辣椒紅油、芝麻油、蒜泥，撒上熟芝麻即可。

**風味：**微辣鮮香、鹹甜怡口、皮薄餡嫩、滋味悠長。

**關鍵秘訣：**亦可直接買餃子皮包製，但總不如自己擀製的口感好。複製紅醬油是用一般醬油入鍋，添加適量紅糖末、八角、蔥薑，以小火熬至滋汁濃稠即成。鐘水餃不能添加白糖、花椒，且只用紅油不要辣椒。主要突出蒜香、鹹甜、微辣。

## 擔擔麵

所謂「擔擔麵」，是特指過去那種沿街走巷，挑擔叫賣的麵條擔子。擔擔麵的挑擔是很講究的，前頭是個一門關進分三格的木櫃子，漆成紅黑色，上面兩櫃是抽屜，一個裝麵條、抄手皮，一個裝碗筷；最下面一格稍寬大些，用來放各種調料、臊子缸缽。櫃頂則寬出一截，形成一個小方桌面。桌面上還豎起一框架，釘上幾顆大釘子，用作掛筷子籠、撈麵竹簍及油燈。另一頭形狀相同，只是桌面中央有個圓洞，下面櫃子上格裡面是一個焦炭火爐，下格放著吹火的風箱和焦炭，桌面圓洞上則放有一隔成兩格的銅鍋兒，一格燉雞湯或豬蹄豆芽湯，一格燒著水煮麵條。其中有在自貢擔擔麵製作基礎上添加了肉臊子，其麵條細薄、柔韌爽滑、臊子酥香，鹹辣酸甜、香鮮味濃，吃口舒爽而名聲大噪，從眾多擔擔麵中脫穎而出，獨享「擔擔麵」之美名。

擔擔麵遊走四方，吆吆喝喝送面上門，一有人要吃麵，立馬將擔擔放在街邊，擺開行頭，呼啦呼啦抽動風箱，火旺水開麵下鍋，片刻撈麵入碗，放上調料、臊子就搞定，很是嫺熟精幹。待客人吃完，兩三下就收拾好，挑起擔擔吆喝一聲：「擔擔——麵咧！」又開走了。

成都擔擔麵名正言順體面登堂後，其麵條的品質與風味特色亦成為擔擔麵之標準。川味麵條向來講究「餡、味、湯」三大要素。擔擔麵即需用上等精白麵粉，加雞蛋清和川鹽，手工擀製切成柳葉麵條；臊子的炒製應用上好肥瘦豬肉，宰成綠豆顆粒，用化豬油、甜醬、醬油、川鹽、料酒炒製到水乾吐油、香酥脆嫩、色澤金黃；調味要用中壩口蘑醬油、成都優質二金條乾紅辣椒做的紅油辣椒，漢源花椒、閬中保寧醋、宜賓敘府芽菜，再加白糖、鮮湯；煮麵條時需是不渾湯、不斷節，麵撈起要甩乾水，輔以豌豆尖，再加好湯，一兩一碗。成都正宗擔擔麵之風味標準盡在其中。

一碗道地的擔擔麵嘗起來應當是：麵條柔韌滑爽、臊子酥香脆嫩、吃口辣麻酸甜、芽菜香濃、滋味豐厚。尤其敘府芽菜是不可少的，成都人認為沒有芽菜的擔擔麵，就是歪擔擔，不資格。

此外，更為重要的是那不起眼，有絕對不能少的豌豆尖，就是取豌豆苗頂端那一小截水嫩嫩的豆苗尖，洗淨了放滾湯裡燙二三秒鐘，趁熱吃個鮮嫩清香。在擔擔麵裡，豌豆尖是墊碗底的寶貝，川人吃麵實際上最愛的就是碗底這點拌和了麻辣調味料的鮮葉子蔬菜。成都人將碗底那半生半熟的豌豆尖看得比麵條本身還貴重，嚼得津津有味，顧客在點擔擔麵時往往吩咐堂倌「青重呀！」這「青」，正是墊碗底的豌豆尖。過了季節沒有了豌豆尖，也要用其他的綠葉蔬菜代替，最常用的就是青筍嫩葉和小白菜心。

**原料：**機製麵條５００克（十人份），去皮肥瘦豬肉２５０克，化豬油１００克，肉骨湯４００克，紅油辣椒３０克，宜賓碎芽菜７５克，油酥花生碎末５０克，口蘑醬油８０克，味精３克，蔥花３５克，川鹽２克，料酒１５克，香醋１５克，豌豆尖適量。

**製作：**豬肉洗淨，剁成綠豆大小的碎粒，炒鍋燒熱，下化豬油燒熱，放入肉粒炒散，出乾水氣，放料酒、川鹽、甜麵醬、醬油炒至酥香、色金黃，即成麵臊。

將醬油、味精、芽菜末、蔥花、紅油辣椒、少量醋、少許肉骨湯放入麵碗中。

鍋中清水燒開後，下麵條煮熟（稍硬、不宜過軟），將豌豆尖入鍋稍燙斷生，放進碗中墊底，再撈入麵條、澆上肉臊，撒上花生碎末即可。

**風味：**鹹鮮香辣、臊子酥香、麵條滑爽、滋味濃厚。

**關鍵秘訣：**肉臊不宜剁茸，否則成肉渣；麵條用醋宜少不宜多、以吃不出酸味為好，否則其味道則變成酸辣麵了。

## 雞絲涼麵

涼麵，較早出現在「擔擔麵」一族中。那時在挑擔叫賣的麵條中，多以紅油素麵、麻辣小麵、脆臊麵、紅油燃麵、豆花麵、甜水麵、麻辣涼麵、麻醬涼麵、香油涼麵等。其後的雞絲涼麵即為巴蜀百姓開了葷涼麵的先河。涼麵在巴蜀，雖說是夏季消暑解燥、打開胃口的時令小吃。但持續的時間較長，一般從五月到十月，人們都能吃到涼麵。涼麵在成都有挑擔賣的、擺攤賣的、坐堂賣的，不少賣涼粉的店子都要賣涼麵。成都著名的洞子口張涼粉，其涼粉、涼麵、甜水麵就是其三大招牌小吃。

四川涼麵在做法上與吃法上都與別的地方不一樣，多用細圓棍麵條或較厚的韭菜葉子麵條，煮至七八分熟，撈出來晾在竹簸箕中，散上熟菜油拌和均勻以免粘連，不過涼水，天熱，可用電風扇吹涼。

新鮮綠豆芽淘洗淨，在麵水鍋中燙斷生撈起涼冷，分別裝於碗內墊底，有的也用黃瓜切絲墊底。然後將冷卻了的麵條挑在綠豆芽上，就可以下佐料拌合著吃了。

紅油涼麵的佐料通常有：紅油辣子、香油、蒜泥、醬油、白糖等，味道是香辣鹹甜，蒜味濃鬱。紅油涼麵也是其他風味涼麵的調味基礎，像麻辣涼麵，則是在其基礎上增加花椒油或花椒粉；麻醬涼麵則是以芝麻醬為主要調料，突出麻醬香味，酸辣涼麵只需加重醋的用量，突出酸辣味則可，萬變不離其宗。

成都的天氣，一到夏季便十分潮濕悶熱，使人感到很壓抑和煩躁，但也總得要吃飯吧，於是女孩子們和女士們上街閒逛多愛吃酸辣涼麵，酸辣涼粉等，特別開胃解煩，驅熱降燥。而在百姓人家，大多都要煮一鍋綠豆稀飯或荷葉稀飯，做一大碗酸辣涼麵。過去四川的女人，拌涼菜、涼麵、涼粉，泡泡菜，那簡直就像山西女人做個麵食，廣東女人煲個湯，不會做那真是很丟人的咯。

雞絲涼麵，麻辣酸甜，鮮香脆涼，麵條清涼彈爽，哧嚕哧嚕地吃上一碗，心中的燥熱已然消除怠盡。那鮮美的雞絲、酥香花生米、脆嫩的綠豆芽，以及蔥花、芝麻醬、醬油、醋、糖、蒜泥、香油、紅油、花椒粉等配菜、調料鮮活生動與麵條交合在一起，挑上一筷入口，味蕾都會被那份極致的麻辣調動得無比敏感與豐富，令人欲罷不能，身心感到無比清爽。

**原料**：機製細圓條麵５００克（十人份），綠豆芽（或黃瓜絲）１５０克，紅油辣椒１００克，口蘑醬油１００克，芝麻醬５０克，芝麻油２０克，蒜泥５０克，花椒油１０克，醋５０克，油酥花仁１００克，白糖２０克，蔥花１５克，熟菜油５０克。

**製作：**麵條放入開水鍋中大火煮斷生撈出，瀝乾水分，在案板上攤開，用風扇吹涼，澆上熟菜油抖散使其不粘連；綠豆芽放進開水鍋中稍燙撈出晾涼，分別放入麵碗中墊底，再將涼麵均勻地挑在豆芽上面。

分別將蒜泥、口蘑醬油、紅油辣椒、花椒油、香醋、芝麻醬（先用香油調成糊狀）澆在麵上，再撒上酥花生、白糖、味精、蔥花、放上熟雞絲即可。

**風味：**涼麵潤滑柔韌、豆芽脆嫩清香、辣麻鹹甜酸鮮、滋味豐厚濃長。

**關鍵秘訣：**煮麵要火旺湯寬、不可久煮，斷生稍硬朗即可；澆油不要太多，否則油膩過重；若用黃瓜代替綠豆芽，切成細絲直接用，選用熟雞腿或雞胸脯肉撕成粗絲，也可用豬瘦肉。

## 甜水麵

甜水麵，你若以為是道四川不辣的甜食，拿成都話來說，你就遭燒瓜了！被騙慘了。甜水麵，是巴蜀兩三百款各式麵條中，辣味最烈，獨具個性與風味特色的一款麵條。所謂「甜水麵」，其風味以甜辣味為主，不帶湯水而是調味汁，麵條是比大竹筷子還要粗的長麵棍，具有筋力和彈性。通常一碗有三根粗粗的麵條，長的亦有達一米，有的一碗甜水麵只有一根麵條盤在碗裡。

甜水麵的作料有辣椒紅油、花椒粉、甜紅醬油、紅糖汁、蒜泥、芝麻醬、醬油、芝麻粉或花生碎末，是一種完全由調料拌和粗壯麵條的小吃。甜水麵使用四川最辣的自貢朝天椒，是所有四川辣味小吃裡的辣之最，即使耐辣度相當高的人，也會被辣得淚汗滿面，卻又不忍放棄那美味殘羹。

甜水麵的特點是充分發揮了甜辣和複合紅醬油及芝麻醬的濃香。有趣的是，如果將甜水麵中辣、甜、紅醬油、芝麻醬、蒜泥中任何一種調料去掉，都會變得使人食後有厭膩感或燥辣感，加之麵條柔韌且富有彈性、勁道十足，很耐咀嚼，一碗麵吃下來，縱然是銅牙鐵齒也會嚼得兩邊腮幫子發酸。

與成都眾多小吃小巧精緻相比，甜水麵尤顯粗獷，帶有一股江湖野性，躺臥在碗中雖不言語，卻很是霸氣。甜水麵如此陽剛豪放，這般濃烈滋味，自然吸引得姑娘、女士對他一往情深愛慕不已，真個是：窈窕麵棍，淑女好逑。故而無論是在甜水麵攤子、挑擔，還是甜水麵店、涼粉店（兼賣甜水麵），津津有味吃甜水麵的多是靚女美眉。

過去，川人把甜水麵還稱為「愛情麵」，大凡談情說愛的青年男女，男方沒有懂不起的，總會請女友吃甜水麵。一來女士喜好，吃甜水麵可寓意女子性情，雖「麻辣」火爆但也香香甜甜，那日子就像甜水麵一樣耐吃耐嚼過的長久；二來價格便宜，花錢不多殷勤十足，女友則吃得樂樂呵呵、爽口舒身心情舒暢，甚麼話都好說了，如此美事男士又何樂而不為呢！如果你有心，常常會在茶園、公園、景點或商場，不時會聽到成都女孩嬌滴滴地給男友說：「嗨，人家想吃甜水麵了，你去給我買一碗來嘛。」聽到這樣的「溫柔指令」，男友跑腿是辛苦，心頭卻比吃了甜水麵還甜滋滋的啊！

早在一九二〇、三〇年代，成都就有一首著名竹枝詞唱曰：「出門久逛累弓鞋，三姑六姨連袂來。最喜手拉甜水麵，邊嚼邊擺坐當街。」便是對姑娘女士鍾情甜水麵的生動寫照。

**原料：**麵粉５００克（十人份），複製甜紅醬油１００克，紅油辣椒２００克，蒜泥３０克，芝麻醬２５克，芝麻油３５克，川鹽１０克，菜油２５克。

**製作：**麵粉倒在案板上，中間刨個窩，加清水２５０克、下川鹽和勻，揉成麵團，用濕紗布搭蓋放置約２０分鐘，然後再反復揉成團。最後壓成餅狀，兩面抹上菜油，擀成０．５公分厚的麵皮，再切成０．５公分寬的粗麵條，將麵條放入開水鍋中煮熟撈出散開。

將煮好的麵條分別放入碗中、然後依次放上複製紅醬油、紅油辣椒、芝麻醬（先用芝麻油調散成糊）、蒜泥，撒上酥花生碎末即成。

**風味：**麵條柔韌耐嚼、滋味甜辣香濃、蒜香濃鬱、鹹鮮多滋。

**關鍵秘訣：**甜水麵的關鍵調料是複製紅醬油，用口蘑醬油一瓶、紅糖末25克、香料少許（八角、三奈、肉桂、草果）、薑蔥入鍋，微火慢熬至糖化汁稠，拈掉薑蔥香料即可。紅油辣椒多以乾紅朝天椒、二荊條辣椒粉按3：1的比例，煉製成辣椒紅油。這兩樣調料決定甜水麵的風味道地與否。

## 脆臊麵

一九三0年代初，新都馬家場，十五歲的少年張光明來到成都黃瓦街，在舅舅劉怡和的小麵店拜師學藝。三年滿師後自己沒有本錢開店，舅舅便幫他租了副麵擔子，自己做擔擔麵生意。他上午買料、擀麵、炒臊子、熬湯，下午就在居住的西馬棚街擺攤，入夜後，便挑起擔子走街串巷吆喝叫賣。那時，就賣素椒雜醬麵和紅油素麵，每天也就賣掉十來斤麵，臊子三、四斤。

有一天下午，在家門口擺攤，不知什麼原因生意忽然爆好，先備的臊子很快就賣光了，但仍有不少買主等著要吃。他趕忙跑到肉鋪拿了幾斤豬前胛肉，去掉皮，切成細條，三兩下剁碎就下鍋煵炒，誰知一時心慌不知爐火太旺，臊子便炒的有些焦，他趕緊下作料，炒幾下起鍋就應酬買主。他還擔心這樣慌張弄出的焦乾臊子，買主擔心怕會提意見。結果客人一吃，連稱臊子又酥又脆，嚼起很香。有的還問這是啥子麵，以前沒吃過，張光明順口一答：「脆臊麵」。這樣每天都有不少食客專門來吃「脆臊麵」，名氣漸漸就傳開了，生意越來越火。張家兩兄弟乾脆在長順中街開起了麵店，取店名叫「張麻子脆臊麵」。

脆臊麵，脆臊是關鍵。和普通的肉臊相比，又是另外一番風味，焦脆酥香的口感會在你的嘴裡久久縈繞，吃口極其舒爽！在川人的口感中，脆臊需是焦而不煳，色澤深黃，酥脆化渣，齒舌留香。香酥可口的脆臊，澆在已經加了醬油、香醋、辣椒油、花椒粉、芝麻醬等底料的麵碗中，再來少許碧綠的蔥花、芽菜，一碗道地、勾人口水的「川味脆臊麵」會吃得你滿口溢香，那番舒坦，從每個汗毛孔裡頭冒出來，剩下的就只有悠然回味了。

**原料：**機製韭菜葉麵條500克（十人份），肥瘦豬肉300克，口蘑醬油100克，紅油辣子35克，蒜泥50克，花椒粉3克，芝麻醬20克，碎米芽菜40克，香蔥花35克，芝麻油15克，化豬油150克，料酒5克。

**製作：**豬肉洗淨，剁成綠豆大小碎粒；化豬油入鍋燒熱，下肉粒炒散籽、放料酒繼續炒至酥黃香脆，即成脆臊。

將醬油、紅油辣子、芝麻醬、芝麻油、蒜泥、花椒粉均勻調入麵碗中，調入煮熟的麵條，燙熟的菜心、放上芽菜、脆臊、香蔥花即成。

**風味：**麻辣鮮香、麵條柔韌爽滑、肉臊酥香脆爽、吃口滋味豐厚。

**關鍵秘訣：**豬肉宜用前夾五花肉，不能剁的太細，切成細顆口感效果最佳；炒臊子用中火，大火易炒焦，煸炒酥脆乾香；麵碗中不加湯汁，煮麵條需水寬火大，在沸騰過程中可少量加兩次冷水，使麵條熟透且爽滑。若用牛肉脆臊，則成牛肉脆臊麵。

## 怪味麵

一九九0年代初，成都東門大橋不遠的牛王廟街，突然冒出了個讓人頗感新鮮好奇的招牌——「吳記怪味麵」，是個「老三屆」返城的知青吳眼鏡，自謀生路所創製的風味麵條。而成都人在吃上天生就好追新求奇，這家麵館雖在老街邊，僅有兩個不大的門面，環境簡陋得不行，但自打出「怪味麵」的招牌，生意好得讓人難以忍受。尤其是是中午，就像是不要錢大家都白吃一樣，擁擠得一塌糊塗，為搶位占位爭吵動手都成了見慣不驚的事。

吳記怪味麵有賣四個品種：怪味麵、牛肉麵、脆臊麵、海味麵。簡稱「海、怪、牛、脆」。一兩海味叫「么海」，一兩脆紹叫「小脆」，一兩牛肉叫「小牛」。客人一般都是每樣點一兩，可多品嘗一兩個品種，口感更舒服。於是乎，這些麵一到了小二哥嘴裡，就變成了「海怪各一」、「妖雞、妖牛」、「妖海妖怪」、「三妖怪，一小牛」，意思是你點了三個一兩的怪味和一個一兩的多味牛肉，聽起來十分逗趣。

這「吳記怪味麵」確實好吃，難怪被食客譽為「成都第一麵」。其麵妙在調味精細，雖不是面面俱到，卻是鹹甜麻辣酸味味俱全，和諧柔美，滋味豐厚濃醇，加之餡料精緻，煨爛的肘子、剔骨肉、脆嫩的香菌增添了鮮美之味，和著花生的酥香吃來口感極爽。一兩只有一小碗，三四口就幹完一碗，吃完了抹著嘴邊的油，邊走還在邊嚼口中的肉渣渣回味。更為煽動吃情，挑逗食欲的還是店子裡的服務小夥的吆喝。吃的人越多，吆喝得越精彩，一開始讓人聽得莫名其妙，明白之後則捧腹大笑。

**原料：**機製麵條２５０克（五人份），棒子骨剔骨肉２００克，香菌１００克，油酥花仁４０克，口蘑醬油５０克，香醋５０克，紅油辣子５０克，花椒油１０克，白糖１０克， 淡菜５個，川鹽２５克，棒骨湯２５０克。

**製作：**剔骨肉、香菌切成小塊，加鹽、淡菜、２公升熱水燉爛，至湯汁濃稠為佳；在碗中分別放入醬油、香醋、紅油辣子、白糖、花椒油；大火將鍋中水燒開。加一湯勺鹽、放入麵條煮熟透，撈麵挑入碗中；麵條上放剔骨肉、香菌、淡菜臊子、散上油酥花仁、澆上適量棒骨湯即可。

**風味：**湯寬麵少、肉臊突出、鹹甜辣麻酸、味道奇妙、風味多滋。

## 牛肉蕎麵

舊時一首成都竹枝詞描寫得甚為生動：「蕎麵多加辣子紅，內添臊子外加蔥。打杯燒二連天醉，莫怪田翁只恨銅。」舊時的成都，蕎麵作為一種間食，挑擔蕎麵通常在午後出門，遊走在大街小巷叫賣：「蕎——麵，吃綠蕎麵囉！」那時，蕎麵擔子比一般的擔擔麵擔子要大得多，油漆成紅黑色。它的特色就在於以古老的傳統方式擠壓麵條，並且是現吃現壓。小販扯一坨蕎麵團放入木製擠壓器內，雙手緊握擠壓木棍使勁下壓，只聽見一串吱吱嘎嘎聲，擠壓成的麵條即落入沸騰的開水鍋中，兩三分鐘即熟。客人再多，那怕是一次要兩三碗，也是一碗一碗的壓。

蕎麵的調味有很多種，川西壩子的人多偏愛麻辣風味，即加醬油、紅油辣子、花椒粉及芹菜花，有喜酸辣味的則加醋，臊子多是筍子燒牛肉，這是成都人的最愛，故而叫做「牛肉蕎麵」。

蕎麵，通常是用三分之一的蕎麥麵粉，加三分之二的小麥麵粉混合加工壓製成蕎麵條。其特點是：綿韌爽滑，清香甘甜，鄉土風味濃厚。蕎麵麵條自己加工因無那特製器具，故而不太可行，現今超市裡有加工製好的蕎麵乾麵條，十分方便。蕎麵因是粗雜糧，富有營養，為如今所推崇的綠色健康食品而受到人們青睞。

**原料：**蕎麵乾麵條２５０克，黃牛肉４００克，水發竹筍１００克、郫縣豆瓣５０克，碎米芽菜１００克，紅油辣子１００克，芹菜碎顆１５０克，薑米３克，豆豉１０克，川鹽３克，花椒粉８克，醬油１５０克，料酒１５克，菜油１５０克，蔥花５０克。

**製作：**牛肉挑去筋膜剁成碎粒，筍子切成小顆粒，用開水燙一下瀝乾水分，豆瓣豆豉剁細。

鍋置中火上，先將菜油燒熱，放進牛肉粒、薑米炒至酥香，再加入料酒、川鹽、豆瓣豆豉炒和均勻、入味出色、再放入筍子粒、芹菜粒炒合，然後起鍋備用。

接著將醬油、紅油辣子、芽菜、花椒粉、分別放入五個麵碗中，撈入煮熟的蕎麵條，淋上牛肉臊子，撒上蔥花即可。

**風味：**麻辣鮮香、綿韌滑爽、麵柔臊脆、滋味濃醇。

**關鍵秘訣：**麵條不可久煮，中途可適量加兩次冷水，若用其他機製麵條，即成麻辣牛肉麵，味道亦十分可口。

## 宜賓燃麵

源自宜賓的燃麵，那是怎樣地引人遐思的一種麵條啊！潔白如玉的碗中，一團似在噗噗燃燒的火焰，根根麵條紅彤彤、火辣辣，糾纏在一起爭相競豔。麵中那綠如玉、黃似珀、褐如炭，白似雪的蔥花、花仁核桃末、碎米芽菜和芝麻，春夏秋冬都在「火裡燃燒」，色彩豐富極了，一見鍾情，讓你立馬生發出想零距離接觸的欲望。

一筷子燃麵送進口中，剎時間，似乎整個世間的美味都散佈在了的味蕾上。首先是辣辣的火焰舔著你的舌頭，感到一陣通體的灼熱，一種刺激的快感，微微冒汗，嘴裡不由自主地發出噓噓的聲音；而後便是隱隱的麻味，麻和辣連袂，有如風助火勢，火助風威，周身緊繃，讓辣與麻恣意從口舌衝刺到腳跟；與此同時，一股奇香亦如雲卷雲迤，那是碧綠蔥花的「綠香」，花生核桃的「玉香」，芽菜的「褐香」和芝麻的「白香」。

當你味覺神經正細細體味到「香」的那一刻，燃麵的美味就如期而至，充盈著你的肺腑。而也正是在此時此際，你方才感受到，這燃麵之靈魂並不在辣麻，而是「香」，那是怎樣風情萬種般的香啊！看看山谷道人黃庭堅吧，這位詩比東坡的老先生，在宜賓之時，燃麵助興，五糧煽情，吐出一篇篇那燃燒的液體伴著燃燒的麵條之詩詞情殤。

百多年間，經民間人士和專業大廚的不斷探索與研製，將宜賓燃麵工藝、滋味歸納出三要素：

一、燃麵的麵條不同於一般機製麵的麵條，麵條要乾爽，得用雞蛋和麵，手工擀製。揉麵時摻進的水份要少，其含水量一般少於機製麵的兩三成，製成硬實的小水葉麵，這樣麵條煮熟後才有筋力和骨力，用油揉散時亦不容易斷節，入口時有滑爽的感覺，細嚼之中還有淡淡回甜的麥麵香味。

二、煮麵條時要大火，以沸水下鍋，待麵條光亮斷生即撈起，盡可能的甩乾水分，使麵條爽滑柔韌，讓油脂和味料與麵條更能沾裹上味，同時又利用油脂的可燃性，使得麵條具有點火即燃的獨特性質。

三、燃麵調味用料主要是油脂，一般採用芝麻油、熟菜油、熟化豬油和核桃等熬煉而成的複製紅油。用油脂將麵條反復揉撚挑散，使其不互相粘連糾結，然後再加花生核桃碎末、紅油辣子、花椒粉、芝麻油、醬油、芽菜末、香蔥花、肉臊即成。

**原料：**可用機製細棍麵條或水葉麵500克（十人份），肥瘦豬肉300克，宜賓碎米芽菜50克，香蔥花50克，口蘑醬油50克，熟芝麻粉30克，熟花生米30克，核桃仁25克，朝天椒辣椒粉15克，花椒粉5克，生薑50克，芝麻油10克，熟菜油60克，化豬油50克，鮮菜心200克。

**製作：**豬肉洗淨後剁成碎粒。炒鍋置中火上，放化豬油燒熱，下碎肉炒散籽、放料酒、繼續炒至肉臊酥香成脆臊，起鍋備用；鍋中另倒入熟菜油燒至略冒油煙，放進拍破的薑、花椒、核桃仁炒出香味後，將鍋端離火口，晾至五成熱，倒入辣椒粉碗中，同時放化豬油、芝麻油調勻，製成複製辣椒紅油；另將熟花生米剁碎、鮮菜心用開水稍燙一下涼冷，芽菜用熱油炒香鏟起備用。

大火將水燒開後下麵條煮至油亮斷生，用漏勺撈出用力甩乾水分，分裝在小碗中，加入複製辣椒紅油後，用筷子將碗中麵條抖散不粘連、色澤紅亮後，再加進醬油、芽菜、熟芝麻粉、熟花生碎末、肉臊、香蔥花和鮮菜心即可。

**風味：**色澤紅豔亮麗、麵條柔韌滑爽、辣麻鮮美香濃、七滋八味綿長。

**關鍵秘訣：**麵條質地要乾、火大水寬斷生即撈出，必須甩乾水分；調味用油量要稍大，不可過多放醬油類、汁水多的調料；若不食香辣，可用熱燙化豬油加香油替代辣椒紅油拌麵，即成宜賓燃麵的姐妹篇「白油燃麵」。

## 鋪蓋麵

初次看到乒乓球大小的麵團，在手中輕柔地拉拉扯扯成一塊塊巴掌大，薄如蟬翼的麵皮，心中又是驚奇，又是佩服。這麵自然必須是又軟又筋道的，事先和好放在一旁備用，需要煮麵時取來，麻利而又熟練地像甩飛餅一樣，「甩」成一張直徑２０公分的餅，最薄處幾乎可以是透明的。

鋪蓋麵的調輔料看似簡單，卻也讓人眼花繚亂。道地的鋪蓋麵輔料主要有兩種，一種是煮熟了的豌豆，一種是肉油渣。豌豆需是又㶶（音同趴）又糯，入口即溶；豬油渣須是肥而不膩，咬在嘴裡，酥脆淳香。豌豆是要墊在碗底的，然後用煮熟的麵皮把它完全蓋住，就像給小娃兒蓋鋪蓋一樣，因此叫成「鋪蓋麵」。

當然，麵團要能扯成「鋪蓋」狀，麵團必然是要勁道柔韌，非則便會扯成「爛棉絮」，就不能當「鋪蓋」用了。通常除選用上等精白粉外，和麵時要加鹽和雞蛋清，花大力氣反復揉壓，這樣，麵皮既柔韌又滑爽，且還有一定底味。其次便是製湯了，湯是用豬棒骨和老母雞經通宵慢火熬製出的，香鮮濃醇；再者用大白豌豆泡軟發脹，煮至黃橙香酥、軟而不爛。

鋪蓋麵通常有雞雜鋪蓋麵、牛肉鋪蓋麵、雜醬鋪蓋麵、排骨鋪蓋麵、肥腸鋪蓋麵、酸菜肉絲鋪蓋麵任選，點擊率最高的還是雞雜和牛肉鋪蓋麵。只見三張鋪蓋躺在紅湯裡，上面堆著切碎的燒雞雜，夾起一張鋪蓋放在嘴裡一咬，滑軟又彈牙的麵皮，充分吸收了濃濃的醬香和雞雜的鮮美，與熱辣鮮香的湯融合在一起，看著、聞著、吃著，大腦瞬間一片空白，只想擺脫地球的引力，循著那滋味飄走，在空中忽悠。

**原料：**精白麵粉５００克（十人份）、煮熟酥軟的豌豆２００克、肥瘦豬肉２００克，雞蛋清兩個，剁茸的油酥豆瓣50克，甜麵醬25克，醬油25克，花椒油20克，川鹽5克，蔥花15克，豬骨湯1500克，化豬油50克。

**製作：**麵粉加適量川鹽、蛋清、清水糅合成較軟的子麵團，濕紗布蓋好放置15分鐘。

鍋內放化豬油燒熱，下熟豌豆炒香翻沙，摻入適量豬骨湯，加少量鹽熬製成豆湯備用；鍋洗淨燒熱，下化豬油燒熱後放進肉臊、甜麵醬、醬油炒香成雜醬肉臊。

將麵團反復搓揉成長粗圓棍、扯成10個乒乓球大小的麵坨，再一個個拉扯成薄大麵皮，入開水鍋中煮熟撈入碗中，舀上豆湯、油酥豆瓣醬、醬油，再澆上雜醬肉臊、撒上蔥花即可。

**風味：**麵皮勁道滑爽、豌豆酥沙可口、鮮香微辣多滋、湯美潤口。

**關鍵秘訣：**拉扯麵皮時不可拉扯破，一般兩張麵皮可盛一碗；可用任何餡料，燒排骨、燒牛肉、燒肥腸、燒羊肉等，甚至剩餘的回鍋肉、鹽煎肉等均可做餡料，只是適當減少調味中油酥豆瓣和醬油的用量或不用。夏天亦可用泡青菜切碎炒香加進湯料中，即成酸香味美，開胃提神的酸菜鋪蓋麵了。

## 泡椒牛肉麵

在四川各地的麵食小吃中，牛肉麵是一大特色，也就是用黃牛肉烹製成各種麵條餡料。像成都地區有名的牛肉麵條就有：小碗紅湯牛肉麵、牛肉毛麵、牛肉脆臊麵（乾 牛肉麵）、紅燒牛肉麵、牛肉罐罐湯麵、泡椒牛肉麵，以及牛肉拉麵、牛肉蕎麵、牛肉刀削麵等。其中泡椒牛肉麵則是一九九0年代末，川菜泡椒泡菜風味大行其道時應運而出的新品。眾所周知，川人吃麵條，餡料和味道最要緊，麵條則其次。泡椒牛肉麵的關鍵是牛肉燒的味道如何，這決定了麵條的風味吃口魅力。不少鄉鎮上的牛肉麵，通常還要加泡蘿蔔或泡豇豆顆顆，泡菜風味濃鬱，吃來又是別樣口感。

**製作：**將帶筋條的牛肉洗盡，仔細挑出雜質和毛渣，放入開水鍋中稍煮，並打盡浮沫撈出，再用冷水沖洗，鍋中水待用；把牛肉切成指頭大小的塊狀，水發竹筍切成同樣大小，放入燒鍋裡。

鍋燒熱，下菜油燒熟後改為小火，放入郫縣豆瓣、薑塊、蔥節、泡紅辣椒短節、泡野山椒節、花椒粒、一小塊火鍋底料，用中火炒香出色；將先前煮牛肉的水濾進炒料鍋中，熬煮約幾分鐘，將湯汁濾進牛肉燒鍋裡，倒掉料渣，湯水若不夠可加開水淹超過牛肉約1／3，大火燒開後打去浮沫，下料酒、兩三顆八角，改為小火燒約4小時即可。

麵碗內依次放入鹽、花椒油、熟油辣子及紅油、芽菜，摻進適量麵湯，煮麵條時，通常輔以小白菜，麵條煮好後挑入麵碗，舀上牛肉餡料，點綴兩三個泡紅椒短節，撒上蔥花、香菜末即可。

### 火鍋肥腸麵

在四川小吃中，少說有四款肥腸美食不可不品，即是肥腸粉、小籠粉蒸肥腸、肥腸豆湯飯和肥腸麵。粉蒸肥腸通常用小鍋魁夾起吃通常也要配個軍屯鍋魁吃。

川人對於豬雜、雞雜、牛雜類有著特別的喜好，其中不乏名菜佳肴，像豬雜裡的燒肥腸、燉蹄花，燒什錦、炒肝腰、拌心舌，牛雜裡的夫妻肺片、清燉牛雜湯，雞雜中的竹筍拌雞雜、泡椒炒雞雜等。肥腸一類就更豐富多滋了，川菜中肥腸菜肴不下幾十種，像豆花肥腸、尖椒肥腸、火鍋肥腸、水煮肥腸、拌肥腸、蒸肥腸、火爆肥腸、肥腸湯、滷肥腸等，款款味道巴適。而燒肥腸通常有紅白蘿蔔燒肥腸、青筍燒肥腸、青菜頭燒肥腸、苦瓜燒肥腸、四季豆燒肥腸等。將這些吃完肥腸剩下的湯汁下麵，就成了肥腸麵。當然，如同牛肉麵、排骨麵一樣，這燒肥腸的風味吃口怎樣，就自然決定了肥腸麵的口感特色。燒得好的肥腸，色澤紅亮，味道香醇，鹹鮮爽口，柔嫩多滋，既有彈性又有嚼勁，麻辣濃香，回味悠長，咀嚼化渣，吃情食趣，妙不可言。

燒肥腸用料考究，選用絕對新鮮的肥腸，市場買回的肥腸大都初步清洗過，但拿回家還需用溫水加鹽再仔細清洗，將腸內油脂清除乾淨，方才可以燒製。

**原料：** 機製細麵條500克（五人份），豬肥腸200克，郫縣豆瓣10克，香辣醬5克，火鍋底料15克，川鹽20克，紅花椒粒5克，花椒油10克，熟油辣子25克，紅油10克，獨蒜20克，蔥節30克，薑35克，料酒35克，菜油20克，八角1顆，芝麻油5克，蒜泥20克，芽菜20克，化豬油35克，肉骨湯1000克。

**製作：** 將從市場買回、清洗後的新鮮肥腸反復再搓洗乾淨，放入開水鍋中、加薑片、蔥節、花椒粒、料酒稍煮幾分鐘，同時打盡浮沫，撈出後冷水沖洗晾乾，然後切成短節或小塊放入燒鍋中。

炒鍋燒熱，下菜油燒熟，改為小火，放入薑塊、蔥節、郫縣豆瓣、香辣醬、火鍋底料、花椒粒後炒香出色，將煮肥腸的水濾進鍋裡煮熬幾分鐘，然後將料湯再濾進肥腸燒鍋裡，以淹超過肥腸1／3為宜，大火燒開，打盡浮沫，放料酒、八角改小火燒約3小時，放進獨蒜再燒約半小時即可。

麵碗內依次放入鹽、花椒油、熟油辣子及紅油、蒜泥、芽菜，摻進適量麵湯，煮麵條時，通常輔以小白菜或嫩萵筍葉，麵條煮好後挑入麵碗，舀上肥腸餡料，撒上蔥花即可。

## 渣渣麵

渣渣麵、查渣麵發祥於崇州羊馬鎮。通常車出成都西門，一路上便就接二連三地湧現出各式各樣的渣渣麵、查渣麵招牌，「正宗」、「老號」、「老字號」舉目可見。車到了羊馬鎮，更會嚇得你止步不前，鋪天蓋地的各色各式的店招脹人眼目，這簡直就是活鮮鮮的渣渣麵、查渣麵一條街。

1979年，當下鄉知青開始陸續返回城裡的時候，羊馬鎮知識青年王英從農村回到了鎮上老家。為了給返城的知青和鎮上的待業人員解決就業和謀生的問題，鎮辦公室和街道辦研究決定，騰出一間公房，開一個「居民小食店」，經營湯圓、抄手、小麵等。那時剛開張的小食店總共有五名員工，由王英和查淑芳負責。

由於那時冰箱還是高檔奢侈品，價高昂且難買到。因此一到夏天，生食品就難以保存過夜，未用完的抄手肉餡就只能用油炒乾，第二天改做麵臊用。這一油酥過的肉臊渣渣，細脆酥香，拌合麻辣麵條吃口十分舒爽，很受食客喜歡，人們就稱之為「渣渣麵」。後來兩人分家獨自經營後，王英仍用「渣渣麵」其名，而查淑芳為了有所區別，則順其姓氏，去掉三點水改為「查渣麵」。

「渣渣麵」之所以聞名川西壩子，不僅僅在於它獨一無二的名稱和色香味之口感。大凡成都人都曉得先點紅湯渣渣麵，再來一只加海帶燉製的「優秀前蹄」、外加一盤紅油雞片和一小碟泡菜。其貌不揚的渣渣麵一擺上桌，麻辣香氣直沖鼻眼，待到入口，更覺得一股香辣酥麻的味道滿嘴亂竄，麵條滑爽且勁道柔韌，麵臊酥脆亦香美爽口，小抿一口紅湯，更是風味醇濃、麻辣舒爽，令人朵頤大快。紅油雞片亦是麻辣香鮮，滋味豐厚，雞肉細嫩，入口化渣。待口中的麻辣味彌漫得差不多了，便喝口海帶蹄花湯，吃一塊夾起來忽閃忽閃的性感胖蹄花，清鮮香美，淡雅味醇，滋糯香軟，不肥不膩，入口即化。麵條、雞片、蹄花都吃得差不多了，紅光滿面，油光水滑了，最後再嚼兩塊泡菜，巴適慘了，頭天泡的，第二天出罈，不澀不生，恰到好處。那微辣酸甜、清爽脆嫩的味道與口感，頓時讓你味覺煥然一新。渣渣麵、雞片的麻辣香味，還有蹄花的滋糯油潤被泡菜蕩滌得一乾二淨。剎時間又覺腸胃歡愉、食欲重開，但確實又腹滿腦脹，心有餘而力不足也。你再看那一個個男男女女吃得是心滿意足。

渣渣麵所用麵條被稱為水葉子麵，麵條與擔擔麵相比要細很多，選上等精麵粉加適量豌豆粉調和，反復揉製，使其製成富有彈性、筋絲綿長，下鍋翻騰一圈即出鍋，麵雖細但麵的筋絲很好，柔滑爽口。

渣渣麵的臊子 選用新鮮肥瘦豬肉剁成肉糜，

再用熱油小火炒，說是炒不如說是酥，肥瘦肉末經此一翻炒，就成了又細又脆的香酥肉渣，撒在紅湯或白湯的麵條上，別有一番吃情食趣。所謂白湯，即燉豬蹄、煮雞、熬棒骨的原湯，清鮮淡雅、香醇可口，對不太吃辣或畏懼麻辣的食客而言，就是鮮香怡口、清爽味美，頗有風味特色的「清湯渣渣麵」；然而，絕大多數食客都會選擇紅湯渣渣麵，紅亮亮的一碗，香辣酥麻、油而不膩，酥脆爽口，像極了川西壩子的辣妹子，多滋多味，風味悠長。

**原料：**機製細麵條５００克（五人份），豬瘦肉２００克，川鹽２０克，醬油１００克，紅油辣椒１５０克，花椒粉５克，芝麻油５克，醋１０克，細蔥花２５克，化豬油３５克，肉骨湯１０００克。

**製作：**豬瘦肉挑去筋膜，切成條入熱水鍋中略煮，撈出用刀剁城細茸，或用絞肉機絞成肉末；上鍋，以中火燒熱，下肉末　炒至水分盡失、色澤酥黃時加川鹽起鍋。碗內放醬油２０克、紅油辣椒２０克、芝麻油適量、化豬油２克、花椒粉適量、醋（以個人口味酌量）、蔥花、肉骨湯２００克，撈入煮熟的麵條，舀上肉臊即可。

**風味：**麵條柔滑爽口，肉臊香酥化渣，麻辣鮮香美口。

**關鍵秘訣：**豬肉不宜煮的過久，剁得越細越好、近似抄手餡料。調味亦可不加紅油辣椒、紅花椒粉，即可調成鹹鮮味。若是用川鹽替代醬油可調成清湯渣渣麵，亦可添加豌豆尖、萵筍嫩葉。

## 番茄煎蛋麵

在成都市中心繁華鬧市中，一條不大的背街上，有家極為普通的麵館叫華興街煎蛋麵，其歷史最早可以追溯到１９０１年。當然其名聲在外的還是他獨一無二的風味特色。往往人還未走進去，就聽得堂館小二韻味十足的成都話喊堂：「來客兩位，哥子倆個，一臉青、一臉紅，湯寬，青重哈！」寥寥數語，言簡意賅，全是行話。這「臉青、臉紅」卻不是形容顧客色相，而分別暗指「清湯、紅湯」、「湯多、青葉菜多」。

人一坐下，不多一會兒，面前立即端來看似尋常的番茄煎蛋麵。用鮮番茄熬出的濃湯冒著熱氣，乳白的細麵條和翠綠的菜葉躺在其間，一塊兩面煎得金黃油亮的雞蛋蓋在麵上，撒著白綠相間的蔥花，那叫個誘人啊，真真是口水滴答。趁熱先挑起一夾麵條送進嘴裡，「滋溜溜」一吸進去，一股獨特的鮮香美味直往口裡竄，細細的麵條滑爽柔韌，煎雞蛋外酥內嫩，木耳菜、青葉菜的脆嫩，加上鮮美的番茄味，真讓人爽到了心底。吃完煎蛋麵，若是吃情盛旺，還可在來個紅糖粽子或一碗粉子醪糟，鹹鮮或香辣之後，加點甜點，那滋潤、舒心真個是非同一般。

正宗的華興街煎蛋麵有紅味與白味，細細的麵條、燙燙的湯、紅紅的番茄外加一個黃白相襯的煎雞蛋；白味鹹鮮香美，紅味酸辣鮮香，吃辣不吃辣，味道都格外地爽口。

**原料：**細麵條或細掛麵（乾麵）２５０克（兩碗量），雞蛋兩個，番茄兩個，紅油辣椒５０克，醬油３０克，醋２０克，胡椒粉3克，蔥花２０克，鮮菜心５０克，化豬油１００克，芝麻油１５克，肉骨湯５００克。

**製作：**炒鍋小火燒熱，下化豬油適量燒熱，將雞蛋分別打入鍋中，煎成兩面酥香金黃的荷包蛋；番茄去皮切成圓片，鍋中再放化豬油燒熱，下番茄炒香，摻進肉骨湯、鹽、胡椒粉熬製成番茄湯。

碗中分別放醬油、紅油辣椒、花椒粉、醋、芝麻油、化豬油、摻進番茄湯。

麵條煮熟分別撈入湯碗中，菜心燙斷生放在麵條上，荷包蛋放上、撒上蔥花即可。

**風味：**鮮香味美、酸辣味濃、茄汁鮮美、雞蛋香醇、麵條爽滑、吃口舒爽營養。

**關鍵秘訣：**煎荷包蛋需小火、避免煎焦，熬番茄湯需用大火，也可將荷包蛋一併放入熬煮，味更鮮美。

## 酸辣粉

酸辣粉原是道地的鄉間小吃，很早以前就流傳於巴蜀民間。它取材於手工製作的紅苕粉，味以酸辣突出而得名。後來經過不斷的演變和調製而正式走上都市街頭，成為大街小巷的一種特色風味小吃。

「酸辣粉」由於價廉物美，長期以來一直深受人們的喜愛，其特點是「麻、辣、鮮、香、酸，且油而不膩」，素有「天下第一粉」之美名。酸辣粉之魅力，在其粉絲的口感和酸辣之風味。點上一碗酸辣粉，在第一口試吃之後，你會驟然甦醒，那油亮的紅湯，香酥花生、酥脆黃豆、蔥花、香菜等，與半透明的紅苕粉相互糾纏，粉絲嫩滑勁道、柔韌有餘，若隱若現、悠然自得地泡在那辣香濃鬱，以紅油辣子、酥麻麻的花椒粉調味的酸香濃醇肉骨湯中，裹在每根粉絲上，在嘴裡上竄下跳，歡樂起舞，稀裡嘩啦一掃而光，連湯帶水喝個乾乾淨淨，嘖嘖嘴巴，方才噓噓地換幾口大氣。

再看看周圍的男女食客，老少爺們，幾乎個個被辣得七竅生煙，麻得稀裡糊塗，酸得神魂顛倒，香得傻乎癡呆，卻又專心致志地「埋頭苦幹」。尤為是那些小美女、小帥哥，吃的眼淚花花，鼻涕橫流，依然不肯罷手。此情此景，你才會感歎這酸辣粉之魅力，那傳說中的美滋美味。尤其是在盛夏的日子，或是風寒感冒，吃上一碗酸辣粉，身上的每一個毛孔都會迫不及待地打開，鬱藏了一天的暑氣煩悶全都宣洩出來，那是一種形容不出的舒服、清爽與快意。

肥腸粉的湯很關鍵，通常要用豬骨及油脂厚重的肥腸熬製，其湯須是濃白似乳、香鮮味醇，煮好的肥腸切成細節，撒在調好底味，經燙冒熟的粉絲上，再撒些許花椒粉、榨菜顆顆、酥花生、酥黃豆及芹菜花、蔥花就行。

**原料：**紅苕水粉４００克（十人份），醬油１００克，紅油辣椒５０克，花椒粉１５克，香醋１００克，蔥花５０克，碎米芽菜３０克，化豬油５０克，豌豆尖２５０克，油酥黃豆（或油酥花生）５０克。

**製作：**將紅苕水粉煮熟撈出、漂在清水中待用，豌豆苗摘洗乾淨。

將醬油、醋、紅油辣椒、花椒粉、化豬油分別放入碗內。

將紅苕粉用漏勺撈出瀝乾水分，放進煮沸的肉骨湯中浸燙約３０秒，再放進豌豆苗略燙，一同倒入調好味的碗中，撒上酥黃豆或油酥花生、芽菜、蔥花即可。

**風味：**麻辣酸香、鮮美多滋，粉絲柔滑、湯香味美。

**關鍵秘訣：**亦可添加熟製肉臊，排骨、牛肉、羊肉等；或熟肥腸切成細圈，便成簡易肥腸粉，也可添加芹菜花、大頭菜粒。

## 張涼粉

記得小時候，只要一看見挑擔賣涼粉的，一同玩耍的小夥伴們，就你一句我一句的唱起來：「白涼粉、黃涼粉，紅油辣子多放點；辣呼兒、辣呼兒又辣呼兒，嘴上辣個紅圈圈兒。」民間還有竹枝詞唱得更為生動：「豆花涼粉妙調和，日日擔從市上過。生小女兒偏嗜辣，紅油滿碗不嫌多。」「端來涼粉兩三盤，味調宜辣複宜酸。腮旁嘴角紅猶在，就向街前念戲單。」

再看看涼粉店、攤，那些坐著的、站著的、蹲著的豆蔻少女、時尚女郎們，端著一碗涼粉，筷子熟練地不停拌合，嘴裡已是口水洶湧，夾起幾根「滋溜」一下吸進嘴裡，涼涼滑滑，香辣酥麻之味立時在口中炸開，頭皮上萬千毛孔迅速擴張，微微癢痛，像小蟲子在咬，卻很是舒服；接著汗水似泉湧淌，熱淚奪眶而出，甚而鼻涕亦也出竅，臉蛋兒也開始山丹丹開花紅豔豔了；吃到最後，更是大張著嘴哈氣，那嘴唇上的紅圈圈兒就不必說了，但仍是鍥而不捨，連剩下的紅亮湯汁也要倒進嘴裡方才甘休。在她們眼裡，不是說非要辣得死去活來，暈倒休克了再撥打120（大陸急救電話），但若是辣麻得沒有這樣的感受，那涼粉一定就是不道地、不正宗。

一九四0年代，成都郊外洞子口最熱鬧的要數張氏三兄弟的涼粉攤，因其涼粉光韌滑爽、調料道地、風味獨特而頗受民眾喜食，人們稱之為「洞子口張涼粉」。早在一九二0年代，張氏三兄弟從小就跟著在成都開飯館帶賣涼粉的父親，學到了一手精道的製作涼粉的手藝。其後三兄弟在洞子口各樹一面旗幟，上書「洞子口張涼粉」，一把大傘下，幾根條木矮凳就圍成了一個小食攤。三弟兄年輕力壯、手足麻利、操作嫻熟，一只手能端好幾碗涼粉同時調味，立等即吃，加之吃口香辣酸美、味道正宗、價廉物美，故而生意十分鬧熱，成為一方名食。有詩云：「紅男綠女來品嘗，涼粉家家愛姓張，鬧市閑遊歸去晚，口邊猶帶海椒香。」你看，好個涼粉吃情的真實寫照。

**原料：**製好的豌豆涼粉250克（五人份），紅油辣椒25克，複製紅醬油60克，花椒粉3克，香醋25克，蒜泥20克，酥花生末15克，芝麻油15克，香蔥花20克。

**製作：**將涼粉洗淨，先片成筷子頭厚片再切成粗條分別放入碗內。碗中分別放進複製紅醬油、紅油辣椒、香醋、花椒粉、蒜泥、酥花生碎末、芝麻油，撒上蔥花即成。

**風味：**涼粉白嫩滑爽，味道辣麻酸香，去熱解燥開胃，吃口極其舒爽。

**關鍵秘訣：**可在超市直接買純豌豆粉500克，配白礬20克。製作時，豌豆粉用清水調成稀漿；鍋中放清水適量燒開後放入白礬，待溶化後攪合均勻，將豌豆粉漿慢慢倒入沸水鍋中，邊倒邊攪均勻，當粉漿冒大泡子，用鍋鏟提起粉漿呈片狀時關火，舀進盆內冷卻後即成豌豆涼粉。

## 酸辣豆花

在巴蜀大地千姿百味的風味小吃中，最具鄉土風情的莫過於涼粉與豆花了。兩者都從鄉間走進城市，在風情萬種的擔擔小吃中，豆花擔子是千百年來，至今尚能在大都市中觀賞和品味到的唯一小吃擔擔了。

豆花擔大多由前方後圓，或前後均圓的兩只大木桶組成，木桶的顏色為絳紅色，古風淳厚。通常是一只桶盛豆花，一個桶盛水及餐具、調料。豆花擔所售豆花多以「糖豆花」和「酸辣豆花」為主。前者以紅糖熬製成清清亮亮、不淡不稠的糖汁，吃時澆於豆花碗中，甜而不膩，淡而不薄，老人小孩尤為愛食。

酸辣豆花，可說是擔擔豆花之始祖，是巴蜀風味豆花中最受歡迎的。自來民間有句俗話：「正事不做，豆腐放醋」，意指該做的事不做，盡做些沒用的事。但這酸辣豆花卻是偏偏要放醋，只是放得高明、巧妙。通常都用乾辣椒加鹽和水搗碎，放油、醋和花椒粉，再加上酥黃豆、大頭菜顆顆、香蔥花和醬油，這些調料放入豆花中，其味辣而不烈、麻而不澀、酸香怡口、鹹鮮多滋，是淑女靚妞們的傳統最愛。

豆花擔子通常在午後出門，穿大街走小巷，「豆花，糖豆花兒……」，隨著挑擔一搖一擺發出的碗、調羹的撞擊聲，不時地吆喝著。豆花擔子一年四季都在轉遊，在熱辣辣的夏天，街坊四鄰的男人們穿著被汗浸透的背心、短褲，女人們則是短小的輕紗薄裙，手中拿著把用棕櫚樹葉做成的大蒲扇，穿著一雙拖板鞋走在大街小巷，朝著那熟悉的豆花擔子走去，然後大聲地吆喝一聲——來碗酸辣豆花！小販便樂滋滋，畢恭畢敬地問：大碗還是小碗？然後就忙碌起來。炎熱的夏天吃麻辣酸香的豆花，一身的悶汗被那熱湯辣汁激出體外，讓人感覺通體清爽，與重慶人夏天吃火鍋有異曲同工之妙。冬天吃上一碗酸辣豆花，則周身舒泰，只把寒氣當春風！

自來點製豆花就是一件細活，對並不善於做

豆花的城裡人來說，那更是件很麻煩的事情。可在菜市場直接買新鮮嫩豆花，回家自己調製酸辣豆花，既便宜方便也很有趣味。

**原料：**嫩豆花２５０克（二人份），醬油２５克，紅油辣椒１５克，花椒粉１．５克，香醋２５克，酥黃豆２５克，油酥花生２５克，大頭菜粒２５克，香蔥花５克。

**製作：**若要吃熱的，可先將豆花放微波爐加熱，豆花水瀝掉。

醬油加少許鹽，熱鍋上將醬油倒入，用稀釋紅苕澱粉勾成稀糊，調和成滷汁，盛在碗裡。

將豆花分別盛入碗中，澆上滷汁、紅油辣椒、花椒粉、香醋，撒上蔥花、酥黃豆、花生碎粒、大頭菜顆粒即可。

**風味：**辣麻酸香、鹹鮮多滋、豆花細膩、酥脆可口。

**關鍵秘訣：**若是要吃香甜豆花，則可將鍋燒熱，下適量化豬油、放入適量紅糖炒化，加適量開水攪合成濃稠適宜的稀薄糖汁，澆在豆花上即可。若是暑熱天吃，可將豆花先放進冰箱冷藏半小時或一小時，取出澆上糖水即可，吃來香甜可人，消暑解煩、提神醒腦。

## 麻辣兔頭

麻辣兔頭在成都民間小吃中已有相當的歲月。只是在近十餘年間又悄然風行，成為一道看不起眼，卻又引人注目的都市景觀。一九九０年代後期，當肯德雞的炸雞腿，麥當勞之漢堡包盛行於青少男女之際，在成都，每天午後不難見到大娘、大媽、大姐、小妹坐在街頭巷口，守著一個被隔成兩部分的玻璃匣子，一邊盛的是五香滷兔頭，一邊是麻辣兔頭。起初是五毛錢一個，隨後賣到一元、一元五，現今則是三、五元錢一個。

同時，在繁華鬧市中心，尤其是商場、超市、電影院、歌舞廳不時也可見到架著自行車，後座上托著盛滿兔頭的玻璃匣子。有趣的是，大多外地遊人很是困惑不解，這形像醜陋，骨多肉少的兔頭怎麼會有人吃呢？更讓人大跌眼鏡的是，買兔頭吃的幾乎全是名揚天下的成都漂亮美媚、時髦女郎。這些個外鄉人是腦殼都摳爛了也想不通，美醜反差如此這般巨大。這美女與兔頭怎會彼此這般親密無間，在大街鬧市連吻帶啃。殊不知，在成都人的口語中，男女之間的親吻，就叫「啃兔腦殼」，可見麻辣兔頭的風味風情魅力之盛。

**原料：**兔頭７５０克，乾辣椒節２５克，花椒粒5克，陳皮5克，薑塊１０克，蔥節３０克，郫縣豆瓣２５克，香辣醬１５克，辣椒紅油１０克，精鹽少許，白糖5克，胡椒粉3克，花椒粉3克，肉桂葉3克，蔥花、肉湯、精煉油適量

**製作：**去皮新鮮兔頭洗盡，揀盡殘毛，去掉內耳，入開水鍋中煮幾分鐘撈出；炒鍋置大火上，放精煉油燒熱，下拍破的薑塊、蔥節、乾辣椒節、花椒、陳皮炒香，再下剁細的豆瓣、香辣醬炒至油紅，掺進肉湯燒開，放入兔頭、肉桂葉、精鹽、白糖、胡椒粉，改用小火燒約１０分鐘，至兔頭酥爛，撈出兔頭擺放在盤中。將鍋內料渣打盡，下紅油，湯收汁亮油時舀起，淋在兔頭上，撒上花椒粉、熟芝麻即成。

特色：肉質細嫩、辣麻多滋，熱吃冷吃、味美爽口。

國家圖書館出版品預行編目（CIP）資料

麻辣性感，誘惑三百年 /
向東 作 / . -- 初版 . -- 臺北市 :
賽尚，民 103.11
面； 公分 . --（書食館；9）
ISBN 978-986-6527-34-0（平裝）

1. 食譜 2. 烹飪 3. 中國
427.1127 10300

書食館 09

麻辣性感——誘惑三百年

作者：向東
發行人 / 主編・蔡名雄
影像處理・蔡名雄
封面設計 / 電腦排版・J. T. Studio
出版發行・賽尚圖文事業有限公司
106 臺北市大安區臥龍街 267 之 4 號
（電話）02-27388115 （傳真）02-27388191
（劃撥帳號）19923978 （戶名）賽尚圖文事業有限公司
（網址）www.tsais-idea.com.tw
（賽尚玩味市集）http://tsiasidea.shop.rakuten.tw

總經銷・紅螞蟻圖書有限公司
臺北市 114 內湖區舊宗路 2 段 121 巷 19 號（紅螞蟻資訊大樓）
（電話）02-2795-3656 （傳真）02-2795-4100
製版印刷・科億印刷股份有限公司

出版日期・2014 年（民 103）11 月 05 日初版一刷

ISBN：978-986-6527-34-0
定價・NT.260 元

# 書食館系列讀者支持卡

感謝您用行動支持賽尚圖文出版的好書！
與您做伴是我們的幸福

讓我們認識您
姓名：____________________
性別：□ 1. 男　□ 2. 女
婚姻：□ 1. 未婚 □ 2. 已婚
年齡：□ 1.10~19 □ 2.20~29 □ 3.30~39 □ 4.40~49 □ 5.50~
地址：□□□ ____________________
電子郵件信箱：____________________
電話：（日）____________________（夜）/ 手機 ____________________
職業：□ 1. 學生 □ 2. 餐飲業 □ 3. 軍公教 □ 4. 金融業 □ 5. 製造業 □ 6. 服務業
□ 7. 自由業 □ 8. 傳播業 □ 9. 家管 □ 10. 資訊 □ 11. 自由 soho
□ 12. 其他 ______________
（請詳填本欄，往後來自賽尚的驚喜，您才接收得到喔！）

關於本書
您在哪兒買到本書呢？
連鎖書店 □ 1. 誠品 □ 2. 金石堂 □ 3. 何嘉仁 □ 4. 網路書店
量販店 □ 1. 家樂福 □ 2. 大潤發 □ 3. 其他 __________
一般書店 □ __________ 縣市 ______________ 書店
□ 1. 劃撥郵購 □ 2. 網路購書 □ 3.7-11 □其他 ________________

您在哪裡得知本書的消息呢？（可複選）
□ 1. 書店 □ 2. 網路書店 □ 3. 書店所發行的書訊 □ 4. 雜誌 □ 5. 便利商店
□ 6. 超市量販店 □ 7. 電子報 □ 8. 親友推薦 □ 9. 廣播 □ 10. 電視
□ 11. 其他 _____________

吸引您購買的原因？（可複選）
□ 1. 主題內容 □ 2. 圖片品質 □ 3. 編排設計 □ 4. 封面設計 □ 5. 內容實用
□ 6. 文字解說 □ 7. 使用方便 □ 8. 作者粉絲

您覺得本書的價格？
□ 1. 合理 □ 2. 偏高 □ 3. 偏低 □ 4. 希望定價 _________ 元

您都習慣以何種方式購書呢？
□ 1. 書店 □ 2. 網路書店 □ 3. 劃撥郵購□ 4. 量販店 □ 5.7-11
□ 6. 其他 _________________

給我們一點建議吧！
____________________________________________

填妥後寄回，就可不定期收到來自賽尚圖文的出版訊息與優惠好康喔！

# 麻辣性感

## 誘惑三百年

向東◎著

賽尚